国家示范性高等职业教育电子信息大类“十二五”规划教材

C 语言程序设计

主　审　杨　烨

主　编　王庆桦

副主编　刘　琨　戴　剑　林植浩

　　　　彭　莉　王　鑫

参　编　战忠丽　吕学芳　黄　平

　　　　高　丽

华中科技大学出版社

中国·武汉

内容提要

本书以C语言基本知识为主线，以程序设计的循序渐进过程为载体，系统介绍了C语言程序的基本结构、基本数据类型、运算符与表达式、程序控制语句、函数的使用、数组和指针、结构体和共用体、文件的操作等内容。本书最后通过C语言编写了两个综合实例的完整程序，从而达到对知识的融会贯通。通过对本书的学习，力求让读者打下一个扎实的程序设计基础和C语言基础，从而实现提高学生程序设计能力的目的。

本书不仅注重编程基础知识的学习，还强调基本技能的训练，所以在内容的编排上，注重难度由浅入深，讲述详细清晰、语言准确、示例丰富。每章除包含知识讲解和程序实例外，还配有上机实训项目和大量习题，以帮助读者更好地掌握C语言的基本编程技巧。

本书编者由教学和实际项目开发经验丰富的教师组成，书中大量的教学实例，既有较强的理论性，又具有鲜明的实用性。为了方便教学，本书还配有教学课件等教学资源包，任课教师和学生可以登录"我们爱读书"网(www.ibook4us.com)免费注册下载，或者发邮件至 hustpeiit@163.com 免费索取。

本书既可作为高职高专院校计算机及其相关专业的教材，也可以作为编程爱好者的自学教材和相关水平考试的参考教材。

图书在版编目(CIP)数据

C语言程序设计/王庆桦主编. —武汉：华中科技大学出版社，2013.6
ISBN 978-7-5609-8256-4

Ⅰ.C… Ⅱ.王… Ⅲ.C语言-程序设计-高等职业教育-教材 Ⅳ.TP312

中国版本图书馆CIP数据核字(2012)第168624号

C语言程序设计 王庆桦 主 编

策划编辑：康 序
责任编辑：康 序
封面设计：李 嫚
责任校对：周 娟
责任监印：朱 玢
出版发行：华中科技大学出版社(中国·武汉)
武昌喻家山 邮编：430074 电话：(027)81321913
录 排：武汉正风天下文化发展有限公司
印 刷：武汉市籍缘印刷厂
开 本：787mm×1092mm 1/16
印 张：21.5
字 数：533千字
版 次：2019年2月第1版第3次印刷
定 价：39.00元

FOREWORD
前言

C语言是一种结构化程序设计语言，它具有控制结构清晰、语言简洁紧凑、表达能力强、功能丰富、使用方便灵活、可移植性好、目标程序运行效率高、兼容性好/低级语言功能等众多优点，因此，C语言也就成为高职高专计算机专业学生学习程序设计的入门课程和首选程序语言。

程序设计本身是一个复杂的系统过程，需要通过了解问题、对问题进行分析、用逻辑的方法确定最佳的优化方案，最后才能通过计算机语言来实现，因而，初学者掌握程序设计的方法显得尤为重要。本书以C语言为工具，以基本程序设计思路为载体，强调问题的分析思路，帮助读者逐步认识程序设计的实质，理解从问题到程序编写的思考过程。书中尽可能详细地介绍如何使用C语言进行程序设计的相关问题，通过大量的实例，分步骤将问题进行分解和分析。

本书针对高等职业教育人才培养的需要，注重职业素质教育和技术应用能力的培养，强调理论实践一体化的教学方法。各章节首先介绍相关的基本知识，然后通过程序实例强调基本技能的训练，最后辅以实训项目。本书中每章都将易犯语法错误进行总结，形成错误提示，帮助读者加深对C语言的认识，提高学习效果。

本书在详细阐述程序设计语言的基本概念、原理和方法的基础上，采用循序渐进、深入浅出、通俗易懂的讲解方法，通过大量经典实例重点讲解了C语言的概念、规则和使用方法，使程序设计语言的初学者能够在建立正确程序设计理念的前提下，掌握利用C语言进行结构化程序设计的技术和方法。本书的编写特色如下。

(1) 教材编写以适度够用为原则。书中以C语言编程基本技能训练为主线，突出基本技能的培养，内容完整，阐述准确，层次清楚。

(2) 突出难点、重点，与实例剖析相结合。在体系结构的安排上，尽可能地将概念、知识点与案例相结合。通过对大量程序实例的分析、设计、总结，将所学的知识点与技能点融会贯通，从而熟练掌握C语言，最终达到实用编程能力的训练目的。

(3) 强调"以能力培养为核心，强化实际操作的训练"。书中每一章都精心设计了丰富的实训项目，目的明确，突出实用性、操作性。同时，考虑到编程初学者经常困惑于如何进行程序设计，实训项目中的部分练习给出了相关提示，使学生在学习的过程中不至于因为毫无头绪而产生厌烦情绪，从而提高学习的兴趣和对编程的热爱。

(4) 丰富的习题强调每章的学习重点，巩固学生对知识的掌握。同时，每章习题均配以答案，以方便学生自主学习。

结合高职高专C语言程序设计课程的需要，本书包括以下几个章节。

第1章，C语言概述。主要介绍了C语言的发展和特点，C语言程序的结构和书写规范，以及C语言程序的开发环境和运行步骤。

第 2 章，基本数据类型、运算符与表达式。主要介绍了 C 语言的基本数据类型，C 语言标识符的基本概念和命名规则，常量的类型，变量声明和初始化的方法，各种运算符和表达式的使用方法，运算符的优先级和结合性，以及数据类型的转换方法。

第 3 章，简单的 C 语言程序设计。主要介绍 C 语言的几种语句形式及数据的输入/输出函数的用法。

第 4 章，程序的控制结构。主要介绍了 C 语言顺序结构、选择结构（if 结构、switch 结构和条件运算符）、循环结构（while、do…while 和 for 循环）及嵌套循环的使用。

第 5 章，函数。主要介绍函数的概述和定义形式，有参函数的定义形式，无参函数的定义形式，函数的嵌套调用，函数的递归调用，全局变量和局部变量。

第 6 章，数组。主要介绍一维数组的使用方法、二维数组的使用方法、数组作为函数参数的使用方法、字符数组的使用和字符串的使用，以及如何使用数组编程。

第 7 章，指针。主要介绍指针和指针变量的基本概念，指针变量的定义和引用方法，数组的指针和指向数组的指针变量的区别，函数的指针和指向函数的指针变量的区别，以及指针数组和指向指针的指针概念。

第 8 章，结构体与共用体。主要介绍结构体类型数据的定义和引用，typedef 定义类型，动态分配数据函数，结构体类型指针处理链表的方法，共用体的概念并掌握其定义和使用方法，编译预处理的有关命令。

第 9 章，文件。主要介绍文件类型指针、文件的打开与关闭、文件的读写操作、文件的定位及文件状态检测函数的使用。

第 10 章，综合实训案例。通过编写“学生成绩管理系统”程序让学生对 C 语言中的文件和单链表的各种基本操作有充分的了解，而通过编写“电子时钟”程序全面介绍 C 语言图形模式下的编程。

本书由长期工作在高职高专教学一线的教师编写。本书由天津中德职业技术学院王庆桦担任主编，由北京联合大学刘琨、武昌职业学院戴剑、广东省粤东高级技工学校林植浩、武汉工程职业技术学院彭莉、辽宁建筑职业学院王鑫担任副主编，由吉林电子信息职业技术学院战忠丽、山东外贸职业学院吕学芳、北京农业职业学院黄平、武汉工程职业技术学院高丽担任参编。由武汉软件工程职业学院杨烨担任主审。其中，第 6 章、第 7 章、附录 A 至附录 C 由王庆桦编写，第 9 章、第 10 章由刘琨编写，第 1 章、第 2 章由戴剑编写，第 3 章、第 8 章由林植浩编写，第 4 章由彭莉编写，第 5 章由王鑫编写。全书由王庆桦统稿。

为了方便教学，本书还配有教学课件等教学资源包，任课教师和学生可以登录“我们爱读书”网（www.ibook4us.com）免费注册下载，或者发邮件至 hustpeiit@163.com 免费索取。

虽然编者在编写过程中力求准确无误、尽善尽美，但由于时间仓促，书中的内容仍难免包含错误或不足之处，恳请读者批评指正。

编者
2016 年 7 月

CONTENTS

目录

第 8 章　结构体与共用体

第 9 章　文件

第 10 章　综合实训案例

附录

第1章　C语言概述

学习目标

- 了解 C 语言的发展和特点
- 了解 C 语言程序的结构和书写规范
- 熟悉 C 语言程序的开发环境和运行步骤

1.1　C 语言简介

C 语言是一种高级程序设计语言，既能够面向硬件编程，又能够实现交互性较强的人机对话界面。C 语言的代码具有良好的可读性和可移植性，是目前国际上流行的、使用非常广泛的程序设计语言。对于一名程序员来说，C 语言是其他程序设计语言的基础。

1. 程序设计语言

程序是指为了实现某一特定任务而组成的指令序列，由 C 语言构成的指令序列称为 C 源程序。程序设计是指编写解决特定问题程序的方法和过程，它通常是以某种程序设计语言为工具，编写出这种语言下的程序代码。

程序设计语言又称为编程语言，是一个能完整、准确和规则地表达人们的意图，并用以指挥或控制计算机工作的符号系统。程序设计语言经历了从机器语言、汇编语言到高级语言的发展历程。

1）机器语言

机器语言是用二进制代码表示的计算机能直接识别和执行的一种机器指令的集合。机器指令是由“0”和“1”组成的一串代码，它们有一定的位数，并分成若干段，各段的编码表示不同的含义。例如，某台计算机字长为 16 位，即有 16 个二进制数组成一条指令或其他信息。16 个“0”和“1”可以组成各种排列组合，通过电子线路变成电信号，再让计算机执行各种不同的操作。

机器语言是计算机的设计者通过计算机的硬件结构赋予计算机的操作功能。机器语言具有灵活、直接执行和速度快等特点。不同型号的计算机，其机器语言是不能通用的，即按照一种型号计算机的机器指令编制的程序，不能在另一种型号的计算机上执行。

用机器语言编写程序，编程人员首先要熟记所用计算机的全部指令代码和代码的含义。在编写程序时，编程人员不仅需要自己处理每一条指令和每一个数据的存储分配和输入、输出，而且还要记住编程过程中每步所使用的工作单元处于何种状态。这是一项十分烦琐的工作，编写程序所花费的时间往往是实际运行时间的几十倍或几百倍，而且编写出的程序全是由0和1组成的指令代码，直观性差，容易出错。如今，除了计算机生产厂家的专业人员外，绝大多数的程序员已经不再学习机器语言了。

2）汇编语言

汇编语言是面向机器的程序设计语言。在汇编语言中，用助记符代替操作码，用地址符号或标号代替地址码。这样通过使用符号代替机器语言的二进制码，就把机器语言变成了汇编语言，于是汇编语言亦称为符号语言。使用汇编语言编写的程序，计算机不能直接识别，需要用一种程序将汇编语言翻译成机器语言，这种起翻译作用的程序称为汇编程序。汇编程序是系统软件中的语言处理系统软件，汇编程序把汇编语言翻译成机器语言的过程称为汇编。

汇编语言是一种功能很强大的程序设计语言，它也是利用计算机所有硬件特性并能直接控制硬件的语言。对应于高级语言的编译器，汇编语言需要一个汇编器来把汇编语言源文件汇编成机器可执行的代码，高级的汇编器如MASM、TASM等为用户编写汇编程序提供了很多类似于高级语言的特征。在这样的环境中编写的汇编程序，有很大一部分是面向汇编器的伪指令，已经类似于高级语言。现在的汇编环境已经非常完善，即使全部用汇编语言来编写Windows的应用程序也是可行的，但这不是汇编语言的长处。汇编语言的长处在于编写高效且需要对机器硬件精确控制的程序。

汇编语言能够直接与计算机的底层软件甚至硬件进行交互，它具有如下一些优点。

（1）能够直接访问与硬件相关的存储器或I/O端口。

（2）能够不受编译器的限制，对生成的二进制代码进行完全的控制。

（3）能够对关键代码进行更准确地控制，避免因线程共同访问或硬件设备共享引起的死锁。

（4）能够根据特定的应用对代码做最佳的优化，提高运行速度。

（5）能够最大限度地发挥硬件的功能。

同时还应该认识到，汇编语言是一种层次非常低的语言，它仅仅高于直接手工编写的二进制的机器指令码，因此不可避免地存在以下一些缺点。

（1）编写的代码非常难懂，不好维护。

（2）很容易产生bug，难以调试。

（3）只能针对特定的体系结构和处理器进行优化。

（4）开发效率很低，时间长且单调。

汇编语言比机器语言易于读写、调试和修改，同时具有机器语言的全部优点。但在编写复杂程序时，相对于高级语言来说，其代码量较大，而且汇编语言依赖于具体的处理器体系结构，不能通用，因此不能直接在不同处理器体系结构之间移植。

汇编语言由于采用了助记符号来编写程序，比用机器语言的二进制代码编程要方便些，在一定程度上简化了编程过程。汇编语言的特点是用符号代替了机器指令代码，而且助记符号与指令代码一一对应，基本保留了机器语言的灵活性。使用汇编语言能面向机器并较好地发挥机器的特性，得到质量较高的程序。但汇编语言是面向具体机型的，它离不开具体计算机的指令系统，因此，对于不同型号的计算机，有着不同结构的汇编语言，而且对于同一问题所编制的汇编语言程序，在不同型号的计算机间是不能通用的。

汇编语言中由于使用了助记符号，用汇编语言编制的程序输入计算机，计算机不能像用机器语言编写的程序一样直接识别和执行，必须通过预先放入计算机的“汇编程序”进行加工和翻译，才能变成能够被计算机直接识别和处理的二进制代码程序。用汇编语言等非机器语言书写好的符号程序称为源程序，运行时汇编程序要将源程序翻译成目标程序。目标程序是机器语言程序，当它被安置在内存的预定位置上时，就能被计算机的 CPU 处理和执行。

汇编语言像机器指令一样，是硬件操作的控制信息，因而仍然是面向机器的语言，使用起来还是比较烦琐、费时，通用性也差。但是，用汇编语言来编制系统软件和过程控制软件，其目标程序占用内存空间少，运行速度快，有着高级语言不可替代的特点。

汇编语言是理解整个计算机系统的最佳起点和最有效途径，人们经常认为汇编语言的应用范围很小，忽视了它的重要性。其实，汇编语言对每一个希望学习计算机技术的人来说都是非常重要的。汇编语言直接描述机器指令，比机器指令容易记忆和理解。通过学习和使用汇编语言，能够感知、体会和理解机器的逻辑功能，向上为理解各种软件系统的原理打下技术理论基础，向下为掌握硬件系统的原理打下实践应用基础。因而，学习汇编语言，是我们理解计算机系统的最佳起点。

3）高级语言

由于汇编语言依赖于硬件体系，并且助记符号量大、难记，于是人们又发明了更加易用的高级语言。在高级语言下，编写程序的语法和结构更类似普通英文，并且由于远离对硬件的直接操作，使得一般人经过学习之后都可以编程。

计算机语言有高级语言和低级语言之分。而高级语言又主要是相对于汇编语言而言的，它是较接近于自然语言和数学公式方式的编程，基本脱离了机器的硬件系统，用人们更易理解的方式编写程序。

高级语言并不是特指的某一种具体的语言，而是包括很多编程语言，如目前流行的 C、C＋＋、Pascal、FoxPro、Delphi 等，这些语言的语法、命令格式都不相同。

低级语言分为机器语言（二进制语言）和汇编语言（符号语言），这两种语言都是面向机器的语言，和具体机器的指令系统密切相关。机器语言用指令代码编写程序，而符号语言用指令助记符号来编写程序。高级语言与计算机的硬件结构及指令系统无关，它具有更强的表达能力，可以方便地表示数据的运算和程序的控制结构，能更好地描述各种算法，而且容易学习掌握。但高级语言编译生成的程序代码一般比用汇编程序语言设计的程序代码要长，执行的速度也慢。所以汇编语言更适合编写一些对速度和代码长度要求高的程序和直接控制硬件的程序。

高级语言程序“看不见”机器的硬件结构，不能用于编写直接访问机器硬件资源的系统软件或设备控制软件。为此，一些高级语言提供了与汇编语言之间进行调用的接口。用汇编语言编写的程序，可以作为高级语言的一个外部过程或函数，利用堆栈来传递参数或参数的地址。

程序设计语言从机器语言发展到抽象的高级语言，带来的好处主要有以下几点。

(1) 高级语言接近算法语言,易学易掌握,一般工程技术人员只要几周时间的培训就可以胜任程序员的工作。

(2) 高级语言为程序员提供了结构化程序设计的环境和工具,使得设计出来的程序可读性好,可维护性强且可靠性高。

(3) 高级语言与具体的计算机硬件的关系不大,因而所写出来的程序可移植性好,重用率高。

(4) 由于把繁杂琐碎的事务交给了编译程序去做,所以高级语言的自动化程度高,开发周期短,程序员可以集中时间和精力去从事对于他们来说更为重要的创造性劳动,以提高程序的质量。

2. C语言的产生与发展

C语言源于BCPL。1967年,剑桥大学的Martin Richards对CPL进行了简化,于是产生了BCPL(basic combined programming language)。1970年,美国贝尔实验室的Ken Thompson以BCPL为基础,设计出很简单且很接近硬件的B语言(取BCPL的首字母),并且他用B语言写了第一个UNIX操作系统。1972年,美国贝尔实验室的D. M. Ritchie在B语言的基础上最终设计出了一种新的语言,他取了BCPL的第二个字母作为这种语言的名字,这就是C语言。

为了推广UNIX操作系统,1977年D. M. Ritchie发表了不依赖于具体机器系统的C语言编译文本《可移植的C语言编译程序》。1978年,由美国电话电报公司(AT&T)与贝尔实验室正式发表了C语言。同时由B. W. Kernighan和D. M. Ritchie合著了著名的《The C Programming Language》一书,通常该书简称为《K&R》,也有人称之为《K&R》标准。但是,在《K&R》中并没有定义一个完整的标准C语言,后来由美国国家标准化协会(American National Standards Institute,ANSI)在此基础上制定了一个C语言标准,于1983年发表,通常称之为ANSIC。

《K&R》的第一版在很多语言细节上不够精确,甚至没有很好表达它所要描述的语言,把后续扩展扔到了一边。C语言在早期项目中的使用受商业和政府合同支配,这意味着一个认可的正式标准是必需的。因此,ANSI于1983年夏天,在CBEMA的领导下建立了X3J11委员会,目的是产生一个C标准。X3J11委员会在1989年末提出了一个报告"ANSI89",后来这个标准被ISO接受,编号ISO/IEC 9899:1990。

1990年,国际标准化组织ISO(International Organization for Standards)接受了ANSIC89为ISO C的标准(ISO 9899:1990)。1994年,ISO修订了C语言的标准。1995年,ISO对C90做了一些修订,即"1995基准增补1(ISO/IEC/9899/AMD1:1995)"。1999年,ISO又对C语言标准进行修订,在基本保留原来C语言特征的基础上,增加了一些功能,尤其是对C++中的一些功能,命名为ISO/IEC 9899:1999。2001年和2004年先后对该标准进行了两次技术修正。

目前流行的C语言编译系统大多是以ANSI C为基础进行开发的,但不同版本的C编译系统所实现的语言功能和语法规则又略有差别。2011年12月,ISO正式公布C语言新的国际标准草案:ISO/IEC 9899:2011。

新的标准提高了对C++的兼容性,并将新的特性增加到C语言中。新功能包括支持多线程，基于 ISO/IEC TR 19769:2004 规范下支持 Unicode，提供更多用于查询浮点数类型特性的宏定义和静态声明功能。

3. C 语言的特点

C 语言具有以下一些特点。

(1) 简洁紧凑、灵活方便。C 语言一共只有 32 个关键字和 9 种控制语句，程序书写格式形式自由，并且区分大小写，把高级语言的基本结构和语句与低级语言的实用性结合起来。C 语言可以像汇编语言一样对位、字节和地址进行操作，而这三者是计算机最基本的工作单元。

(2) 运算符丰富。C 语言的运算符包含的范围很广泛，共有 34 种运算符。C 语言把括号、赋值、强制类型转换等都作为运算符处理，从而使 C 语言的运算类型极其丰富，并且表达式类型多样化。灵活使用 C 语言中的各种运算符可以实现在其他高级语言中难以实现的运算。

(3) 数据类型丰富。C 语言的数据类型有整型、实型、字符型、数组类型、指针类型、结构体类型、共用体类型等，能用于实现各种复杂的数据结构的运算，并引入了指针概念，使程序效率更高。另外，C 语言具有强大的图形功能，支持多种显示器和驱动器，并且其计算功能、逻辑判断功能强大。

(4) C 是结构式语言。结构式语言的显著特点是代码及数据的分隔化，即程序的各个部分除了必要的信息交流外彼此独立。这种结构化方式可以使程序层次清晰，便于使用、维护及调试。C 语言是以函数形式提供给用户的，这些函数可方便地调用，并具有多种循环、条件语句控制程序流向，从而使程序完全结构化。

(5) 语法限制不太严格，程序设计自由度大。C 语言也是强类型语言，但它的语法比较灵活，允许程序编写者有较大的自由度。

(6) 允许直接访问物理地址，对硬件进行操作。由于 C 语言允许直接访问计算机的物理地址，可以直接对硬件进行操作，因此它既具有高级语言的功能，又具有低级语言的许多功能，能够像汇编语言一样对位、字节和地址进行操作，而这三者是计算机最基本的工作单元，可用于编写系统软件。

(7) 生成目标代码质量高，程序执行效率高。一般只比汇编程序生成的目标代码效率低 10%～20%。

(8) 适用范围大，可移植性好。C 语言有一个突出的优点就是适合于多种操作系统，如 DOS、UNIX、Windows XP、Windows NT 等，也适用于多种机型。C 语言具有强大的绘图能力，可移植性好，并且具备很强的数据处理能力，因此适于编写系统软件和二维、三维图形及动画等。

1.2 C 语言程序的基本结构与组成

1.2.1 简单的 C 语言程序

【例 1.1】 计算圆面积。

```
#include<stdio.h>
#define PI 3.141592                    /*定义符号常量,值为 3.141592*/
void main()
{
    float r,s;                         /*定义两个单精度变量,半径 r 和圆面积 s*/
    r=4.0;                             /*给半径 r 赋值*/
    s=PI*r*r;                          /*计算圆面积*/
    printf("s=%f\n",s);                /*输出圆面积*/
}
```

程序运行结果:

```
s=50.265472
```

程序提示

① 程序第 1 行使用#include 预处理命令包含头文件 stdio.h,以在程序中使用库函数 printf 实现输出。

② 程序第 2 行#define 定义符号常量 PI,符号常量通常大写。

③ 程序第 3 行 void main()中,void 是指函数的返回值类型为空,main 为主函数名,()中用来写参数,()中为空表示该函数无参数。

④ 程序从第 4 行到第 9 行为函数体,"{"、"}"分别表示函数的起、止位置。函数体一般由多条语句构成,本例函数体由 4 条语句构成。

⑤ 程序第 5 行声明了两个 float(单精度类型)变量 r 和 s,指定它们可以存储一定范围一定精度的小数。

⑥ 程序第 6 行给变量 r 赋值。

⑦ 程序第 7 行计算圆面积,赋值给变量 s。

⑧ 程序第 8 行,printf 为输出函数,其后面()中引号内的内容原样输出。其中,"%f"处填入逗号右端变量 s 的值,"\n"为转义字符,代表回车换行。

⑨ 各行后面的"/*……*/"是注释部分,不参与程序的执行,一般用于解释程序的功能、变量的作用,可以增加程序的可读性。

【例 1.2】 从键盘任意输入两个整数,求它们的平均值并输出。

```
#include<stdio.h>
void main()
{
  int x,y;
  float ave;
  float average(int a,int b);           /*声明函数 average*/
  printf("请输入两个整数 x、y:\n");
  scanf("%d,%d",&x,&y);                 /*接收 x、y 的输入值*/
  ave=average(x,y);                     /*调用 average 函数,计算 x、y 的平均值*/
```

```
    printf("(%d+%d)/2.0=%f\n",x,y,ave);          /*按格式要求输出 x、y、ave 的值*/
}
float average(int a,int b)
{
    float c;
    c=(a+b)/2.0;                                  /*计算 c 的值*/
    return c;                                     /*把 c 的值作为函数的返回值*/
}
```

程序运行结果：

```
请输入两个整数 x、y:
2,4↙
(2+4)/2.0=3.000000
```

程序提示

① 本程序由两个函数构成：主函数 main 和自定义函数 average。自定义函数 average 的功能是计算两个数的平均值。

② 程序第 6 行 float average(int a,int b)用于声明返回值为 float 类型的 average 函数，该函数接收两个 int 类型的参数。

③ 程序第 8 行 scanf("%d,%d",&x,&y)中，scanf 是标准输入函数，引号中的"%d,%d"指定了两个变量都要按照十进制整数的形式输入，并且输入时两个变量中间用逗号隔开。"&x,&y"表示变量 x 和变量 y 在内存中的地址。

④ 程序第 9 行 ave=average(x,y)语句的功能为调用 average 函数来求两数的平均值。调用过程中，首先将实参 x、y 的值传递给 average 函数中的形参 a、b。此时程序进入到自定义函数 average 中执行。

⑤ 程序进入自定义函数 average 中执行。其中，语句"c=(a+b)/2.0"用于计算平均值，赋值给变量。语句"return c;"将变量 c 的值返回给主函数 main 中调用的 average 函数，并且程序回到 main 函数中继续执行。

1.2.2 C 语言程序的结构

C 语言规定，一个完整的 C 语言程序应该包括包含语句和预处理语句、main 函数和自定义函数三个部分。

1. *必要的包含语句和预处理语句*

这部分主要定义一个程序中引用了哪些标准函数，引导编译程序到指定的位置调用相应的程序代码添加到用户程序中。包含文件也称为库文件，分为系统提供的库文件和用户自定义的库文件两种。系统提供的包含文件一般保存在安装目录下的 include 目录中；用户自定义的库文件可以根据用户的要求来存储。

2. 一个唯一的 main 函数

main 函数称为主函数，一个 C 语言程序有且只能有一个主函数。main 函数的基本格式如下。

```
main()
{
⋮
}
```

程序中的一对花括号表示主程序的开始和结束。

3. 用户自定义的函数

C 语言函数库中的库函数不可能满足用户所有的需求，因此用户可以根据需要在程序中开发能够实现不同功能的程序段，这样的程序段称为函数。

一个标准的 C 语言程序由一个主函数和大量的自定义函数组成。

1.2.3 C 语言程序的书写规范

从书写清晰，便于阅读、理解和维护的角度出发，在书写 C 语言程序时应注意以下几个方面，以养成良好的编程风格。

(1) C 语言程序书写格式自由，可以一行写多条语句，也可以将一条语句写在多行，但这样会降低程序的可读性，最好一条语句占一行。

(2) C 语言程序中的语句必须以分号结尾。

(3) C 语言程序中严格区分字母的大小写。

(4) 为了使程序看起来更加清晰，最好以缩进的格式书写。

(5) 用{}括起来的部分，通常表示程序的某一层次结构。为了检查匹配性，最好单独占一行，并且同一层次的"{"和"}"缩进相同。

(6) 可以为程序添加注释来说明程序段的功能。"//"用于注释一行，"/ * …… * /"用于注释一块(一行或多行)。

1.3 C 语言程序的运行

1.3.1 C 语言的开发环境

Turbo C 2.0 简称 TC，是常用的开发 C 语言程序的工具之一。Turbo C 2.0 在开始使用时需要理解的概念较少，入门容易，因此也是特别适合初学者使用的一款 C 语言编译器。其界面如图 1.1 所示。

Turbo C 2.0(简称 TC 编译器)主界面提供了 8 种可供选择的菜单项，分别是 File、Ed-

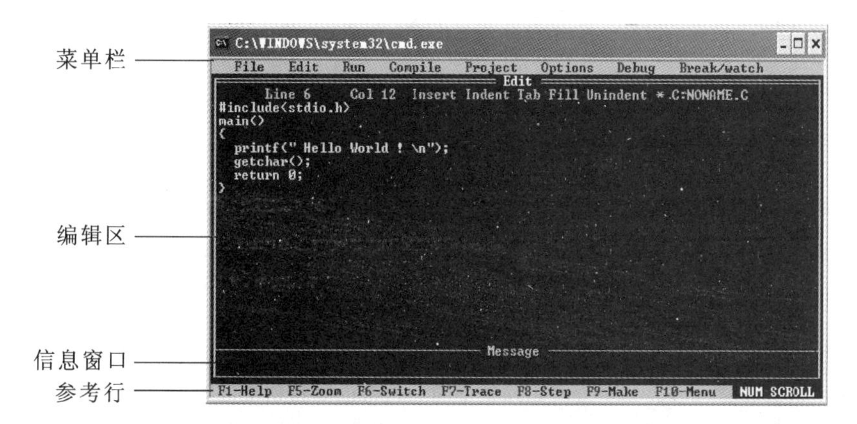

图 1.1 Turbo C 2.0 编译器窗口

it、Run、Compile、Project、Options、Debug、Break/watch，其具体功能如表 1.1 所示。

表 1.1 TC 编译器菜单项及其子菜单功能

菜单项	子菜单	功能说明
File（文件）	Load（加载）	打开一个 C 源文件，用户可以使用通配符 *.c 来选择文件存储的位置
	Pick（选择）	将最近打开的 8 个文件作为列表让用户进行选择，选择后将该程序文件打开，并将光标置于上次修改过的地方
	New（新建）	创建新文件，默认的文件名为 NONAME.C，用户存盘时可以进行文件名修改
	Save（保存）	将编辑区中的文件存盘。若文件名为 NONAME.C，而又要存盘时，编译器将询问是否更改文件名，但文件路径不能修改
	Write to（存盘）	将编辑区中的文件存盘，如果该存储路径中已经存在该文件名，编译器将询问是否对其进行覆盖。该命令可以修改文件所在的存储路径
	Directory（目录）	显示当前目录及目录中的文件，并且可以由用户进行选择
	Change dir（改变目录）	用户可以修改当前的目录路径
	Os shell（暂时退出）	暂时退出 TC 编译器到 DOS 命令窗口下，此时用户可以运行 DOS 命令，在 DOS 状态下输入 EXIT 即可返回 TC 编译器中
	Quit（退出）	退出 TC 编译器
Edit（编辑）		将光标自动显示在代码编辑区中，用户可以在光标处编写代码

续表

菜单项	子菜单	功能说明
Run （运行）	Run（运行程序）	运行当前所编辑的源代码
	Program reset （程序重启）	中止当前的调试操作，并释放分给程序的内存空间
	Go to cursor （运行到光标处）	调试程序时使用，使程序运行到光标所在行
	Trace into （跟踪进入）	执行语句中若含有调用自定义子函数时，使用该菜单项，则程序将跟踪该子函数内部的执行情况
	Step over （单步执行）	执行当前函数的下一条语句，即使遇到可访问的函数也不会进入到该函数里
	User screen （用户屏幕）	显示程序运行时在屏幕上显示的结果
Compile （编译）	Compile to OBJ （编译生成目标文件）	编译生成目标文件
	Make EXE file （生成可执行文件）	生成一个. EXE 的可执行文件，并显示该文件的文件名
	Link EXE file （连接执行文件）	把当前的目标文件及库文件连接在一起生成可执行文件
	Build all （建立所有文件）	重新编译项目里的所有源代码文件，并生成可执行文件
	Primary C file （主 C 文件）	当在该项目中制定了主文件后，在以后的编译中，如果没有项目文件名，则编译此项中规定的主 C 文件。如果编译中有错误，则将此文件自动装入编辑程序，可对其修改
	Get info（获得信息）	获取有关源文件的相关信息
Project （项目）	Project name （项目名）	选择一个项目文件名，该项目文件名也将作为之后将建立的. EXE及. MAP 文件名。典型项目名具有. PRJ 的扩展名
	Break make on （中止编译）	选择终止编译的条件
	Auto dependencies （自动依赖）	有 on 和 off 两种情况，单击回车键进行切换。当置于 on 时，编译时将检查工程表中的每个. C 源文件与对应的. OBJ 文件的依赖关系，否则不进行检查
	Clear project （清除项目文件）	清除“Project/Project name”中的项目文件名
	Remove messages （删除信息）	把错误信息从信息窗口中清除掉

续表

菜单项	子菜单	功能说明
Options（选择项）	Compiler（编译器）	选择编译器的硬件配置、存储模式、调试技术、代码优化、对话信息控制和宏定义
	Linker（连接）	选择并设置有关编译连接的相关信息
	Environment（环境）	编译环境的设置，即是否对特定文件自动存盘及对制表键和屏幕大小的设置
	Directories（路径）	设置编译、连接所需源文件的路径
	Arguments（命令行参数）	允许使用命令行参数
	Save options（存储配置）	保存用户所选择的编译、连接、调试和项目到配置文件中，默认的配置文件为 TCCONFIG. TC
	Retrive options（加载配置）	装载一个配置文件到编译器中，编译器将使用配置文件的相关选择项目
Debug（调试）	Evaluate（计算）	计算变量或表达式并显示其值
	Call stack（调用堆栈）	调用堆栈显示到目前为止的函数调用情况
	Find function（查找函数定义）	显示编辑窗口中某一函数的定义。如果该函数不在当前显示文件里，该命令会加载相关文件
	Refresh display（刷新显示）	可恢复编辑窗口中的内容
	Display swapping（显示转换）	默认值为 Smart，若产生屏幕输出，则屏幕从编辑屏切换到用户屏，完成输出后，再次切换回编辑屏；当其值为 Always 时，执行每条语句都切换；当其值为 None 时，调试程序不进行切换，该选项用在不含屏幕输出的代码调试中
	Source debugging（源代码调试）	默认值为 On，表示连接的程序可用 TC 集成调试程序和单独的 Turbo C 调试程序调试；当其值为 Standalone 时，表示只能用 Turbo C 调试程序调试；当其值为 None 时，表示两种调试程序都不行

续表

菜单项	子菜单	功能说明
Break/watch（断点及监视表达式）	Add watch（增加监视表达式）	向监视窗口插入一个监视表达式
	Delete watch（删除监视表达式）	从监视窗口中删除当前的监视表达式
	Edit watch（编辑监视表达式）	在监视窗口中编辑一个监视表达式
	Remove all watches（删除所有监视表达式）	从监视窗口中删除所有的监视表达式
	Toggle breakpoint（打开或关闭断点）	设置或去除光标所在断点，当断点被设置后就以高亮显示
	Clear all breakpoints（清除所有断点）	从程序中清除所有断点
	View next breakpoint（显示下一个断点）	将光标移动到下一个断点处，光标是按设置顺序移动的

TC 编译器常用快捷键及其功能如表 1.2 所示。

表 1.2　TC 编译器常用快捷键及其功能

快捷键	功能说明	快捷键	功能说明
F1	求助窗口，提供有关当前位置的信息	Alt＋F1	显示上次的求助
F2	当前编辑程序存盘	Alt＋F3	选择文件加载
F3	加载文件	Alt＋F5	在 TC 界面与用户界面间切换
F4	程序运行到光标所在行	Alt＋F6	开关活动窗口里的内容
F5	放大、缩小活动窗口	Alt＋F7	定位上一错误
F6	开关活动窗口	Alt＋F8	定位下一错误
F7	在调试模式下运行程序，跟踪进入函数内部	Alt＋F9	将 TC 当前编辑文件编译成.OBJ 文件
F8	在调试模式下运行程序，跳过函数调用	Alt＋B	转到 Break/watch 菜单
F9	执行 Make 命令	Alt＋C	转到 Compile 菜单
Ctrl＋F1	调用有关函数的上下文帮助	Alt＋D	转到 Debug 菜单
Ctrl＋F3	显示调用栈	Alt＋E	转到 Edit 菜单

续表

快捷键	功能说明	快捷键	功能说明
Ctrl+F4	计算表达式	Alt+F	转到 File 菜单
Ctrl+F7	设置监视表达式	Alt+O	转到 Option 菜单
Ctrl+F8	断点开关	Alt+P	转到 Project 菜单
Ctrl+F9	运行程序	Alt+R	转到 Run 菜单
		Alt+X	退出 TC 集成环境

C 语言程序的执行由编辑、编译、连接和执行四个步骤构成，最终把得到的可执行程序调入内存运行。

1.3.2 编辑

编辑的目的是得到 C 语言的源程序，生成磁盘文件保存在磁盘上，文件的扩展名为 .C，如 sample. C。

1. 新建 C 语言源程序文件

第一种方法是直接在 TC 编译器的代码编辑区中进行编写，如图 1.2 所示。选择“File”→“New”命令创建默认文件名为 NONAME. C 的新文件。在编译器的代码编辑区中编写代码时，只能使用键盘移动光标和操作菜单项，而不能使用鼠标。

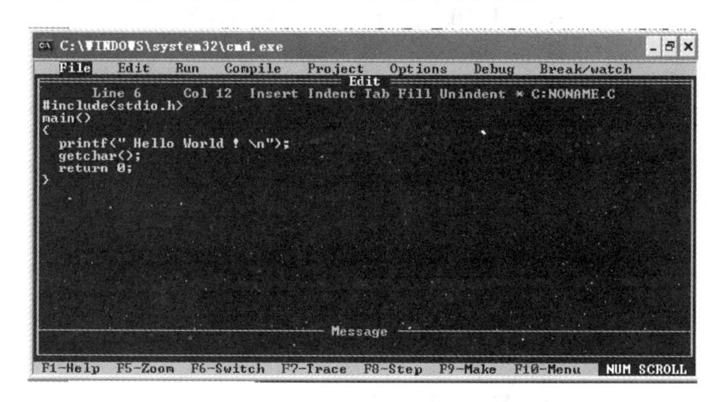

图 1.2 在 TC 编译器中新建源程序

编写完代码后，可以选择“File”→“Save”命令修改文件名并保存源文件，如图 1.3 所示；或者选择“File”→“Write to”命令修改文件存储路径并保存源文件。在 TC 编译器中编写完成源程序文件后，可以直接对编写的源程序进行编译、执行等操作。

第二种方法是使用代码编辑器编写代码，如图 1.4 所示。代码编辑器是在安装 TC 编译器时安装的一个组件。可以在窗口的空白处编写代码，并且代码中的关键字都会以特定的颜色来标识，以提示用户是否存在关键字拼写错误等。

编写完成代码后，若 C 语言源文件不存在时，可以选择“文件”→“保存”命令，在弹出的“保存文件”对话框中对当前所编写的程序进行保存，如图 1.5 所示。若 C 语言源文件已经存在，

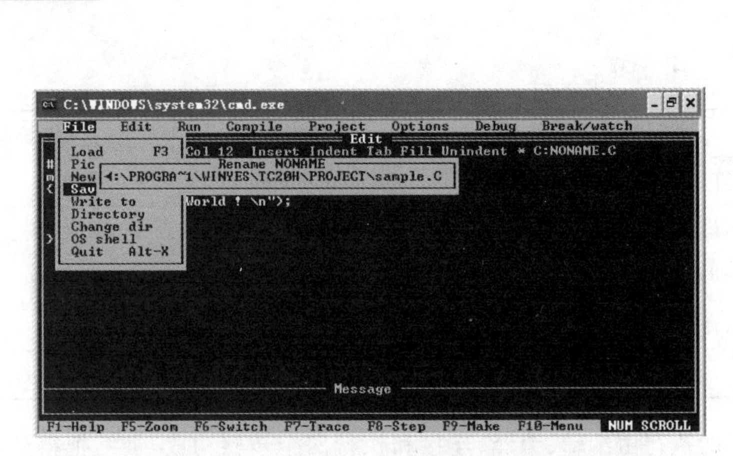

图 1.3 在 TC 编译器中修改文件名并保存源文件

图 1.4 在 TC 编辑器中新建源程序

只需选择"文件"→"保存"命令即可。若要保存为另一文件名,则选择"文件"→"另存为"命令,在弹出的"保存文件"对话框中选择指定文件的路径并输入新的文件名,单击"保存"按钮。

代码编辑器只能用于编写和保存 C 语言源程序文件,对于源文件的编译、连接、执行等操作,仍需要在 TC 编译器中进行。

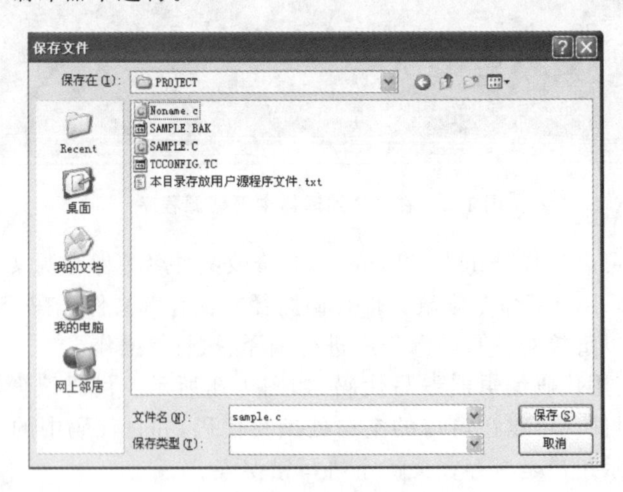

图 1.5 "保存文件"对话框

2. 使用 TC 编译器打开 C 语言源程序文件

选择“File”→“Load”命令，并输入源文件的路径和文件名，按 Enter 键，即可打开源程序文件，如图 1.6 所示。

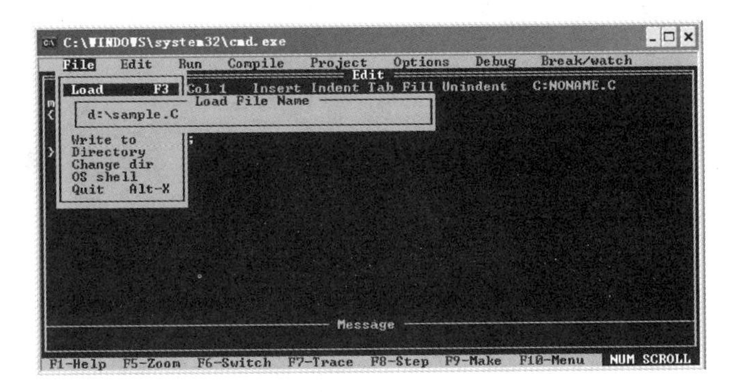

图 1.6 打开源程序文件

1.3.3 编译

C 语言源程序不能被计算机直接识别，因此必须把编辑好的 C 语言源程序转换成机器语言表示的可重定位的二进制代码的目标程序，生成的目标程序文件主名与源程序主名相同，扩展名为.OBJ。例如，源文件 sample.C 经编译后将得到目标文件 sample.OBJ。编译的另外一个重要功能是检测源程序的语法错误，并给出提示信息。

一般在编译程序前，应先将 C 语言源程序保存到磁盘上。选择“Compile”→“Compile to OBJ”命令，即可进行编译操作，如图 1.7 所示。

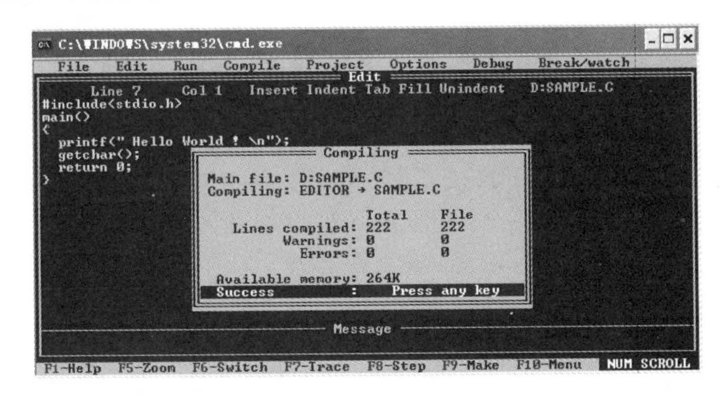

图 1.7 编译相关信息

1.3.4 连接

目标程序虽能被计算机直接识别，但是不能被直接执行，此时必须用连接器将目标程序与其他代码（如程序中用到的系统库函数或者其他目标程序）连接起来，生成可执行程序。生成的可执行程序文件主名与源程序主名相同，扩展名为.EXE，如目标文件 sample.OBJ 经连接后，将生成可执行文件 sample. EXE。

选择“Compile”→“Link EXE file”命令，即可进行连接操作，弹出的信息窗口将显示连接相关信息，如图 1.8 所示。若出现错误，则按照错误提示信息修改源文件后再重新编译、连接，直到生成. EXE 可执行文件为止。

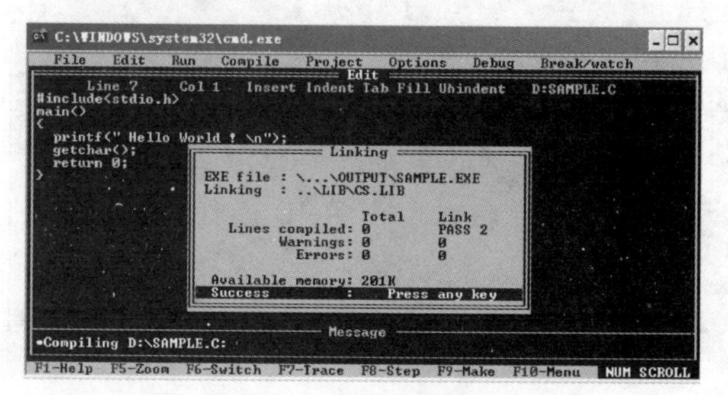

图 1.8　连接相关信息

这里也可以选择“Compile”→“Make EXE file”命令，一次完成编译和连接操作。

1.3.5　执行

执行可执行文件，程序的运行结果正确则可结束 C 语言程序的开发任务。若运行结果错误，则需要重新检查源程序，修改后重新进行编译、连接、执行。

选择“Run”→“Run”命令，若出现错误结果，则要修改源文件后重新编译、连接、执行直到运行结果正确为止。

1.4　程序实例

【例 1.3】　编写程序，在屏幕上显示文字“Hello，world!”。

```
#include<stdio.h>              /*包含 C 语言标准输入/输出头文件*/
main()                         /*主函数开始*/
{
  printf("Hello,world!\n");/*输出信息*/
  getchar();                   /*暂停程序，获取用户输入的字符时返回*/
  return 0;                    /*程序正常结束*/
}
```

程序提示

函数 getchar()的作用是暂停程序的运行，当用户输入一个字符时，该函数将返回，使程序继续运行。

1.5 实训项目一:C语言程序运行步骤

实训目标

(1) 熟悉C语言上机环境 Turbo C 2.0,掌握该系统的基本操作。

(2) 掌握创建、编辑、编译、连接和执行一个C语言程序的方法,以及TC提供的调试工具。

(3) 了解C语言源程序的结构,并初步掌握编写简单C语言程序的方法。

实训内容

(1) Turbo C 2.0 的启动。

(2) 新建一个C语言源程序。

```
#include<stdio.h>
void main()
{
   int x,y,sum;
   printf("请输入两个整数:\n");
   scanf("%d,%d",&x,&y);                /*接收 x、y 的输入值*/
   sum=x+y;                             /*计算 x、y 的和*/
   printf("%d+%d=%d\n",x,y,sum);       /*按格式要求输出 x、y、sum 的值*/
}
```

提示

建立C语言源程序文件,只要把文件的扩展名改为“.C”即可。

(3) 打开一个已有的C语言源程序。

(4)编译、连接C语言源程序。

提示

编译系统会检查源程序中有无语法错误,如果有错,就会指出错误的位置和性质。

(5) 调试C语言源程序。

小提示

编译系统检查出程序中的语法错误，通过程序调试，改正程序中的错误。语法错误分为两类：一类是致命错误，用 error（错误）表示，如果程序中出现这类错误，就不能通过编译，无法形成目标程序；另一类是轻微错误，用 warning（警告）表示，这类错误不影响生成目标程序和可执行程序，但有可能影响运行结果，应当尽量改正，最终使程序既无 error 又无 warning。

（6）执行 C 语言源程序。

小提示

在执行程序之前最好先保存源文件。

运行结果为：

```
请输入两个整数：
    12,34
    12+34=46
```

1.6 错误提示

错误 1：语句没有以分号结尾。

错误 2：预处理命令、函数头和“}”之后多加了分号。

错误 3：“/ * ”和“ * /”没有成对出现，以及“ * ”和“/”之间多加了空格。

错误 4：“{”和“}”没有成对出现。

错误 5：函数没有参数时，省略了“()”。

错误 6：没有严格区分大小写，如 main()和 Main()代表不同的含义，只有 main()代表主函数。

错误 7：预处理命令前没有写“#”。

习题 1

一、选择题

1. 下面叙述错误的是________。

A. C 语言程序中可以有若干个 main 函数　　B. C 语言程序必须以 main 函数开始执行

C. C 语言程序中不可以没有 main 函数　　D. C 语言程序是由若干个函数组成的

2. C 语言程序中语句的结束符是________。

A. ：　　　　B. /*　　　　C. ；　　　　D. ，

3. C 语言中，“#define　PRICE　2.56”将 PRICE 定义为________。

A. 符号常量　　　　B. 字符常量　　　　C. 实型常量　　　　D. 变量

4. 下列叙述正确的是________。

A. 机器语言能由计算机直接识别并执行

B. 汇编语言能由计算机直接识别并执行

C. 机器语言可移植性好

D. 高级语言执行速度比低级语言执行速度快

5. 以下叙述正确的是________。

A. 在对一个 C 语言程序进行编译的过程中，可发现注释中的拼写错误

B. 在 C 语言程序中，main 函数必须位于程序的最前面

C. C 语言程序一行可由一条或多条语句组成

D. C 语言程序的每行只能写一条语句

二、填空题

1. 一个 C 语言源程序中至少应包含一个________。

2. C 语言源程序文件的扩展名是________，经过编译后，生成文件的扩展名是________，经过连接后，生成文件的扩展名是________。

3. 程序设计语言主要分为以下 3 类：________、汇编语言和________。

4. C 语言程序开发的基本步骤为：源程序的编辑、________、________和执行。

第2章　基本数据类型、运算符与表达式

学习目标

- 掌握C语言的基本数据类型
- 掌握C语言标识符的基本概念和命名规则
- 掌握常量的类型
- 掌握变量声明和初始化的方法
- 掌握各种运算符和表达式的使用方法
- 掌握运算符的优先级和结合性
- 掌握数据类型的转换方法

2.1 数据类型

2.1.1　什么是数据类型

计算机把数据存放在内存中,但各种数据的大小并不相同,因此将其放进内存时所需的内存空间也并不完全相同。所以计算机在处理数据时,不仅要给数据取个名字,还要区分数据可能的种类,也就是所谓的数据类型。

【例2.1】 输出存储int(整型)、float(单精度型)、double(双精度型)、char(字符型)的数据所占用的内存空间的字节数。

```
# include<stdio.h>
void main()
{
    printf("int:%d\n",sizeof(int));
    printf("float:%d\n",sizeof(float));
    printf("double:%d\n",sizeof(double));
    printf("char:%d\n",sizeof(char));
}
```

程序运行结果:

```
int:4
float:4
double:8
char:1
```

程序提示

sizeof()函数用来返回指定数据类型占用的内存空间的字节数。

2.1.2 C语言的数据类型

C语言程序中用到的数据都必须先指定其数据类型才可使用,数据结构是以数据类型的形式出现的。C语言中的数据类型如图2.1所示,C语言中的数据都属于图中所示的这些类型,无论该数据是常量还是变量。

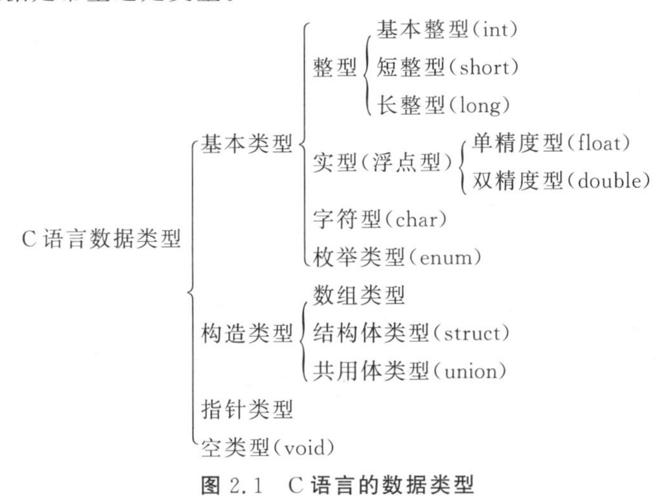

图2.1 C语言的数据类型

C语言的基本数据类型包括整型、实型、字符型和枚举类型。基本数据类型的前面还有一些数据类型的修饰符,具体介绍如下。

(1) short(短型)只能修饰int,short int可以省略为short。

(2) long(长型)只能修饰int和double,long int可以省略为long。

(3) unsigned(无符号)和signed(有符号)只能修饰char和int。通常,char和int默认为signed。

(4) float和double不能用unsigned修饰,它们只能用signed修饰。

这些修饰符与基本数据类型的关键字的组合可以表示不同的数值范围及数据所占内存空间的大小,如表2.1所示。

表2.1 基本数据类型描述

数据类型	标识符	字节	数值范围
整型	int	4	−2147483648~2147483747
无符号整型	unsigned int(unsigned)	4	0~4294967295
有符号整型	signed int	4	−2147483648~2147483747

续表

数据类型	标识符	字节	数值范围
短整型	short int(short)	2	−32768～32767
无符号短整型	unsigned short int(unsigned short)	2	0～65535
有符号短整型	signed short int	2	−32768～32767
长整型	long int(long)	4	−2147483648～2147483747
无符号长整型	unsigned long int(unsigned long)	4	0～4294967295
有符号长整型	signed long int	4	−2147483648～2147483747
单精度型	float	4	约精确到小数点后 1 位
双精度型	double	8	约精确到小数点后 15 位
字符型	char	1	−128～127
无符号字符型	unsigned char	1	0～255
有符号字符型	signed char	1	−128～127

2.1.3 标识符命名

在C语言中,用于标识变量名、符号名、函数名、数组名、文件名及一些具有专门含义的名字称为标识符。作为标识符必须满足以下规则。

(1) 合法的标识符只能由字母、数字和下画线组成。

(2) 第一个字符必须为字母或下画线。

(3) 大写字母和小写字母代表不同的标识符。

(4) 标识符可以为任意长度,但外部名至少必须由前 8 个字符唯一区分。

C 语言的标识符可以分为关键字、预定义标识符和用户标识符。

1. 关键字

C语言规定了一批标识符,它们代表固定的含义,不能另作他用。例如,用来说明变量类型的标识符 int、float,以及 if 语句中的 if、else 等都已经有了专门的用途,它们不能再用作变量名或函数名。C 语言的关键字共有 32 个,具体如下。

(1) 标识数据类型:int、long、short、float、double、char、signed、unsigned、struct、union、enum、volatile、const、typedef。

(2) 标识流程控制:break、continue、if、else、for、return、goto、switch、void、while、do、case、default。

(3) 标识存储类型:auto、static、extern、register。

(4) 标识运算符:sizeof。

2. 预定义标识符

预定义标识符在 C 语言中也都有特定的含义,如 C 语言提供的库函数的名字(如

printf)和编译预处理命令(如 define)等。

(1) 编译预处理命令有 define、include 等。

(2) 标准库函数名有 abs、scanf、sqrt、printf 等。

C 语言的语法允许用户把这类标识符另作他用,但这将使这些标识符失去系统规定的原意。鉴于目前各种计算机系统的 C 语言都一致把这类标识符作为固定的库函数名或编译预处理中的专门命令使用,因此为了避免误解,建议用户不要把这些预定义标识符另作他用,否则会带来不必要的麻烦。

3. 用户标识符

由用户根据需要定义的标识符称为用户标识符。一般用来给变量、函数、数组或文件等命名。程序中使用的用户标识符除要遵循命名规则外,还应注意做到"见名知义",即选用有含义的英文单词或汉语拼音,以增加程序的可读性。

如果用户标识符与关键字相同,程序在编译时将给出出错信息;如果与预定义标识符相同,系统给予承认并不报错,只是该预定义标识符将失去原定含义,代之以用户定义的含义。

2.2 常　　量

在 C 语言中,把在程序运行过程中其值不能改变的量称为常量。常量可分为不同的类型,有整型常量、实型常量、字符型常量和符号常量。

除符号常量外,定义其他类型的常量时,必须使用关键字 const 修饰,并且在定义常量的同时,需要进行初始化操作。

格式:const **常量类型标识符常量名称=常量初始化值;**

例如:

```
const int r=2;
const char ch="abc";
```

2.2.1 整型常量

整型常量也称为整常数。在 C 语言中,整型常量可以用十进制数、八进制数和十六进制数 3 种形式来表示。

(1) 十进制整型常量没有前缀,其数码为 0～9。例如,9、23、－456。

(2) 八进制整型常量以 0 作为前缀,其数码为 0～7。八进制数通常是无符号数。例如,015、0101、0123。

(3) 十六进制整型常量以 0X 或 0x 为前缀,其数码为 0～9,A～F 或 a～f。例如,0X2A1、0XC5、0XFFFF。

2.2.2 实型常量

实型也称为浮点型,实型常量也称为实数或浮点数。在 C 语言中,实数只采用十进制数表示。实型常量有两种表示形式:十进制小数形式和十进制指数形式。

(1) 十进制小数形式。由 0～9 和小数点组成(注意:必须要有小数点)。例如,0.0、0.123、−5.1。

(2) 十进制指数形式。这种形式类似数学中的指数形式。在数学中,一个数可以用幂的形式来表示,如 345.67 可以表示为 34567×10^{-2}、3456.7×10^{-1}、3.4567×10^{2}。在C语言中,则以“e”或“E”来表示以 10 为底的幂数。如以上列举的 345.67 可依次写成 34567E−2、3456.7E−1、3.4567E−2。应注意的是,字母 e 或 E 之前必须要有数字,并且 e 或 E 后面的指数必须为整数。另外,字母 e 或 E 的前后与数字之间不得插入空格。

C 语言中的实型常量都被识别为双精度(double)类型。

2.2.3 字符常量与字符串常量

字符常量是用单引号括起来的一个字符。例如,'a'、'7'、'?'都是合法的字符常量。字符常量中的单引号仅起定界作用,并不表示字符本身。字符常量只能用单引号括起来,不能用双引号或其他括号。单引号括起来的字符不能是单引号和反斜杠,它们要通过转义字符表示。转义字符是一种特殊的字符常量。转义字符以“\”开头,后面跟一个或几个字符。常用的转义字符及其含义如表 2.2 所示。

表 2.2　常用的转义字符及其含义

转义字符	转义字符的含义	转义字符	转义字符的含义
\\	反斜杠	\b	退格
\?	问号	\n	换行
\'	单引号	\r	回车
\"	双引号	\xhh	任意字符(2 位十六进制数)
\0	空格	\ddd	任意字符(3 位八进制数)

字符串常量是用一对双引号括起来的一串字符,如"welcome"。双引号仅起定界作用,双引号括起来的字符串中不能含有双引号和反斜杠。在存储字符串常量时,系统自动在字符串的末尾加一个'\0'作为字符串的结束标志。因此,含有 n 个字符的字符串常量,在内存中占用 $n+1$ 个字节的存储空间。长度为 0 的字符串(即一个字符都没有的字符串)称为空串。

例如,字符串“hello world”有 11 个字符(空格也是一个字符),存储在内存中时占 12 个字节,系统自动在后面加上‘\0’,其存储形式如图 2.2 所示。

h	e	l	l	o		w	o	r	l	d	\0

图 2.2　字符串在内存中的存储

字符常量'A'与字符串常量"A"是不同的,主要体现在以下方面。

(1) 定界符不同:字符常量使用单引号,字符串常量使用双引号。

(2) 所占存储空间不同：字符常量在内存中固定只占一个字节的空间，这里字符串常量" A "由字符' A '和 '\0 ' 组成，在内存中占两个字节的空间。

2.2.4 符号常量

符号常量是用一个标识符来表示的常量，一般使用大写英文字母表示，符号常量在使用前必须先用预处理命令＃define 进行定义，符号常量的值在其作用域内不能改变，也不能被重新赋值。

格式：＃define<符号常量名>　<常量>

例如：

```
# define PI 3.1415
```

【例 2.2】 求半径为 2 的圆的面积。

```
#include< stdio.h>
#define PI 3.14
void main()
{
  float r=2.0,s;
  s=r*r*PI;            /*用符号常量名 PI 代替常量 3.1415*/
  printf("半径为 2.0 的圆面积为:%f",s);
}
```

程序运行结果：

```
半径为 2.0 的圆面积为:12.560000
```

2.3 变　量

变量是指在程序执行过程中其值可以改变的量，变量在内存中要占用一定的存储空间。变量都有名字和数据类型，变量的数据类型决定了它能够存储的数据及能够进行的操作。

2.3.1 变量的声明

在 C 语言中，变量在使用前必须先定义。

格式：数据类型变量名 1，变量名 2，…；

例如：

```
int a,b;            /*定义 a、b 为整型变量*/
float x,y,z;        /*定义 x、y、z 为单精度型变量*/
char ch1;           /*定义 ch1 为字符型变量*/
```

2.3.2 变量的初始化

在定义变量的同时，进行赋初值的操作称为变量的初始化。

格式：数据类型 变量名 1[=**初值** 1]，**变量名** 2[=**初值** 2]，…；

例如：

```
int a=2,b= 3;           /*定义整型变量 a 和 b,并赋初值*/
char ch1='p';           /*定义字符型变量 ch1,并赋初值*/
int a=1,b=1,c=1;        /*定义整型变量 a、b、c,并赋同一个初值 1*/
```

2.3.3 使用变量时的注意事项

（1）多个变量赋同一个初值时，要分别赋值，不能写成如“int a=b=c=1;”的形式。

（2）C 语言中没有字符串变量，字符串可以使用字符数组来存储。

（3）在存储数据时，必须根据变量的类型存储与其对应类型的数据，否则，程序可能会出现内存读写错误。

2.4 运算符及表达式

C 语言拥有丰富的运算符和表达式，这使得 C 语言的功能十分完善。C 语言的运算符按照功能可分为算数运算符、关系运算符、逻辑运算符、位操作运算符、赋值运算符、条件运算符和逗号运算符等；按照运算对象的个数可分为单目运算符、双目运算符和三目运算符等。

运算符和运算对象（操作数）按一定的规则结合在一起构成了表达式，如 z=x+y。表达式中的操作数可以是常量、变量或表达式。

2.4.1 运算符的优先级与结合性

在复杂表达式中，通过运算符的优先级确定各种运算符的执行顺序。如表 2.3 所示，运算符按照优先级大小由上向下排列，1 级最高，15 级最低，在同一方格内的运算符具有相同的优先级。在进行表达式运算时，优先级较高的运算符先于优先级较低的运算符进行运算。而在一个操作数两侧的运算符优先级相同时，则按运算符的结合性所规定的结合方向处理。

表 2.3 运算符优先级

运算符	运算符含义	结合方向	操作数个数	优先级
() [] → .	括号 下标运算符 指向结构体成员运算符 结构体成员运算符	自左向右		1

续表

运算符	运算符含义	结合方向	操作数个数	优先级
！ ～ ＋＋，－－ － ＊ ＆ sizeof	逻辑非运算符 按位取反运算符 自增、自减运算符 负号运算符 地址运算符（取内容） 地址运算符（取地址） 字节长度运算符	自右向左	1（单目运算符）	2
＊，/，%	乘、除、求余运算符	自左向右	2（双目运算符）	3
＋，－	加法、减法运算符	自左向右	2（双目运算符）	4
＜＜，＞＞	左移位、右移位运算符	自左向右	2（双目运算符）	5
＜，＜＝，＞，＞＝	关系运算符	自左向右	2（双目运算符）	6
＝＝，！＝	等于、不等于运算符	自左向右	2（双目运算符）	7
＆	按位与运算符	自左向右	2（双目运算符）	8
＾	按位异或运算符	自左向右	2（双目运算符）	9
｜	按位或运算符	自左向右	2（双目运算符）	10
＆＆	逻辑与运算符	自左向右	2（双目运算符）	11
｜｜	逻辑或运算符	自左向右	2（双目运算符）	12
？：	条件运算符	自右向左	3（三目运算符）	13
＝，＋＝，－＝，＊＝，/＝，＆＝，＞＞＝，＜＜＝，｜＝	（符合）赋值运算符	自右向左	2（双目运算符）	14
，	逗号运算符			15

结合性是指在一个运算对象两侧的运算符的优先级别相同时进行运算的顺序。在C语言中，各运算符的结合性分为两种：左结合性和右结合性。例如，算数表达式 x＋y－z，首先y应先与“＋”号结合，执行 x＋y 运算，然后再执行－z 的运算。这种自左至右的结合方式就称为左结合性。又如，赋值运算表达式 x＝y＝z，则应先执行 y＝z，再执行 x＝（y＝z）运算。这种自右至左的结合方式就称为右结合性。

2.4.2 算术运算符

1. 双目算术运算符

双目算术运算符包括加法（＋）、减法（－）、乘法（＊）、除法（/）、求余（%，又称模运算），如表2.4所示。双目算术运算符具有左结合性。

表 2.4　双目算术运算符

双目算术运算符	含义	表达式举例
＋	加法	x＋y
－	减法	x－y
*	乘法	x * y
/	除法	x/y
%	求模(求余)	x%y

(1) 乘法(*)运算符的运算结果的类型是参与运算的精度较高的那个量所属的类型。

(2) 除法(/)运算符,当参与运算的量均为整型时,结果也为整型,舍去小数。当参与运算的量中有一个是实型时,则结果为双精度类型。

(3) 求余(%)运算符,要求参与运算的量均为整型。结果等于两数相除后的余数,并且符号与被除数的符号相同。

【例 2.3】 算术运算符的应用。

```
#include<stdio.h>
void main()
{
   int a,b;
   printf("请输入两个整数:\n");
   scanf("%d,%d",&a,&b);
   printf("a+b=%d\n",a+b);
   printf("a-b=%d\n",a-b);
   printf("a*b=%d\n",a*b);
   printf("a/b=%d\n",a/b);
   printf("a mod b=%d\n",a%b);
}
```

程序运行结果:

```
请输入两个整数:
18,5↙
a+b=23
a-b=13
a*b=90
a/b=3
a mod b=3
```

2. 单目算术运算符

单目算术运算符是对一个运算对象进行计算,运算结果仍然赋给该对象。单目算术运算符包括自增(＋＋)和自减(－－)运算符,如表 2.5 所示。单目算术运算符具有右结合性。

表 2.5 自增和自减运算符

单目算术运算符	含义	表达式举例	等价于
＋＋	自增 1	n＋＋或＋＋n	n＝n＋1
－－	自减 1	n－－或－－n	n＝n－1

(1)自增和自减运算符只能用于简单变量,常量和表达式不能进行这两种运算。例如,123－－、(a＋b)＋＋都是不合法的。

(2)n＋＋是先使用变量 n,再自身加 1。

＋＋n 是先自身加 1,再使用变量 n。

n－－是先使用变量 n,再自身减 1。

－－n 是先自身减 1,再使用变量 n。

【例 2.4】 自增、自减运算符的应用。

```
#include< stdio.h>
void main()
{
    int i=5,x1,x2,x3,x4;
    x1=i++;                 /*先将 i 值赋给 x1,然后 i 自增 1*/
    x2=++i;                 /*i 自增 1 后赋值给 x2*/
    x3=i--;                 /*先将 i 值赋给 x3,然后 i 自减 1*/
    x4=--i;                 /*i 自减 1 后赋值给 x4*/
    printf("%d,%d,%d,%d\n",x1,x2,x3,x4);
}
```

程序运行结果:

```
5,7,7,5
```

2.4.3 关系运算符

关系运算符均为双目运算符,包括大于(＞)、小于(＜)、大于等于(＞＝)、小于等于(＜＝)、等于(＝＝)和不等于(! ＝)等,如表 2.6 所示。关系运算的结果为逻辑值:如果比较后关系式成立,则结果为“真”(结果为非 0);如果比较后关系式不成立,则结果为“假”(结果为 0)。

表 2.6 关系运算符

关系运算符	含义	表达式举例	关系运算符	含义	表达式举例
＞	大于	a＞b	＞＝	大于等于	a＞＝b
＜	小于	a＜b	＜＝	小于等于	a＜＝b
＝＝	等于	a＝＝b	! ＝	不等于	a! ＝b

【例 2.5】 关系运算符的应用。

```
#include<stdio.h>
void main()
{
    int a=5,b=10,c=8,d=6,x1,x2,x3;
    x1=a>b>d;
    x2=a>(b>d);
    x3=a+b>c+d;
    printf("%d,%d,%d",x1,x2,x3);
}
```

程序运行结果：

```
0,1,1
```

2.4.4 逻辑运算符

C 语言中的逻辑运算符有与(&&)、或(||)、非(!)，如表 2.7 所示。

表 2.7 逻辑运算符

逻辑运算符	含义	表达式举例
&&	与	(x>y)&&(x<4)
||	或	(x==y) || (y>0)
!	非	!(x<y)

逻辑运算的结果为逻辑值，非 0 为“真”，0 为“假”。如果 A 为一个关系表达式的运算结果，B 为另一个关系表达式的运算结果，则 A 和 B 的各种逻辑运算值如表 2.8 所示。

表 2.8 逻辑运算真值表

A	B	A&&B	A||B	!A	!B
真	真	真	真	假	假
真	假	假	真	假	真
假	真	假	真	真	假
假	假	假	假	真	真

(1) 对于与运算，全真为真，有假为假。如果第一个操作对象为“假”，系统将不再判断或求解第二个操作对象。

(2) 对于或运算，全假为假，有真为真。如果第一个操作对象为“真”，系统将不再判断或求解第二个操作对象。

【例 2.6】 逻辑运算符的应用。

```
#include<stdio.h>
void main()
{
   int a=5,b=8,c=12,d=4,x1,x2;
   x1=a>b&&c>d;
   x2=!(a>b)&&c>d;
   printf("%d,%d",x1,x2);
}
```

程序运行结果：

```
0,1
```

 **程序提示**

① 对于语句“x1=a>b&&c>d;”，由于 a>b 为假，又由于是与运算，所以系统不用再判断 c 是否大于 1。

② 对于语句“x2=!(a>b)&&c>d;”，由于!(a>b)为真，又由于是与运算，所以系统还要继续判断 c 是否大于 1。

2.4.5 赋值运算符

赋值运算符可分为简单赋值运算符和复合赋值运算符两类。等号(=)就是简单赋值运算符，它是一个双目运算符，具有右结合性。赋值号的左边称为左值，只能是一个变量，赋值号的右边称为右值，可以是一个表达式。复合赋值运算符就是在简单赋值运算符“=”的前面加上一个双目运算符(算术运算符或位运算符)，包括加赋值(+=)，减赋值(-=)、乘赋值(*=)、除赋值(/=)、求余赋值(%=)等，如表 2.9 所示。

表 2.9 赋值运算符

赋值运算符	含义	表达式举例	等价于
=	赋值	x=a+b	
+=	加赋值	x+=2	x=x+2
-=	减赋值	x-=y+4	x=x-(y+4)
*=	乘赋值	x*=y-3	x=x*(y-3)
/=	除赋值	x/=y+2	x=x/(y+2)
%=	求余赋值	x%=y-5	x=x%(y-5)

当复合赋值运算符右侧是一个表达式时，编译系统自动给该表达式加括号(即先计算右侧表达式的值，再进行复合赋值运算)。

当赋值运算符两侧的运算对象的数据类型不同时，系统自动进行类型转换，即把赋值运算符右侧的数据类型转换为赋值运算符左侧的数据类型。

(1) 实型赋予整型,舍去小数部分。

(2) 整型赋予实型,数值不变,以浮点形式存储,即增加小数部分(小数部分的值为 0)。

(3) 字符型赋予整型,因为字符型为一个字节,整型为两个字节,所以将字符的 ASCII 码值放到整型量的低八位中,高八位为 0。

(4) 整型赋予字符型,只把低八位赋予字符量。

【例 2.7】 复合赋值运算符的应用。

```
#include<stdio.h>
void main()
{
    int a;
    printf("请输入一个整数:\n");
    scanf("%d",&a);
    a+=a*=a/=a-6;
    printf("表达式 a+=a*=a/=a-6 的结果为 a=%d\n",a);
}
```

程序运行结果:

```
请输入一个整数:
12↙
表达式 a+=a*=a/=a-6 的结果为 a=8
```

程序提示

上例的运算过程为:第一步 a+=a*=a/=6;第二步 a=a/6=2;第三步 a=a*a=2*2=4;第四步 a=a+a=4+4=8。

2.4.6 条件运算符

条件运算符是 C 语言中唯一的一个三目运算符,由“?”和“:”组成。

格式:表达式 1? 表达式 2:表达式 3

运算规则:如果表达式 1 的值为真(非 0),则运算结果等于表达式 2 的值;如果表达式 1 的值为假(0),则运算结果等于表达式 3 的值。

表达式 1 通常是一个关系表达式或由逻辑运算符连接起来的组合关系表达式。

【例 2.8】 求输入的三个数 a、b、c 中的最大数。

```
#include<stdio.h>
void main()
{
    int a,b,c,t,max;
    printf("请输入 3 个整数:\n");
    scanf("%d,%d,%d",&a,&b,&c);
```

```
    printf("a=%d,b=%d,c=%d\n",a,b,c);
    /*如果 a>b 为真,则将 a 的值赋给 t,如果 a>b 的值为假,则将 b 的值赋给 t*/
    t=(a>b)? a:b;
    /*如果 t>c 为真,则将 t 的值赋给 max,如果 t>c 的值为假,则将 c 的值赋给 max*/
    max=(t>c)? t:c;
    printf("a,b,c 中最大的数是%d",max);
}
```

程序运行结果：

```
请输入 3 个整数:
17,20,15↙
a=17,b=20,c=15
a,b,c 中最大的数是 20
```

程序提示

① 语句“t=(a>b)? a:b;”,先比较 a 和 b 的值,把 a 和 b 中较大的值赋给 t。

② 语句“max=(t>c)? t:c;”,先比较 t 和 c 的值,把 t 和 c 中较大的值赋给 max,即把 a、b、c 中的最大值赋给 max。

2.4.7 位运算符

位运算符可以对位(bit)进行运算或处理。位运算适用于整型、字符型等数据对象,当操作数为负数时用补码来表示。C 语言提供了 6 种位运算符,如表 2.10 所示。

表 2.10 位运算符

位运算符	含义	格式	功能
&	按位与	操作数 1& 操作数 2	两个操作数各自对应的二进制位做与运算
|	按位或	操作数 1|操作数 2	两个操作数各自对应的二进制位做或运算
^	按位异或	操作数 1^操作数 2	两个操作数各自对应的二进制位做异或运算
~	按位求反	~操作数	操作数各二进制位按位取反
<<	按位左移	操作数<<左移位数	把操作数的各二进制位全部左移若干位,高位(左侧)丢弃,低位(右侧)补 0
>>	按位右移	操作数>>右移位数	把操作数的各二进制位全部右移若干位,高位(左侧)补 0,低位(右侧)丢弃

【例 2.9】 按位与运算。

```
#include<stdio.h>
void main()
{
```

```
    int a=24,b=9,c;
    c=a&b;
    printf("a=%d,b=%d,c=%d",a,b,c);
}
```

程序运算结果：

```
a=24,b=9,c=8
```

程序提示

执行按位与运算时，只有对应的两个二进制位均为1时，结果位才为1，否则为0。运算过程如下。

```
   00011000
&  00001001
-----------
   00001000
```

【例 2.10】 按位或运算。

```
#include<stdio.h>
void main()
{
    int a=24,b=9,c;
    c=a|b;
    printf("a=%d,b=%d,c=%d",a,b,c);
}
```

程序运算结果：

```
a=24,b=9,c=25
```

程序提示

执行按位或运算时，只要对应的两个二进制位中有一个为1，结果位就为1，否则为0。

运算过程如下。

```
   00011000
|  00001001
-----------
   00011001
```

【例 2.11】 按位异或运算。

```
#include<stdio.h>
void main()
```

```
{
    int a=24,b=9,c;
    c=a^b;
    printf("a=%d,b=%d,c=%d",a,b,c);
}
```

程序运算结果：

```
a=24,b=9,c=17
```

程序提示

执行按位异或运算时，只要对应的两个二进制位相异，结果位就为1，否则为0。运算过程如下。

$$\begin{array}{r} 00011000 \\ \hat{}\quad 00001001 \\ \hline 00010001 \end{array}$$

【例 2.12】 按位求反运算。

```
#include<stdio.h>
void main()
{
    int a=24,c;
    c=~a;
    printf("a=%d,c=%d",a,c);
}
```

程序运算结果：

```
a=24,c=-25
```

程序提示

按位取反运算不能理解为简单地加“－”号，其结果有时不可显示。运算过程如下。

$$\begin{array}{r} \sim\quad 00011000 \\ \hline 11100111 \end{array}$$

【例 2.13】 按位左移运算。

```
#include<stdio.h>
void main()
{
    int a=24,b;
```

```
        b=a<<2;
        printf("a=%d,b=%d",a,b);
    }
```

程序运算结果：

```
a=24,b=96
```

程序提示

运算过程如下。

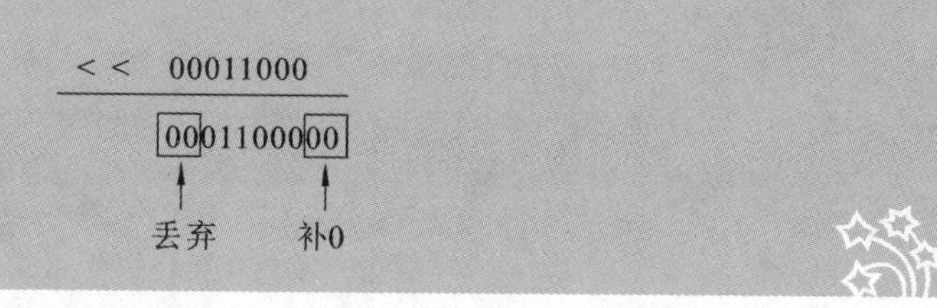

【例 2.14】 按位右移运算。

```
#include<stdio.h>
void main()
{
    int a=24,b;
    b=a> > 2;
    printf("a=%d,b=%d",a,b);
}
```

程序运算结果：

```
a=24,b=6
```

程序提示

运算过程如下。

2.4.8 逗号运算符

逗号运算符“,”的作用是把多个表达式连接起来，按从左到右的顺序逐个计算各表达式的值，而整个逗号表达式的值就是表达式 n 的值。

格式：表达式 1，表达式 2，…，表达式 n；

程序中使用逗号表达式，通常是要分别求逗号表达式内各表达式的值，并不一定要求整个逗号表达式的值。当然，并不是在所有出现逗号的地方都是逗号表达式，如在变量说明中、函数参数表中，逗号只是各变量、参数之间的分隔符。

【例 2.15】 逗号运算符的应用。

```
#include<stdio.h>
void main()
{
    int a=4,b=6,c=8,x1,x2;
    x1=a+b,x2=b+c;          /*逗号表达式的值等于 x2 的值*/
    printf("x1=%d,x2=%d",x1,x2);
}
```

程序运行结果：

```
x1=10,x2=14
```

2.5 表达式中的类型转换

C 语言中规定：相同类型的数据可以直接进行运算，其运算结果还是原数据类型；不同数据类型的数据进行运算，需要先将数据转换成同一类型，才可以进行运算。表达式中数据类型的转换方法有两种：一种是自动转换，另一种是强制转换。数据类型的转换只是为了本次运算的需要而对变量的数据长度进行一次性、临时性的转换，并不会改变变量本身的数据类型。

1. 数据类型的自动转换

通常对于由算术运算符、关系运算符、逻辑运算符和位运算符组成的表达式，会要求这些双目运算符所连接的两个运算对象的类型一致。如果不一致，为了保证运算的精度，系统会把占用存储空间少的类型向占用存储空间多的类型转换，即把表示范围小的类型的数据转换到表示范围大的类型的数据。

C 语言允许在整型、单精度浮点型和双精度浮点型数据之间进行混合运算，其转换规则如图 2.3 所示。

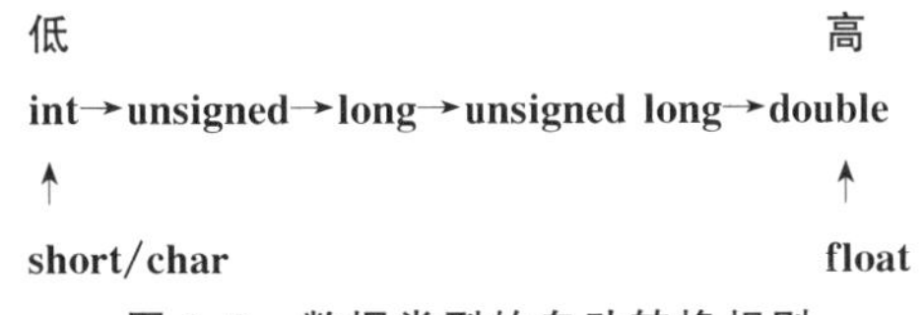

图 2.3 数据类型的自动转换规则

图 **2.3** 中向上的箭头体现了“必定转换”原则，表示 float 型向 double 型的转换和 short/char 型向 int 型的转换是必须进行的。向右的箭头体现了当运算对象为不同类型时的“就高不就低”的转换原则。在不同数据类型转换的过程中，其类型转换的顺序不是按箭头方向一步一步进行的，而是可以没有中间的某个类型。例如，一个 int 型数据与一个 float 型数据进行运算，系统先将 int 型数据和 float 型数据自动地转换为 double 型数据，然后进行运算。

在表达式中若有不同类型的数据进行运算，什么时候需要进行数据类型的转换则主要取决于运算符的优先级及运算符的结合性。

例如，表达式 **150.5**－('a'＋**3**)的计算及数据类型转换的过程是：①进行括号内的运算，先将字符数据'a'转换为 int 型数据 **97**，运算结果为 **100**；②计算 **150.5－100**，由于实型常量 **150.5** 本身是 double 型，只需要将 int 型的 **100** 转换为 double 型，最后结果 **50.5** 是 double 型。

【例 2.16】 计算圆面积，分析程序的结果。

```
#include<stdio.h>
void main()
{
   float PI=3.1415;
   int s,r=2;
   s=r*r*PI;
   printf("s=%d\n",s);
}
```

程序运行结果：

```
s=12
```

程序提示

PI 为实型，s、r 为整型。在执行 s=r * r * PI 语句时，r 和 PI 都转换成 double 型计算，结果也为 double 型。但由于 s 为整型，因此赋值结果仍为整型，舍去小数部分，结果为 s=12。

2. 数据类型的强制转换

格式：(类型标识符)(表达式)；

功能：将表达式的值强制转换为“类型标识符”指定的数据类型。

例如：(double)x，将 x 转换成 double 型；(int)(x＋y)，将 x＋y 的值转换成 int 型；(int)x＋y，将 x 的值转换成 int 型再与 y 相加。

强制类型转换格式中的表达式要用括号括起来，否则只能对紧随类型标识符的量进行转换。对单一数值或变量进行强制转换时，可以不用括号。

数据类型的强制转换在将高类型转换为低类型时会造成数据精度的损失。例如：

```
double a=2.56;
int b;
b=(int)a;
```

由于将 double 型的 a 强制转换为 int 型，使 b 的值为 2，a 的小数部分被舍弃，损失了数值精度。

【例 2.17】 强制类型转换应用。

```
#include<stdio.h>
void main()
{
    float a,b;
```

```
    int c;
    printf("请输入两个实型数:\n");
    scanf("%f,%f",&a,&b);
    c=(int)a%(int)b;         /*将单精度变量 a、b 强制转换为整型*/
    printf("a 除以 b 取余的结果为:%d",c);
}
```

程序运行结果：

```
请输入两个实型数:
15.0,6.0↙
a 除以 b 取余的结果为:3
```

程序提示

"%"两侧要求都是整数。

2.6 程序实例

1. 算术运算符计算器

【例 2.18】 进行整数的加、减、乘、除和实数的加、减与除运算。

```
#include< stdio.h>
void main()
{
  int i,j,k;                                  /*定义整型变量*/
  float f,h;                                  /*定义单精度型变量*/
  i=22;                                       /*初始化变量*/
  j=8;
  f=1000.25;
  h=830.78;
  printf("i=%d,j=%d\n",i,j);
  printf("i+j=%d\n",i+j);                     /*整数相加*/
  printf("i-j=%d\n",i-j);                     /*整数相减*/
  printf("i*j=%d\n",i*j);                     /*整数相乘*/
  printf("i/j=%d\n",i/j);                     /*整数相除,结果仍为整数*/
  printf("i%%j=%d\n",i%j);                    /*整数取余*/
  k=4*i-j/4+i*(i-j)/(5*j-3*10);               /*整数的混合运算*/
  printf("4*i-j/4+i*(i-j)/(5*j-3*10)=%d\n",k);
  printf("f+h=%.2f\n",f+h);                   /*实数相加*/
```

```
  printf("f-h=%.2f\n",f-h);          /*实数相减*/
  printf("f/j=%.2f\n",f/j);          /*实数除以整数,按浮点数除法进行运算*/
}
```

程序运行结果:

```
i=22,j=8
i+j=30
i-j=14
i*j=176
i/j=2
i%j=6
4*i-j/4+i*(i-j)/(5*j-3*10)=116
f+h=1831.03
f-h=169.47
f/j=125.03
```

程序提示

①由于“()”的优先级最高,所以在容易混淆优先级的运算表达式中可以多使用“()”,从而使表达式更清晰。

② “printf("i%%j=%d\n",i%j);”语句中的“i%%j”,第一个%为转义字符,因为“%”、“\”在printf()函数中都有特殊控制含义,为了能在屏幕上输出这两个符号,要使用两次来表示输出一个此类字符。

③最后一个计算式,当一个实数除以一个整数时,编译器会自动将整数类型转换为实型进行实型的除法运算。当将实型转换为整型时,可能会丢失信息,编译器会给出警告。

2. 使用自增、自减运算符

【例2.19】 对整型变量进行自增和自减运算。

```
#include< stdio.h>
void main()
{
  int i=5,j;                      /*定义整型变量i和j,并对变量i进行初始化*/
  j=i++;                          /*将i的值赋予j后,i自增1*/
  printf("i=%d,j=%d\n",i,j);
```

```
    i=++j;                              /*j先自增1,然后将j的值赋予i*/
    printf("i=%d,j=%d\n",i,j);
    printf("i=%d\n",++i);               /*i自增1后输出i*/
    printf("i=%d\n",--i);               /*i自减1后输出i*/
    printf("i=%d\n",i++);               /*输出i后,i自增1*/
    printf("i=%d\n",i--);               /*输出i后,i自减1*/
    j=-i++;                             /*取i的值加上负号后赋予j,然后i自增1*/
    printf("i=%d,j=%d\n",i,j);
    j=-i--;                             /*取i的值加上负号后赋予j,然后i自减1*/
    printf("i=%d,j=%d\n",i,j);
    printf("i=%d,%d,%d\n",i,--i,i--);
}
```

程序运行结果:

```
i=6,j=5
i=6,j=6
i=7
i=6
i=6
i=7
i=7,j=-6
i=6,j=-7
i=5,5,6
```

程序提示

①自增和自减运算符都要求运算对象是变量,不能用于常量和表达式。

②自增和自减运算符的优先级比 *、/和%都高。

③自增和自减运算符都是单目运算符,具有右结合性。

3. 数据类型的转换

【例 2.20】 某公司一产品售价为4.68元,1月份销量为25000,2月份销量为20000,3月份销量为26000,计算第一季度的总销量及总销售额。

```
#include<stdio.h>
void main()
```

```
{
    const float price=4.68;             /*定义常量单价,并赋初值*/
    short sold1=25000;                  /*定义 1 月份销量变量,并赋初值*/
    short sold2=20000;                  /*定义 2 月份销量变量,并赋初值*/
    short sold3=26000;                  /*定义 3 月份销量变量,并赋初值*/
    float sumxse=0.0;                   /*定义 1 季度总销量额变量,并赋初值*/
    short sumxl=sold1+sold2+sold3;      /*定义 1 季度总销量变量,并计算赋初值*/
    sumxse=sumxl*price;                 /*求 1 季度总销售额*/
    printf("1 月份销量:%d\n",sold1);
    printf("2 月份销量:%d\n",sold2);
    printf("3 月份销量:%d\n",sold3);
    printf("1 季度的总销量:%d\n",sumxl);
    printf("1 季度的总销售额为%.2f 元\n",sumxse);
}
```

程序运行结果:

```
1 月份销量:25000
2 月份销量:20000
3 月份销量:26000
1 季度的总销量:6454
1 季度的总销售额:25571.52
```

程序提示

①运行结果中的“1 季度的总销量:6454”是错误的,因为 sumxl 的类型为 short,而 3 个月的销量之和已经超出了短整型的范围。只要把 sumxl 的类型改为 long 类型,将输出 sumxl 的控制字符改为%ld,就可以得到正确结果了。

②在程序设计之初,应该规划好每个变量的类型,使得每个变量在程序执行过程中的所有可能取值都包含在所选数据类型的范围之内。

修改后运行结果:

```
1 月份销量:25000
2 月份销量:20000
3 月份销量:26000
1 季度的总销量:71000
1 季度的总销售额:332280.00
```

2.7 实训项目二:运算符与表达式的应用

实训目标

(1) 掌握C语言各种类型的运算符及表达式的使用方法。

(2) 掌握C语言的基本数据类型,熟悉定义整型、实型、字符型变量,以及对它们进行赋值的方法。

(3) 进一步熟悉C语言程序的编辑、编译、连接和运行的过程与方法。

实训内容

(1) 用字符型变量接收整数值作为字符的序号,用输出语句输出指定序号的字符。

提示

字符型变量可以接收一定范围的整数作为字符的序号来使用。注意字符输出的控制符。

```
#include<stdio.h>
void main()
{
    char x1,x2;
    x1=97;x2=98;
    printf("%c,% c",x1,x2);
}
```

在此基础上增加一个输出语句"printf("%d %d",x1,x2);",再运行。

将"char x1,x2;"改为"int x1,x2;",再运行。

将"x1=97;x2=98;"改为"x1=300;x2=400;",再运行。

(2) 用各种格式为字符类型变量赋初值,并输出。

提示

字符常量的单引号必须是半角的单引号。注意转义字符"\t"和"\n"的使用。

```
#include<stdio.h>
void main()
{
```

```
    char x1='a',x2='b',x3='c',x4='\101',x5='\116';
    printf("a%c,b%c\tabc\n",x1,x2,x3);
    printf("\t%c,%c",x4,x5);
}
```

(3) 通过“++”运算符的不同形式使变量的值变化，并输出变量值。

提示

注意分析、归纳“++”运算符前置、后置时的不同作用。

(4) 输出字符型(char)、整型(int)、短整型(short)、长整型(long)、无符号字符型(unsigned char)、无符号整型(unsigned int)、无符号短整型(unsigned short)、无符号长整型(unsigned long)、单精度型(float)、双精度型(double)变量所占用的内存空间大小。

提示

使用 sizeof()函数可返回指定数据类型占用的内存空间大小。

2.8 错误提示

错误1：标识符命名错误，如 203A(数字开头)，a1－b1(含有减号)，a. b(含有点)，RMB ＄8(含有＄)。

错误2：不合法的指数形式，如 e3、2. 3e、3. 14e7. 6。

错误分析：字母 e 或 E 的前后都必须有数字，并且 e 或 E 后面的指数必须为整数。

错误3：多个变量赋同一个初值时，不能写成“int a＝b＝c＝5;”的形式，应写成“int a＝5，b＝5，c＝5;”的形式。

错误4：字符型变量中不能存放字符串，如“char a＝'good';”，字符串要用字符数组来存储。

错误5：表达式书写错误，如 5a＋b(乘法应使用 * 连接，不能省略)、4＋a＝9(赋值运算符的左侧只能是变量)。

数学上 2≤a≤6 的式子，在 C 语言中不能写成 2＜＝a＜＝6，而应写成 a＞＝2&&a＜＝6。

习题2

一、选择题

1. C 语言程序中的基本数据类型有________。

A. 变体型、整型、实型、字符型　　　　B. 整型、实型、单精度型、布尔型

C. 整型、实型、数组、字符型　　　　D. 字符型、整型、单精度型、双精度型

2. 下列叙述正确的是________。

A. C 语言程序中的变量定义语句可以写在函数体中任何位置

B. C 语言程序中不能有空语句

C. C 语言程序中的变量必须先定义后使用

D. C 语言程序中的所有基本数据类型都可以准确无误地表示

3. 以下标识符中属于合法的用户标识符的是________。

A. long　　B. \t　　C. 5s　　D. user

4. C 语言程序中，合法的关键字是________。

A. int　　B. integer　　C. Int　　D. Integer

5. 下列选项中，优先级最高的运算符是________。

A. &&　　B. /=　　C. !　　D. <=

6. C 语言程序中，运算对象必须为整型数据的运算是________。

A. ++　　B. %　　C. /　　D. *

7. 假设 x、y、z 为整型变量，并且 x=2，y=3，z=10，则下列表达式中值为 1 的是________。

A. x&&y || z　　　　B. x>z

C. (! x&&y) || (y>z)　　　　D. x&&! z || ! (y&&z)

8. 有以下程序：

```
#include<stdio.h>
void main()
{
    int a=10,b=20,c=30;
    printf("%d\n",(a=50,b*a,c+a));
}
```

程序运行后的结果是________。

A. 40　　B. 50　　C. 600　　D. 80

9. C 语言中合法的字符常量是________。

A. n　　B. '\n'　　C. 110　　D. "n"

10. C 语言中错误的转义字符是________。

A. '\n'　　B. '\101'　　C. '\"'　　D. '\108'

二、填空题

1. C 语言中的标识符分为________、________和________。

2. C 语言中用 unsigned int 说明的数据类型是________。

3. C 语言中，关系表达式及逻辑表达式的值为________或________。

4. 数学表达式 $a \leqslant x < b$，写成 C 语言表达式为________。

5. 若有定义“int a=13,b=10;”，则执行语句“a%=a-b;”后变量 a 的值为________。

6. 表达式 a=10 是________表达式，表达式 a==10 是________表达式。

7. 若先定义“float a＝1.5,b＝3.5,c＝5.2;”,则表达式(a＞＝b&&c! ＝b)||(! a&&c－b)的计算结果为________。

8. 若先定义“int x=5;”,则表达式 x+＝x－＝x*＝x 的计算结果为________。

9. 表达式 12/5＋(int)(3.2*(8.2－2))/(int)(1.2＋0.85)的值的数据类型为________。

10. 表达式 x=(int)(x*10+0.5)/10.0 的作用是________。

第3章　简单的C语言程序设计

学习目标

- 了解 C 语言的几种语句形式
- 掌握字符数据的输入输出函数的用法
- 熟练掌握 printf 函数的使用方法
- 熟练掌握 scanf 的使用方法
- 掌握顺序结构程序的编写方法

3.1 C 语言语句概述

C 语言和其他高级语言一样，是通过语句向计算机系统发出操作指令的，一条语句经编译后产生若干条机器指令。一个实际的程序中应包含若干条语句，每一条语句都是用来完成一定的操作任务的。语句按照功能分为两类：一类用于描述计算机的操作运算（如赋值语句），另一类是控制操作的执行顺序（如循环控制语句）。前一类称为操作运算语句，后一类称为流程控制语句。C 语言的语句可以分为以下 5 类。

（1）表达式语句。表达式语句由表达式后加一个分号构成。表达式语句的语法形式如下。

表达式;

最典型的表达式语句是赋值表达式后加分号构成的赋值语句。

例如：a=3 是一个赋值表达式，而“a=3;”是一个赋值语句。

任何表达式都可以加上分号构成语句。例如 i++;、c=a+b;等。

（2）控制语句。控制语句用于完成一定的控制功能。C 语言中有 9 条控制语句，具体如下。

```
if()…else…                  /*条件语句*/
for()…                      /*循环语句*/
while()…                    /*循环语句*/
do…while…                   /*循环语句*/
continue                    /*结束本次循环语句*/
break                       /*终止执行 switch 或循环语句*/
switch                      /*多分支选择语句*/
goto                        /*转向语句*/
return                      /*从函数返回语句*/
```

(3) 空语句。只有分号“;”组成的语句称为空语句。空语句是什么也不执行的语句。在程序中空语句可用来作空循环体。例如：

```
while(getchar()!='\n');
```

该语句的功能是，只要从键盘输入的字符不是回车则就要重新输入。这里的循环体为空语句。

(4) 函数调用语句。函数调用语句由一个函数调用加一个分号构成。

例如：

```
printf("hello! World\n");
```

(5) 复合语句。可以用{}把一些语句括起来构成复合语句(又称块语句)。一般形式如下。

```
{
语句 1
   语句 2
   ⋮
   语句 n
}
```

例如，下面是一个复合语句。

```
{
   t=x;
   x=y;
   y=t;
}
```

3.2 数据的输入/输出

C语言本身不提供输入/输出语句，输入/输出操作是由函数实现的。在C语言标准函数库中有一些输入/输出函数。在使用C语言函数时，要使用编译预命令“#include”将有关的头文件包括到用户源文件中。头文件包含了与用到的函数有关的信息。例如，使用标准输入/输出库函数要用到“stdio.h”文件，文件后缀中的h是head的缩写。#include命令都是放在程序的开头，因此，这类文件被称为“头文件”。在调用输入/输出库函数时，文件开头应有以下编译预命令。

```
#include<stdio.h>
或
#include"stdio.h"
```

3.2.1 字符数据的输入/输出

1. putchar 函数

putchar 函数为字符输出函数，它的作用是向终端输出一个字符。一般情况下，终端可以看成是显示屏幕。其一般形式如下。

```
putchar(ch);
```

其中，ch 可以是字符常量或字符变量。例如：

```
putchar('A');               /*将大写字母 A 输出到屏幕*/
putchar(65);                /*将 ASCII 码为 65 的字符(A)输出到屏幕*/
putchar(x);                 /*将字符变量 x 的值输出到屏幕*/
```

【例 3.1】 putchar()函数的应用：说出下面程序的运行结果。

```
#include<stdio.h>
main()
{
  int a=65;
  char b='x';
  putchar(a);              /*输出变量 a 的值所对应的字母 A*/
  putchar(b);              /*输出变量 b 的值所对应的字母 x*/
  putchar('w');            /*输出常量值字母 w*/
  putchar(b+1);            /*输出 ASCII 为变量 b 的 ASCII+1 的变量值字母 y*/
  putchar(65);             /*输出 ASCII 码为 65 的字母 A*/
  putchar(65+32);          /*输出 ASCII 码为 97 的字母 a*/
  putchar('\n');           /*输出转义字符所对应的操作：回车*/
}
```

程序运行结果：

```
AxwyAa
```

2. getchar 函数

getchar 函数的功能是从键盘缓冲区读取一个字符，函数值就是所读取的字符。若读取不成功，则函数值是−1。其一般形式如下。

```
getchar();
```

通常，把输入的字符赋予一个字符变量，构成赋值语句。例如：

```
char c;
c=getchar();
```

【例 3.2】 getchar 函数的应用：通过键盘给字符变量赋值。

试想：如果我们使用键盘输入“ABCDEF”，那么此程序的输出结果是什么？

```
#include<stdio.h>
main()
{
  char ch1,ch2,ch3;
```

```
    ch1=getchar();                /*getchar()从键盘缓冲区取一个字符赋给变量 ch1*/
    ch2=getchar();
    ch3=getchar();
    putchar(ch1);                 /*输出 ch1 变量的值*/
    putchar(ch2);
    putchar(ch3);
    putchar('\n');                /*换行*/
}
```

程序提示

计算机在内存中开辟了一块“键盘缓冲区”，每一次的输入都在此区内生成一个顺序表，依次存放本次输入的内容，并有一个标志指向当前的一个输入内容。

该程序执行到“ch1=getchar();”时，计算机等待用户从键盘输入数据。假设从键盘输入“ABCDEF”，这六个字符在键盘缓冲区中是顺序排列的，并且开始时标志指向第一个字符“A”，如果此时执行 getchar()，则将“A”取出，同时标志指向下一个字符“B”。值得注意的是，空格符、制表符(Tab 键)、回车符(Enter 键)都被当做有效字符。

程序运行结果：

```
ABCDEF↙
ABC
```

【例 3.3】 分析下面的程序，假定用户输入 ab，分析程序的结果如何。

```
#include<stdio.h>
main()
{
    char x;
    putchar('\n');
    x=getchar();                  /*从键盘缓冲区取字符 a*/
    putchar(x);                   /*输出字符 a*/
    putchar('*');                 /*输出**/
    putchar(getchar());           /*从键盘缓冲区取字符 b,然后输出字符 b*/
    putchar('*');                 /*输出**/
    putchar('\n');
}
```

假定用户输入 ab，则程序运行结果：

```
ab↙
a*b*
```

思考：假定用户输入的是 a ↙（回车），结果会怎样？

分析：此时第一个 getchar()取 a，第二个 getchar()取回车。所以，程序运行结果：

```
a↙
a*
*
```

3.2.2 格式的输入/输出

1. printf 函数

putchar 函数只能输出一个字符，在实际应用中，显然不会仅遇到输出一个字符的情况，更多的是输出多个字符和其他类型的数据，这时需要用到格式输出函数 printf。

1）printf 函数的调用说明

printf 函数调用的一般形式为：

printf(格式控制字符串，输出表列)；

printf 函数的功能：按用户指定的格式，向计算机终端（显示器）输出一个或多个任意类型的数据。

其中，格式控制字符串用于指定输出格式。格式控制字符串可由格式字符串和非格式字符串组成。格式字符串是以%开头的字符串。在%后面跟有各种格式字符，以说明输出数据的类型、形式、长度和小数位数等。例如："%d"表示按十进制整型输出；"%c"表示按字符型输出。非格式字符串原样输出，转义字符输出转义字符代表的符号。例如：

```
printf("Hello World!");          /*Hello World! 为原样输出的字符串*/
printf("%d\n",a);                /*%d是格式控制，表示十进制整数格式*/
```

另外，输出表列中给出了各个输出项，要求格式字符串和各输出项在数量和类型上一一对应。

【例 3.4】 printf 函数的简单应用。

```
#include<stdio.h>
main()
{
   int a=65,b=66;
   printf("%d,%d\n",a,b);
   /*两个%d分别用a、b的十进制整型输出，","为普通字符，原样输出，\n为转义字符输出回
车*/
   printf("%c,%c\n",a,b);
   /*两个%c分别用a、b的字符型输出，","为普通字符，原样输出，\n为转义字符输出回车*/
   printf("a=%d,b=%d\n",a,b);
   /*两个%d分别用a、b的十进制整型输出，其他为普通字符，原样输出*/
}
```

程序运行结果：

```
65,66
A,B
A=65,b=66
```

2）格式字符

输出不同类型的数据，要使用不同的格式字符。下面介绍C语言中常用的几种格式字符。

（1）d格式字符：以十进制整数形式输出数据，有以下几种形式。

① %d：按整型数据的实际宽度输出。

② %md：m指定整数所占的长度。若m为正值，输出时右对齐左补空格，m为负值，左对齐右补空格。m小于整数位数，则m无效，按整数实际长度输出。

③ %ld：输出长整形数据，意义类似%d。

④ %mld：类似%md。

【例3.5】 printf函数中%d格式的应用。

```
#include<stdio.h>
main()
{
   int a=123;
   long b=123456;
   printf("a=%d,b=%ld\n",a,b);
   printf("a=%2d,b=%3ld\n",a,b);   /*要求输出宽度小于实际宽度时,按实际宽度输出*/
   printf("a=%5d,b=%8ld\n",a,b);   /*右对齐*/
   printf("a=%-5d,b=%-8ld\n",a,b);/*左对齐*/
}
```

程序运行结果：

```
a=123,b=123456
a=123,b=123456
a=  123,b=  123456
a=123,b=123456
```

（2）c格式符：用于输出一个字符。例如：

```
char ch='a';
printf("%c",ch);
```

输出结果：

```
a
```

一个整数，只要它的值在0～255范围内，就可以用字符形式输出。在输出前，系统会将该整数作为ASCII码转换为相应的字符，反之一个字符数据也可以用整数形式输出。

（3）s格式符：用于输出一个字符串，有下面几种用法。

① %s：输出一个字符串，例如：

```
printf("%s","hello!");
```

② %ms：输出的字符串占m列。若m为正值，输出时右对齐左补空格，m为负值，左对齐右补空格。m小于字符串位数，则m无效，按字符串实际长度输出。

③ %m.ns：m含义与上相同，n指的是取字符串中左端的n个字符输出。若n>m，则

按字符串的实际长度输出。

【例 3.6】 printf 函数中%s 格式的应用。

```
#include "stdio.h "
main()
{
  printf("%3s,%7.3s,%.4s,%-7.2s\n","good","good","good","good");
}
```

程序运行结果：

```
good,    goo,good,go
```

(4) f 格式符：用于输出实数，包括单精度(float)和双精度(double)，以小数形式输出，有以下几种用法。

① %f：不指定字段宽度，整数部分全部输出，并输出 6 位小数。

② %lf：输出双精度(double 型)实数。

③ %m.nf：指定输出的数据共占 m 列(包括小数点)，其中有 n 位小数。m>0 时，若数值长度小于 m，则左端补空格；m<0 时，若数值长度小于|m|，则右端补空格。

【例 3.7】 printf 函数中 %f 格式的应用。

```
#include "stdio.h"
main()
{
  float f;
  double d;
  f=123.456;
  d=123456.789;
  printf("%f\n",f);
  printf("%lf\n",d);
  printf("%8.2f\n",f);
  printf("%-8.2f\n",f);
  printf("%8.2f\n",d);
}
```

程序运行结果：

```
123.456001
123456.789000
  123.46
123.46
123456.79
```

(5) e 格式符：以指数形式输出实数，有以下几种用法。

① %e：不指定输出数据所占的宽度和数字部分的小数位数，数值按照规范化指数形式输出(即小数点前必须有而且只有 1 位非零数字)。例如：

```
printf("%e",123.45678);
```

输出结果为：

```
1.234568e+002
```

注意：不同的操作系统可能略有不同。

② %m.ne：此处 m、n 与前面的字符含义相同，n 表示输出数据的小数部分的位数。例如：

```
float a=1234.56789;printf("%e,%11.6e,%12e,%12.2e",a,a,a,a);
```

输出结果为：

```
1.24568e+003,1.234568e+003,1.234568e+003,1.23e+003
```

若实际位数超过 m 的值，则 m 无效。

表 3.1 所示为 printf()函数的格式符及其说明。

表 3.1　printf()函数的格式符及说明

格式符	说　明
%d 或%i	以带符号的十进制整数格式输出参数值，对应数据类型为 int
%ld	以带符号的十进制长整型格式输出数值，对应数据类型为 long int
%u	以十进制无符号数输出数值，对应类型为 unsigned int
%c	以字符格式输出一个字符，对应类型为 char
%s	以字符串格式输出一个字符串，对应的参数是一个字符串
%f	以小数形式输出参数值，默认输出 6 位小数，对应类型为 float 或 double
%o	以无符号八进制格式输出整数
%x 或%X	以无符号十六进制格式输出整数
%e 或%E	以指数形式输出实型数据，对应参数类型为 float 或 double
%g 或%G	自动选用%f 或%e 中输出宽度较短的格式来输出实型数据
%m.nf	m 代表实型数据最小宽度，n 代表输出 n 位小数，右对齐
%m.ns	m 代表字符串所占宽度，n 代表截取字符串的 n 个字符，右对齐
%－m.nf	分别与上面的 m、n 含义相同，左对齐
%－m.ns	分别与上面的 m、n 含义相同，左对齐

【例 3.8】　printf 函数中不同输出格式的应用。

```
#include"stdio.h"
main()
{
   int x;
   float y;
   double z;
   x=65;
   y=12.345;
   z=123456.789;
```

```
    printf("%d,%c,%o\n",x,x,x);
    printf("%f,%e,%g\n",y,y,y);
    printf("%f,%e,%g\n",z,z,z);
}
```

程序运行结果：

```
65,A,101
12.345000,1.234500e+001,12.345
123456.789000,1.234568e+005,123457
```

2. scanf 函数

前面的字符输入函数只能输入一个字符，而在实际处理问题时，常会遇到需要输入多个字符或不同类型的数据，这时就需要用到格式输入函数 scanf。

scanf 函数的一般格式如下。

scanf("格式控制符",地址表列);

功能：scanf 函数的功能是按指定的格式依次读取键盘缓冲区的一组数据，并按对应的格式依次将数据值赋给地址表列中指定的内存变量。

其中："格式控制符"的含义和 printf 函数相同；"地址表列"是由若干个地址组成的表列，可以是变量的地址或字符串的首地址。

【例 3.9】 scanf 函数的简单应用。

```
#include "stdio.h"
main()
{
    int a,b;
    printf("input a,b:");
    scanf("%d%d",&a,&b);
    printf("a=%d,b=%d\n",a,b);
}
```

程序运行结果：

```
input a,b=1 2
a=1,b=2
```

程序提示

&a,&b 中的 & 是地址运算符，&a 指 a 在内存中的地址。上面 scanf 函数的作用是将 a、b 的值存入 a、b 所在的内存地址。

在本例中，由于 scanf 函数本身不能显示提示串，故先用 printf 语句在屏幕上输出提示，执行 scanf 语句时，屏幕等待用户输入数据。若输入的数据是整形数据，在两个数据之间可以用一个或多个空格作为间隔，也可以用 Enter 键或 Tab 键作为间隔。

使用 scanf 函数应注意以下问题。

(1) 若在格式符中出现“% *”,则表示该输入项读入后不赋予相应的变量,即跳过该输入值。例如:

```
scanf("%d %*d %d",&a,&b);
```

当输入为1　2　3时,把1赋予a,2被跳过,3赋予b。

(2) 在输入数据时,可以指定输入数据所占的列数,系统自动截取所需的数据。例如:

```
scanf("%5d",&a);
```

输入为12345678时,只把12345赋予变量a,其余部分被截去。

又如:

```
scanf("%4d%4d",&a,&b);
```

输入为12345678时,将把1234赋予a,而把5678赋予b。

(3) scanf函数中没有精度控制,如scanf("%5.2f",&a);是非法的。不能企图用此语句输入小数为2位的实数。

(4) scanf函数中的地址表列要求给出变量地址,如给出的是变量名,则会出错。例如,scanf("%d",a);是非法的,应改为scanf ("%d",&a);才是合法的。

(5) 在输入多个数值数据时,若格式控制串中没有非格式字符作输入数据之间的间隔,则可用空格、Tab键或回车作间隔。C语言对程序进行编译时,在碰到空格、Tab键、回车或非法数据(如对“%d”输入“12A”时,A即为非法数据)时,即认为该数据结束。

(6) 在输入字符数据时,若格式控制串中无非格式字符,则认为所有输入的字符均为有效字符。

【例3.10】 scanf函数中字符数据的输入。

```
#include "stdio.h"
main()
{
  char a,b;
  printf("input character a,b\n");
  scanf("%c%c",&a,&b);
  printf("%c%c\n",a,b);
}
```

如果输入xy,则程序运行结果:

```
input character  a,b
xy↙
xy
```

可以看出输入的字符x赋给了变量a,字符y赋给了变量b。如果输入xy,则程序运行结果:

```
input character  a,b
xy↙
x
```

程序提示

由此可以看出，输入的字符 x 赋给了变量 a，而空格也作为一个字符赋给了变量 b。格式控制中，除格式控制符外的其他字符，在输入时必须原样输入。

比如，对于语句 scanf("a=%d,b=%d",&a,&b)，若要给 a、b 分别赋值为 3、4 的话，在输入时，应该输入 a=3,b=4。

【例 3.11】 printf 函数和 scanf 函数的结合使用。

```
#include "stdio.h"
main()
{
  int a,b;
  printf("a=");              /*屏幕显示 a=*/
  scanf("%d",&a);            /*输入 a*/
  printf("b=");              /*屏幕显示 b=*/
  scanf("%d",&b);            /*输入 b* /
  printf("a=%d,b=%d\n",a,b);
}
```

程序运行结果：

```
a=3
b=4
a=3,b=4
```

3.3 程序实例

【例 3.12】 从键盘输入三角形的三条边长，输出其面积。已知三角形的三边长为 a、b、c，则该三角形的面积公式如下。

$$area=\sqrt{s(s-a)(s-b)(s-c)}$$

其中，s=(a+b+c)/2。

问题分析：输入变量为三角形的三条边 a、b、c；输出变量为 area；中间变量为 s。

```
#include "stdio.h"
#include< math.h>
main()
{
  float a,b,c,s,area;
  printf("请输入三角形的三条边的值,并用逗号隔开:\n");
  scanf("%f,%f,%f",&a,&b,&c);
```

```
    s=1.0/2*(a+ b+ c);                          /*注意 1.0/2 返回 float 型*/
    area=sqrt(s*(s-a)*(s-b)*(s-c));
    printf("a=%-7.2f,b=%-7.2f,c=%-7.2f,s=%-7.2f\n",a,b,c,s);
                                                /*输出格式为左对齐,保留两位小数*/
    printf("area=%-7.2f\n",area);
  }
```

程序运行结果：

```
请输入三角形的三条边的值,并用逗号隔开：
3,4,5↙
a=3.00,b=4.00,c=5.00,s=6.00
area=6.00
```

【例 3.13】 从键盘输入一个大写字母,输出对应的小写字母及小写字母对应的 ASCII 值。

问题分析:需要输入的变量为一个字符型变量,需要输出的变量为一个字符型输出变量。大写字母和小写字母之间的 ASCII 值相差 32。

```
#include<stdio.h>
main()
{
   char c1,c2;
   c1=getchar();            /*取字符赋给变量 c1*/
   c2=c1+32;                /*c2 为 c1 所对应的小写字母*/
   printf("%c,%d\n",c2,c2);
}
```

程序运行结果：

```
A↙
a,97
```

【例 3.14】 求方程 $ax^2+bx+c=0$ 的根。其中,a,b,c 由键盘输入,并设 $b^2-4ac>0$。

① 求根公式为

$$x1=\frac{-b+\sqrt{b^2-4ac}}{2a},\quad x2=\frac{-b-\sqrt{b^2-4ac}}{2a}$$

令

$$p=-\frac{b}{2a},q=\frac{\sqrt{b^2-4ac}}{2a}$$

则

$$x1=p+q,x2=p-q$$

② 输入变量为 3 个浮点型变量 a,b,c;输出变量为 2 个浮点型变量 x1 和 x2;中间变量为 p,q。另外,因为本题要用到开根号函数 sqrt(),其为数学函数,包含在"math.h"的头文件中,所以,程序开始应该首先包含这个头文件。

```
#include< stdio.h>
#include< math.h>
main()
{
  float a,b,c,disc,x1,x2,p,q;
```

```
    printf("请依次输入方程的三个系数 a,b,c 的值,并用逗号隔开:\n");
    scanf("%f,%f,%f",&a,&b,&c);
    p=-b/(2*a);
    q=sqrt(b*b-4*a*c)/(2*a);
    x1=p+q;
    x2=p-q;
    printf("x1=%5.2f\nx2=%5.2f\n",x1,x2);
}
```

程序运行结果:

```
请依次输入方程的三个系数 a,b,c 的值,并用逗号隔开:
1,3,2↙
x1=-1.00
x2=-2.00
```

3.4 实训项目三:输入/输出程序设计

实训目标

(1) 熟练掌握字符输入/输出函数的应用。

(2) 熟练掌握格式输入/输出函数的应用。

(3) 掌握顺序结构程序的编写方法。

实训内容

(1) 输入任意两个整数,求它们的和及平均值,然后输出结果。

(2) 输入圆柱体的半径和高,计算圆柱体的侧面积和体积,要求输出计算结果保留两位小数。

(3) (x1,y1)、(x2,y2)是平面上的两点,求这两点间的距离,要求输出结果保留两位小数。

坐标值随机给出,距离公式为 $d=\sqrt{(x2-x1)^2+(y2-y1)^2}$。

(4) 将任意输入的华氏温度转换为对应的摄氏温度。已知华氏温度与摄氏温度的转换公式为 $C=\frac{5}{9}(F-32)$,要求摄氏温度值保留两位小数。

习 题 3

一、选择题

1. 下面不属于C语言程序的结构分类的是________。

A. 顺序结构　　B. 循环结构　　C. 程序结构　　D. 选择结构

2. 下面C语言源程序执行后，屏幕的输出为________。

```
void main()
{
  int a;
  float b;
  a=4;
  b=9.5;
  printf("a=%d,b=%4.2f\n",a,b);
}
```

A. a=%d,b=%f\n　　B. a=%d,b=%f

C. a=4,b=9.50　　D. a=4,b=9.5

3. putchar()函数可以向终端输出一个________。

A. 整型变量表达式值　　B. 实型变量值

C. 字符串　　D. 字符或字符型变量的值

4. 以下程序的输出结果是________。

```
main()
{
   printf("\n* s1=%15s* ","chinabeijing");
   printf("\n* s2=%-5s* ","chi");
}
```

A.
```
*s1= chinabeijing  *
*s2=**chi*
```

B.
```
*s1=chinabeijing   *
*s2=chi  *
```

C.
```
*s1=*chinabeijing*
*s2=chi*
```

D.
```
*s1=chinabeijing*
*s2=chi  *
```

5. 若x,y均定义为int型，z定义为double型，以下不合法的scanf()函数调用语句是________。

A. `scanf("%d%lx,%le",&x,&y,&z);`　　B. `scanf("%2d* %d%lf",&x,&y,&z);`

C. `scanf("%x%*d%o",&x,&y);`　　D. `scanf("%x%o%6.2f",&x,&y,&z);`

6. 根据定义和数据的输入方式，输入语句的正确形式为________。

已有定义：float f1,f2;

数据的输入方式：4.52

　　　　　　　　3.6

A. `scanf("%f,%f",&f1,&f2);`

B. scanf("%f%f",&f1,&f2);

C. scanf("%3.2f %2.1f",&f1,&f2);

D. scanf("%3.2f %2.1f",&f1,&f2);

7. 阅读以下程序，当输入数据的形式为 25,13,10，正确的输出结果是________。

```
void main()
{
  int a,b,c;
  scanf("%d%d%d",&a,&b,&c);
  printf("a+b+c=%d",a+b+c);
}
```

A. x＋y＋z＝48　　B. x＋y＋z＝35

C. x＋z＝35　　D. 不确定值

8. 有以下输入语句：

```
scanf("a=%d,b=%d,c=%d",&a,&b,&c);
```

为使变量 a 的值为 1，b 为 3，c 为 2，从键盘输入数据的正确形式应当是________。

A. 132↙　　B. 1,3,2↙

C. a＝1 b＝3 c＝2↙　　D. a＝1,b＝3,c＝2↙

9. 以下说法正确的是________。

A. 当输入数据时，必须指明变量的地址，如 scanf("%f",&f)；

B. 只有格式控制，没有输入项，也能进行正确输入，如 scanf("a=%d,b=%d")；

C. 当输入一个实型数据时，格式控制部分应规定小数点后的位数，如 scanf("%4.2f",&f)；

D. 输入项可以为一实型常量，如 scanf("%f",3.5)；

10. 根据下面的程序及数据输入方式和输出方式，程序中输入语句的正确形式应该为________。

```
main()
{
  char ch1,ch2,ch3;
  ________
  printf("%c%c%c",ch1,ch2,ch3);
}
输入形式：A B C
输出形式：A B
```

A. scanf("%c%c%c",&ch1,&ch2,&ch3);

B. scanf("%c,%c,%c",&ch1,&ch2,&ch3);

C. scanf("%c %c %c",&ch1,&ch2,&ch3);

D. scanf("%c%c",&ch1,&ch2,&ch3);

二、填空题

1. 字段宽度为 4 的十进制数应使用"%4d"；字段宽度为 6 的十六进制数应使用

________;八进制整数应使用________;字段宽度为3的字符应使用________;字段宽度为10,保留3位小数的实数应使用________;字段宽度为8的字符串应使用________。

2. 以下程序的输出结果为________。

```
main()
{
    printf("* %f,%4.3f*\n",3.14,3.1415);
}
```

3. 执行以下程序时,若从第一列开始输入数据,为使变量a=3,b=7,x=8.5,y=71.82,c1='A',c2='a',正确的数据输入形式是________。

```
main()
{
    int a,b;
    float x,y;
    char c1,c2;
    scanf("a=%d b=%d",&a,&b);
    scanf("x=%f y=%f",&x,&y);
    scanf("c1=%c c2=%c",&c1,&c2);
    printf("a=%d,b=%d,x=%f,y=%f,c1=%c,c2=%c",a,b,x,y,c1,c2);
}
```

4. 已有定义int a;float b,x;char c1,c2;,为使a=3,b=6.5,x=12.6,c1='a',c2='A',正确的scanf()函数调用语句是________,输入数据的方式为________。

第4章　程序的控制结构

学习目标

- 掌握 if、if…else、多重 if 嵌套结构
- 掌握 switch 结构
- 理解条件运算符的用法
- 掌握 while、do…while 和 for 循环的使用
- 理解 while 和 do…while 循环的区别
- 理解 break 和 continue 语句的用法
- 掌握嵌套循环的使用

4.1　算法及其描述方法

4.1.1　算法的概念

1. 什么是程序

程序是由指令序列组成的，用于告诉计算机如何完成一个具体的任务。应用程序是软件开发人员根据用户需求开发的、用程序设计语言描述的适合计算机执行的指令(语句)序列。

一个程序包括两个方面的内容，即对数据的描述(数据结构)和对操作的描述(算法)。因此，程序可以描述为以下形式。

程序＝数据结构＋算法

对于面向过程的程序设计语言，如 C 语言等，主要关注的是算法。人们使用计算机处理各种问题时，必须先对问题进行分析，确定解决问题的具体方法和步骤，然后转换为计算机能够识别的指令，交给计算机去工作。而确定解决问题的具体方法和步骤就是要确定算法。由此可见，程序设计的关键就是确定解决问题的具体方法与步骤，即算法。

2. 什么是算法

算法不仅仅是程序中的概念，在日常生活中时时都会用到算法，即做任何事情都要遵循一定的步骤。例如，对于从家里出发去超市买东西，再把东西拿回家这个问题，其步骤(算法)为：首先从家里出发；步行或乘车到超市；在超市里选购货物；在收银台结账；打包所选货物；拿着

所购物品离开超市;步行或乘车回家。日常生活中的这些动作,我们已经习以为常,因此感觉不到这些步骤需要特别的设计,但实际上任何事情都是有一定的执行步骤的。

算法(algorithm)是指解题方案的准确而完整的描述,是一系列解决问题的清晰指令,算法代表着用系统的方法描述解决问题的策略机制。也就是说,算法能够针对一定规范的输入,在有限时间内获得所要求的输出。如果一个算法有缺陷,或者不适合某个问题,那么执行这个算法将不会解决这个问题。不同的算法可能用不同的时间、空间或效率来完成同样的任务。一个算法的优劣可以用空间复杂度与时间复杂度来衡量。

【例 4.1】 计算 1+2+3+4,设计出具体的算法。

```
算法 1
步骤 1:计算 1+ 2,结果为 3。
步骤 2:在步骤 1 的结果上加 3,结果为 6。
步骤 3:在步骤 2 的结果上加 4,结果为 10。
算法 2
步骤 1:令 s= 0。
步骤 2:令 i= 1。
步骤 3:计算 s+i,令 s 为本次计算所得的值,即 s+i≥s。
步骤 4:把 i 的值加 1,即 i+1≥i。
步骤 5:判断 i 的值是否大于 4,若大于 4,转步骤 6,否则转步骤 3 继续执行。
步骤 6:s 的值即为和的值。
```

程序提示

① 算法 1 的思想是数学中的简单的思维,即依次进行计算直至求出结果。

② 算法 2 设计了两个变量 s 与 i,s 代表目前计算的数值的和,i 表示已求和到第几个数值。其思想是 s 的初始值为 0,i 的初始值为 1,第一次把 1 累加到 s 中;i 值变为 2,第二次把 2 累加到 s 中;i 值变为 3,第二次把 3 累加到 s 中,i 值变为 4,第二次把 4 累加到 s 中;i 值变为 5,在第 5 步判断 i 的值大于 4,算法结束。

③ 比较算法 1 与算法 2,表面上虽然算法 2 比算法 1 的步骤多,但如果把题目扩展为 1+2+3+…+100,显然使用算法 1 则一共需要 99 步,如果使用算法 2,只需把步骤 5 的判断 i 值是否大于 4 修改为判断 i 的值是否大于 100,而其余步骤均不需改变。

④ 通过例 4.1,很容易地发现,对于同一个题目设计的算法可以有多种。因此,在设计算法时要考虑多种因素,使得算法不仅能解决问题,而且具有高效性、通用性。

【例 4.2】 计算 1+3+5+…+99,设计出具体的算法。

步骤 1:令 s=0。

步骤 2:令 i=1。

步骤 3:计算 s+i,令 s 为本次计算所得的值,即 s+i≥s。

步骤 4:把 i 的值加 2,即 i+2≥i。

步骤 5:判断 i 的值是否大于 99,若大于 99,转步骤 6,否则转步骤 3 继续执行。

步骤 6：s 的值即为和的值。

程序提示

该题目求解 100 以内的所有奇数的和，在例 4.1 的基础上，只需对 i 的值改变时，每次使 i 值加 2 即可，相当于每次累加到 s 中的值分别为 1，3，5，…。

【例 4.3】 判断一个数是否为素数，设计出具体的算法。

步骤 1：输入一个数 n。

步骤 2：2⩾i。

步骤 3：用 n 除以 i，得到余数为 r。

步骤 4：判断 r 是否为 0，若 r 为 0，算法结束，输出 n 不是素数；否则继续执行。

步骤 5：i+1⩾i。

步骤 6：若 i 小于等于 n－1，转步骤 3；否则输出 n 是素数，算法结束。

程序提示

① 用 2 到 n－1 的所有数去除 n，如果都不能整除，说明 n 为素数。

② 步骤 3 用 n 除以 i，求出余数；

③ 在步骤 4 判断余数 r，若余数为 0，则 n 能整除 i，则可以判断 n 不是素数，算法即结束。

④ 步骤 5 把除数进行加 1；步骤 6 判断除数是否已达到 n－1，如果 n 不能整除 2 到 n－1 的所有数，即可说明 n 是素数。

⑤ 本算法可以在步骤 4 结束，也可以在步骤 6 结束。

【例 4.4】 输出 100 以内的所有素数，设计出具体的算法。

步骤 1：令 n＝3。

步骤 2：2⩾i。

步骤 3：用 n 除以 i，得到余数为 r。

步骤 4：判断 r 是否为 0，若 r 为 0，输出 n 不是素数，转至步骤 7；否则继续执行。

步骤 5：i+1⩾i。

步骤 6：若 i 小于等于 n－1，转步骤 3；否则输出 n 是素数，转步骤 7。

步骤 7：n+1⩾n，若 n 大于 100，算法结束，否则转步骤 2。

程序提示

本算法是在例 4.3 的基础上进行改进的，例 4.3 用于判断某个具体的数是否为素数，本例需要求解 100 以内的素数，因此初始令 n 为 3，每次判断出 n 是否为素数后，执行步骤 7，把 n 的值加 1，继续判断下一个数，直至判断到 100，算法结束。

4.1.2 算法的描述方法

描述算法的方法可以有多种，常用的有自然语言、伪代码、流程图、N-S图等。

1. 自然语言

自然语言方式是指用人们日常使用的语言，可以是汉语、英语或其他语言。自然语言方式的优点是简单、方便，适合于描述简单的算法或算法的高层思想。但是，自然语言方式也有其缺点，比如比较烦琐冗长，往往要用一段冗长的文字才能说清楚所要进行的操作，容易出现“歧义性”。虽然自然语言描述顺序执行的步骤好懂，但是如果算法中包含了判断和转移，那么用自然语言就不那么直观清晰了。因此，除了针对那些很简单的问题之外，一般不用自然语言表示算法。在4.1.1节中描述的4个算法采用的是自然语言描述的方式。

2. 流程图

流程图是由一些图框和流程线组成的。其中，图框表示各种操作的类型，图框中的文字和符号表示操作的内容，流程线表示操作的先后次序。为了便于识别，在流程图中常使用以下几种符号，如图4.1所示。

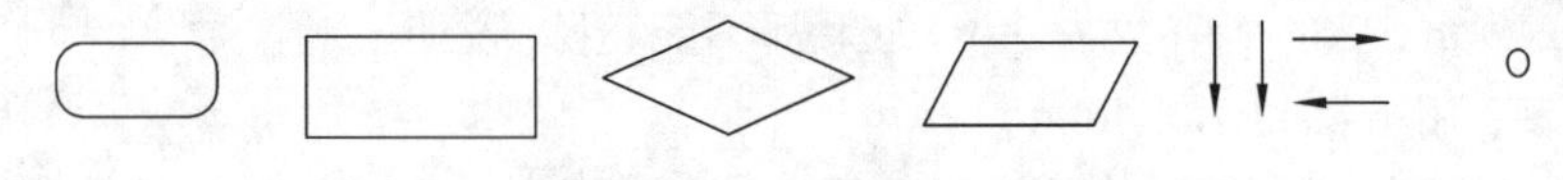

图4.1 流程图符号

各种符号的具体意义如下。

(1) 圆角矩形表示“开始”与“结束”。

(2) 矩形表示行动方案、普通工作环节，即相当于处理语句。

(3) 菱形表示问题判断或判定环节。

(4) 平行四边形表示输入、输出。

(5) 箭头代表工作流方向。

(6) 小圆圈代表连接点，用于将画在不同地方的流程线连接起来。

【例4.5】 从键盘输入两个数，并交换这两个数的值。

其具体流程图见图4.2。

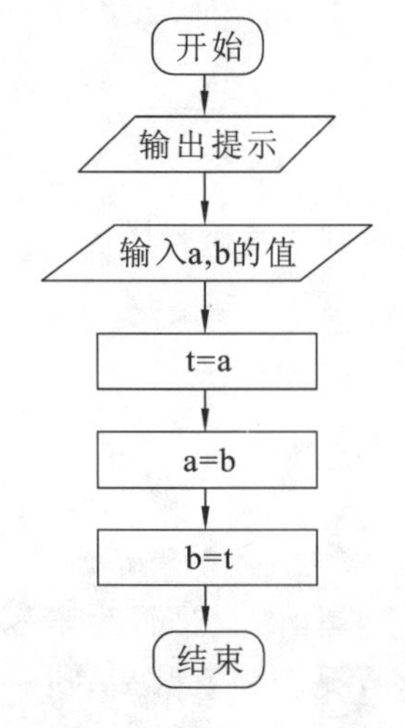

图4.2 例4.5流程图

程序提示

① 前后两个椭圆分别表示开始和结束，所有的处理语句用矩形表示，输出语句用平行四边形表示。

② 两个数的交换不能直接执行 a=b，b=a 语句。如果这样执行，则 a 与 b 的值都变为 b 的初始值。两个数交换时要使用中间变量 t，t 先保存 a 的初始值，再把 a 改为 b 的值，最后将 b 的值改变为 t 的值。

3. N-S 图

通常流程图由一些特定意义的图形、流程线及简要的文字说明构成，它能清晰明确地表示程序的运行过程。在使用过程中，人们发现流程线不一定是必需的，为此，人们设计了一种新的流程图，它把整个程序写在一个大框图内，这个大框图由若干个小的基本框图构成，这种流程图简称为 N-S 图，也被称为盒图或 CHAPIN 图。

N-S 图的流程图符号的具体作用如下。

(1) 顺序结构：如图 4.3 所示，A 与 B 两个框组成一个顺序结构。

(2) 选择结构：如图 4.4 所示，当条件 p 成立时执行 A 操作，条件 p 不成立时执行 B 操作。

(3) 当型循环结构：如图 4.5 所示，当条件 p 成立时反复执行 A 操作，直到条件 p 不成立时终止循环。

(4) 直到型循环结构：如图 4.6 所示，执行 A，判断条件 p 成立反复执行 A，直到条件 p 不成立时终止循环。

关于当型循环与直到型循环的区别将在 4.4 节中详细介绍。在图 4.3、图 4.4、图 4.5、图 4.6 中的 A 框与 B 框，既可以是简单的语句(如输入、输出、简单的顺序语句等)，也可以是选择结构、循环结构。例 4.5 的 N-S 图如图 4.7 所示，此程序中只有顺序结构。

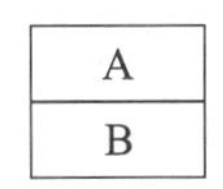

图 4.3 顺序结构

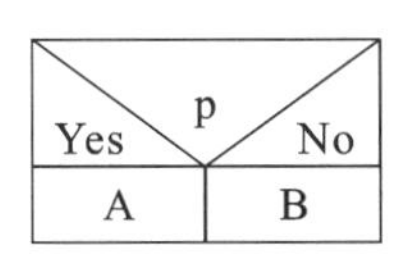

图 4.4 选择结构

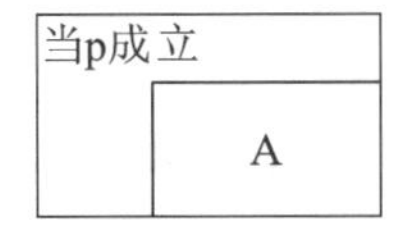

图 4.5 当型循环结构

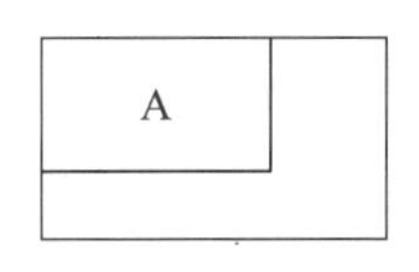

直到 p 成立

图 4.6 直到型循环结构

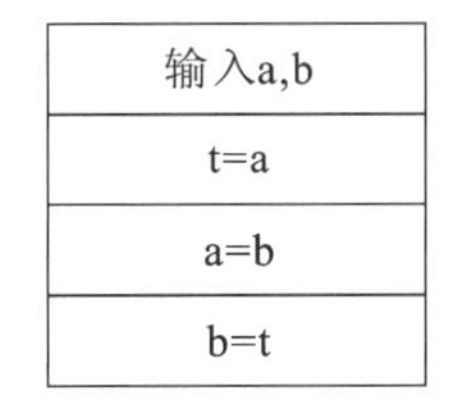

图 4.7 例 4.5 的 N-S 图

【例 4.6】 使用流程图(见图 4.8)及 N-S 图设计算法计算 1＋2＋3＋…＋100。

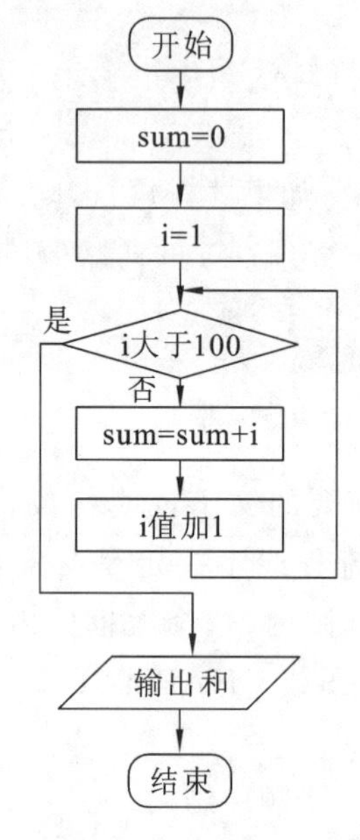

图 4.8 例 4.6 的流程图

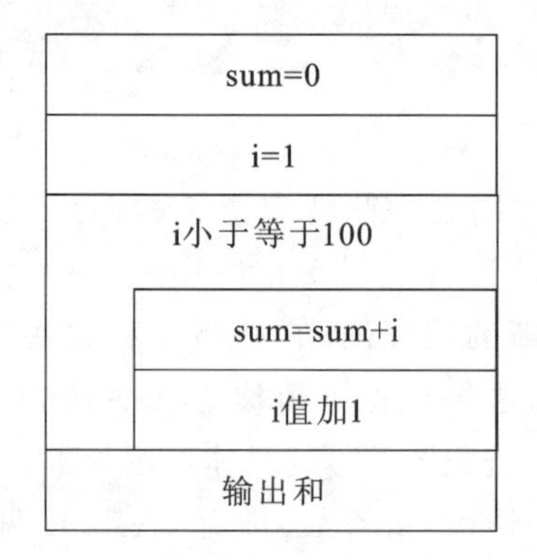

图 4.9 例 4.6 的 N-S 图

程序提示

① 例 4.6 将例 4.2 中使用自然语言描述的算法用流程图及 N-S 图表示。在流程图中，前后两个圆角矩形分别表示开始和结束，所有的处理语句用矩形表示，输出语句用平行四边形表示，判断语句用菱形表示，菱形旁边标识的“是”或“否”分别表示条件满足或条件不满足，箭头表示的程序执行的流程。i≤100 的值如果为假，则计算完毕后输出 s 的值；num≤100 的值如果为真，则返回继续计算。

② 在 N-S 图中，顺序语句用图 4.4 的方式，循环语句用图 4.6 的方式，从图 4.9 可以看出第三个矩形框中是一个循环语句。

③ 显然用流程图或 N-S 图表示的算法比使用自然语言表示的算法的可读性要好。

4. 伪代码

伪代码(pseudocode)是一种算法描述语言。使用伪代码的目的是使被描述的算法可以容易地以任何一种编程语言(如 Pascal、C、Java 等)来实现。因此，伪代码必须结构清晰、代码简单、可读性好，并且类似于自然语言。伪代码介于自然语言与编程语言之间，以编程语言的书写形式指明算法职能。使用伪代码，不用拘泥于具体实现。相比程序语言(如 Java、C＋＋、C、Dephi 等)来说，它更类似自然语言。伪代码是半角式化、不标准的语言，它可以将整个算法运行过程的结构用接近自然语言的形式描述出来。

【例 4.7】 从键盘输入两个数，并交换这两个数的值。

```
begin
  input m and n
  m=>t
  n=>m
  t=>n
end
```

程序提示

本例使用伪代码的形式表示了交换两个数的算法，其原理与例 4.5 完全相同，但这种写法已经比较接近程序语言了。

4.2 顺序结构

4.2.1 顺序结构的流程图表示

设计顺序结构的程序是最简单的，只要按照解决问题的顺序写出相应的语句就行，它的执行顺序是自上而下，依次执行。图 4.10 所示为顺序结构的流程图，执行顺序为先执行 A，结束后再执行 B。

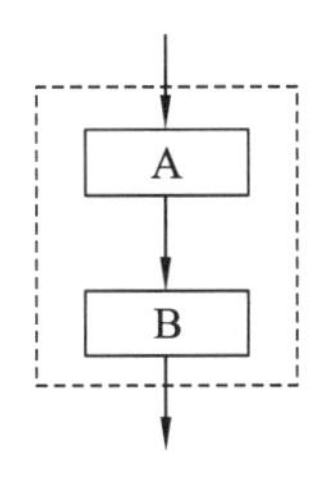

图 4.10 顺序结构流程图

顺序结构作为程序的一部分，与其他结构一起构成一个复杂的程序，如分支结构中的复合语句、循环结构中的循环体等。

4.2.2 赋值语句

在表述一个算法时，经常要引入变量，并赋给该变量一个值。用于表明赋给某一个变量一个具体的确定值的语句称为赋值语句。在算法语句中，赋值语句是最基本的语句。

赋值运算符为“＝”，注意其与“＝＝”符号的区别，后者是判断两者是否相等的符号。

赋值语句的赋值运算符左侧一般为一变量，赋值运算符右侧的值由表达式生成，而表达式则由文本、常数、变量、属性、数组元素、其他表达式或函数调用的任意组合所构成。例如：

```
a=3;
b=c+1;
x='a';
```

这些均为赋值语句，a＝3 的作用为把变量 a 的值赋值为 3；b＝c＋1 的作用为把 c＋1 计算后的值赋给变量 b；x＝'a'的作用是把变量 x 赋值为字符'a'。

4.2.3 应用举例

【例 4.8】 从键盘输入两个整型变量，交换这两个变量的值并输出这两个数。

```
#include<stdio.h>
void main()
{
   int a,b,t;
   scanf("%d,%d",&a,&b);
   t=a;                    /*以下三条语句实现 a 与 b 的交换*/
   a=b;
   b=t;
   printf("交换后的值为 a=%d,b=%d",a,b);
}
```

程序运行结果：

```
5,3↙
交换后的值为 a=3,b=5
```

程序提示

① 例 4.8 为一个顺序结构的程序，程序首先输入两个变量的值 a，b，然后交换 a 与 b 的值，最后输出交换后的两个数。

② 注意对两个数交换时不能简单地执行 a＝b；b＝a；语句。因为在执行 a＝b 时，a 的初始值已经被覆盖为 b 的值(a＝5；b＝2；a＝b；b＝a；结果为 a＝2，b＝2)，因此必须定义一个中间变量 t，利用 t 暂时先保存 a 的值，再把 a 赋值为 b，最后 b 赋值为 t。

【例 4.9】 从键盘输入一小写字母，将其转换为与其对应的大写字母并输出。

```
#include<stdio.h>
void main()
{
   char c;
   printf("请输入一个小写字母\n");
```

```
    scanf("%c",&c);
    c=c-32;                    /*小写字母转换为大写字母*/
    printf("转换后的大写字母为%c",c);
}
```

程序运行结果：

```
请输入一个小写字母
a↙
转换后的大写字母为 A
```

程序提示

① 例 4.9 也为一个顺序结构的例子，程序首先从键盘输入一小写字母，然后转换为大写字母，并输出转换后的字母。

② 在此程序中 c=c—32;语句是用于实现小写字母到大写字母的转换。

③ 对字符变量做运算，其实是对其 ASCII 码的计算。大写字母的 ASCII 码与其对应的小写字母的 ASCII 码正好相差 32。

4.3 选择结构

4.3.1 选择结构的流程表示

选择结构用于判断给定的条件，然后根据判断的结果来控制程序的流程。如图 4.11 所示，图 4.11(a)的逻辑为首先判断表达式的真假，如果为真则执行语句，如果为假则跳过语句，执行后续的语句。图 4.11(b)的逻辑为首先判断表达式的真假，如果为真则执行语句 1，如果为假则执行语句 2。这两者均为选择结构的流程图，最终根据表达式的真假决定程序的执行流程。

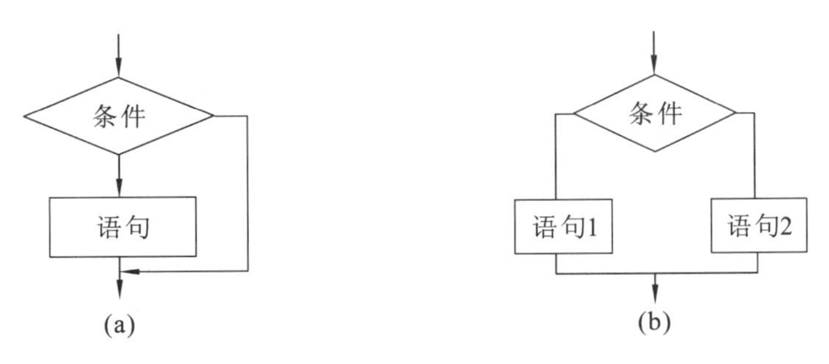

图 4.11 选择结构流程图

4.3.2 if条件语句

1. 简单if语句

简单if语句的格式如下。

if（<条件>）

{

<**语句块**>

}

如果条件为真(非0),则执行语句块;如果条件为假(0),则不执行语句块。若语句块中只有一条语句,则可以不需要花括号;若语句块有多个语句,则使用花括号,构成复合语句。如不用花括号,则系统认为如果if的条件成立,则只执行第一条语句,其余语句与if无关。

【例4.10】 下面四个程序段中,哪些能输出“OK”。

(1)

```
if(' c')
printf("OK");
```

该程序段能够输出“OK”,因为条件表达式为‘c’,取c的ASCII码,显然是一个不等于0的值,即条件表达式为真,因此执行if语句,能够输出“OK”。

(2)

```
x=-8;
if(x)
printf("OK");
```

该程序段能够输出“OK”,因为条件表达式为x,x的值为−8,显然是一个不等于0的值,即条件表达式为真,因此执行if语句,能够输出“OK”。

(3)

```
y=0;
if(y==0)
printf("OK");
```

该程序段能够输出“OK”,因为条件表达式为y==0,y的值先被赋值为0,判断y==0为真,即条件表达式为真,因此执行if语句,能够输出“OK”。

(4)

```
y=0;
if(y)
printf("OK");
```

该程序段不能够输出“OK”,因为条件表达式为y,y的值先被赋值为0,0认为是假,即条件表达式为假,不执行if语句,因此不能够输出“OK”。

【例4.11】 从键盘输入一整数,判断其是否为奇数并输出结果。

```
#include<stdio.h>
void main()
```

```
{
    int  x;
    scanf("%d",&x);
    if(x%2==1)         /*x对2取余数,余数为1说明x为奇数*/
      printf("%d为奇数",x);
}
```

程序运行结果：

```
3↙
3为奇数
```

程序提示

x%2为x对2取余数,若余数为1,说明x为奇数。当x%2==1为真时,输出这个数为奇数。本例中如果输入4,则没有任何结果输出。其流程图如图4.12所示。

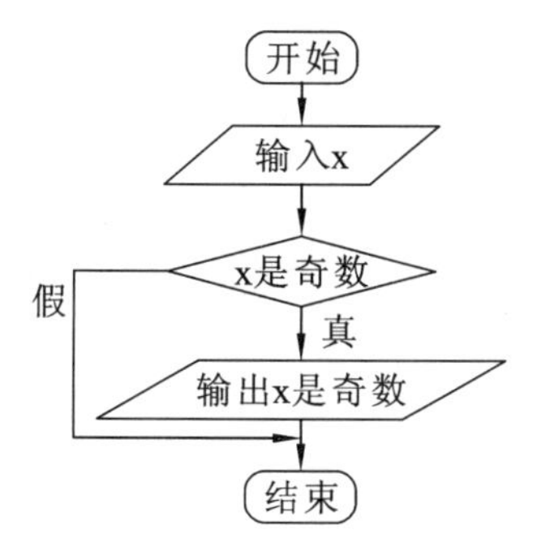

图4.12 例4.11流程图

【例4.12】 从键盘输入两个数,求两个数的和,若两个数的和大于100,则输出“两数的和大于100”。

```
#include<stdio.h>
void main()
{
   int num1,num2,sum;
   printf("请输入两个数:\n");
   scanf("%d,%d",&num1,&num2);
   sum=num1+num2;
   if(sum>100)                          /*判断sum值是否大于100*/
   printf("两数的和大于100\n ");
}
```

程序运行结果：

```
请输入两个数:
50,60↙
两数的和大于100
```

程序提示

计算 sum 的值为 num1 与 num2 的和，若 sum 比 100 大，即 sum>100 为真，则输出两数的和大于 100；若 sum 比 100 小，即 sum>100 为假，则什么也不输出。

【例 4.13】 输入任意三个数，按由大到小输出。

```
#include< stdio.h>
void main()
{
    float a,b,c,t;
    printf("请输入三个数\n");
    scanf("%f,%f,%f",&a,&b,&c);
    if (a<b)                        /*比较 a,b,a 存放较大的数,b 存放较小的数*/
    {
      t=a;
      a=b;
      b=t;
    }
    if (a<c)                        /*比较 a,c,a 存放较大的数,c 存放较小的数*/
    {
      t=a;
      a=c;
      c=t;
    }
    if (b< c)                       /*比较 c,b,b 存放较大的数,c 存放较小的数*/
    {
      t=b;
      b=c;
      c=t;
    }
    printf("% 5.2f,% 5.2f,% 5.2f",a,b,c);
}
```

程序运行结果：

```
请输入三个数
5.0,6.0,7.5↙
7.50,6.00,5.00
```

程序提示

① 逻辑输出顺序为 a、b、c，则表示 a 放最大数，c 放三数中的最小数。

② 定义 a、b、c、t 四个 int 变量，输入 a、b、c 的值。

③ 判断：若 a＜b，则交换 a，b；若 a＜c，则交换 a，c（至此，a 存放的就是三数中最大数）；若 b＜c，则交换 b，c（至此，c 存放的是三数中最小数）。

2. if…else 语句

if…else 语句的一般格式如下。

if（＜**条件**＞）
{
　＜**语句块**＞
}
else
{
　＜**语句块**＞
}

如果条件为真，执行 if 后面的一个语句或一组语句；如果条件为假，则执行 else 后面的语句。对于 if 后的语句块及 else 后的语句块，若语句块只有一条语句，则可以不需要花括号；若语句块有多个语句，则使用花括号，构成复合语句。

【例 4.14】 从键盘输入两个数，输出两者中的最大值。

```
#include<stdio.h>
void main()
{
   inta,b;
   printf("请输入两个整数:\n");
   scanf ("%d,%d",&a,&b);
   if(a>=b)                          /*a 大于等于 b 时执行 if 分支*/
        printf("%d\n",a);
   else                              /*a 小于 b 时执行 else 分支*/
        printf("%d \n",b);
  }
```

程序运行结果：

```
请输入两个整数:
3,5↙
5
```

程序提示

输入两个数为 a、b，判断表达式 a＞=b，若其值为真，即 a 大于或等于 b，执行 if 后的分支；若其值为假，即 a 小于 b，则执行 else 后的分支，输出 b 的值。其流程图如图 4.13所示。

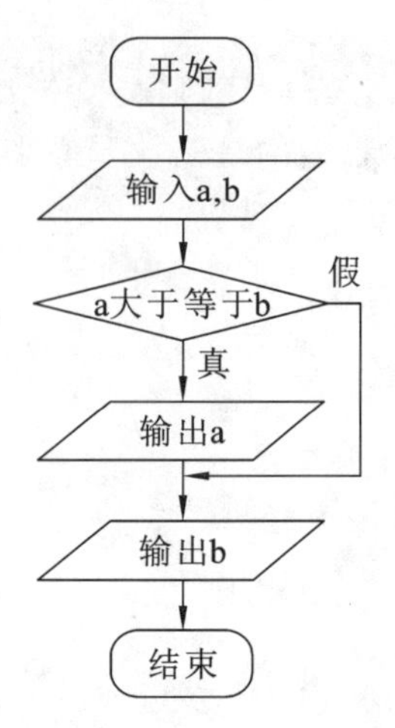

图 4.13 例 4.14 流程图

【例 4.15】 从键盘输入一个整数,判断此数为奇数还是偶数,并输出结果。

```
#include<stdio.h>
void main()
{
    int num;
    printf("请输入一个整数:\n");
    scanf ("%d",&num);
    if(num %2==0)                  /*num 为偶数时执行 if 分支*/
        printf("%d 是一个偶数。\n",num);
else                               /*num 为奇数时执行 else 分支*/
        printf("%d 是一个奇数。\n",num);
}
```

程序运行结果:

```
请输入一个整数:
5↙
5 是一个奇数
```

程序提示

输入一个数 num,判断表达式 num%2==0。若为真,执行 if 后面的分支,输出"×是一个偶数";若为假,执行 else 后面的分支,输出"×是一个奇数"。本例中若输入 6,则输出结果为:6 是一个偶数。

3. 多重 if 语句

当要处理多重条件判断的情况时,需要使用多重条件结构,多重条件结构是 if…else 的另一种形式,这种形式也称为阶梯式 if…else if…else,其语句格式如下。

if（表达式 1）
　　语句 1；
else if（表达式 2）
　　语句 2；
else if（表达式 3）
　　语句 3；
⋮
else
　　语句 n；

多重 if 语句的流程图如图 4.14 所示。首先判断表达式 1 的值，若其值为真，则执行语句 1，结束 if 语句；否则判断表达式 2，若其值为真，执行语句 2，结束 if 语句；若其值为假，判断表达式 3，依此类推；若表达式 1，表达式 2，…所有的表达式的值都为假，则执行语句 n。从多重 if 语句的执行逻辑中可以看出，在多重 if 语句中，对于语句 1，语句 2，…，语句 n，只会有其中的一个语句被执行。

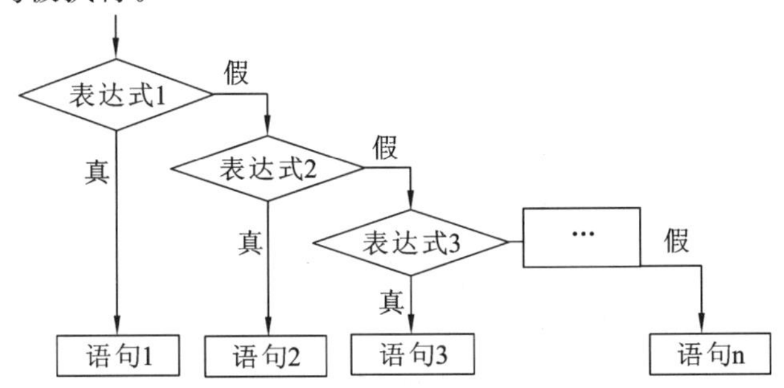

图 4.14　多重 if 语句流程图

【例 4.16】　编写程序，输入 x 的值。若 x 大于 0，y 的值为 1；若 x 为 0，y 的值为 0；若 x 小于 0，y 的值为 −1，输出 y 的值。

$$y=\begin{cases}1, x>0,\\0, x=0,\\-1, x<0.\end{cases}$$

```
#include<stdio.h>
void main()
{
    int x,y;
    printf("请输入 x 的值\n");
    scanf("%d",&x);
    if(x>0)
      y=1;
    else if(x==0)
      y=0;
    else
      y=-1;
```

```
    printf("x=%d,y=%d",x,y);
}
```

程序运行结果：

```
请输入 x 的值
5↙
输出:x=5,y=1
```

程序提示

① x>0 为真,执行 y=1 语句。
② 否则判断条件 x==0,若为真,执行 y=0 语句。
③ 否则执行 y=-1 语句。其流程图如图 4.15 所示。

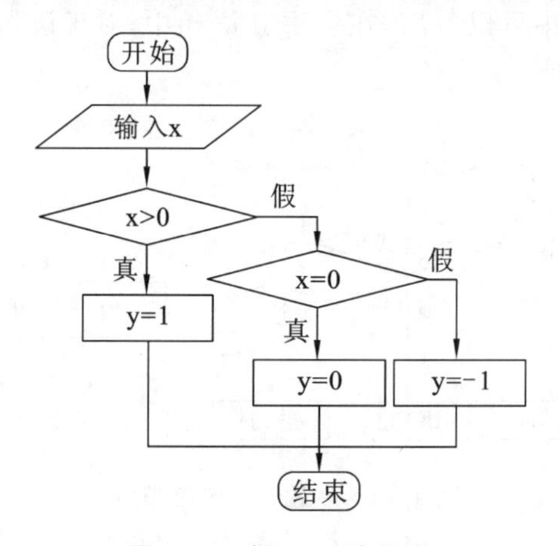

图 4.15　例 4.16 流程图

【例 4.17】 输入一个学生的成绩,若成绩大于等于 90,则输出"优";若成绩大于等于 80,小于 90,则输出"良好";若成绩大于等于 70,小于 80,则输出"中等";若成绩大于等于 60,小于 70,则输出"及格";若成绩小于 60,则输出"不及格"。

```
#include<stdio.h>
void main()
{
    loat grade;
    printf("请输入学生成绩:\n ");
    scanf("% f",&grade);
    if(grade>=90)
       printf("优\n ");
    else if ((grade> = 80)&&(grade< 90))
       printf("良好\n ");
    else if ((grade> = 70)&&(grade< 80))
```

```
        printf("中等\n ");
    else if ((grade> = 60)&&(grade< 70))
            printf("及格\n ");
    else
            printf("不及格\n");
}
```

程序运行结果：

```
请输入学生成绩：
输入：75↙
输出：中等
```

程序提示

对于条件(grade>=80)&&(grade<90)来说，可以省略后半部分，只写(grade>=80)；对于(grade>=70)&&(grade<80)、(grade>=60)&&(grade<70)都可以省略后半部分。

4.3.3 if 语句的嵌套

嵌套 if 结构就是将整个 if 块插入另一个 if 块中，其一般形式如下。

```
if (<条件 1>)
{
    if (<条件 2>)
        语句 1;
else
        语句 2;
}
else
{
    if (<条件 3>)
        语句 3;
    else
        语句 4;
}
```

判断条件 1 的值，若为真，则执行外层 if 语句中嵌入的 if…else 语句，判断条件 2，若为真，执行语句 1，若为假，执行语句 2。如果条件 1 的值为假，执行 else 分支中嵌入的 if…else 语句，如果条件 3 为真，执行语句 3，如果条件 3 为假，执行语句 4。使用嵌套 if 语句时，必须特别注意 if 与 else 配对。从最内层开始，else 总是与它上面最接近的并未曾配对的 if 配对。例如：

```
    if (x>0)
    if(y>1)
       z=1;
    else
       z=2;
```

上面例子中的else分支应该归属于哪个if分支,也即是当x≤0时执行z=2,还是当y≤1时执行z=2呢?按照C语言规定,每个else部分总属于前面最近的那个缺少对应的else部分的if语句,因此当y>1为假时执行else分支。避免if与else配对错位的最佳办法是加花括号。故上面程序应该改写为如下形式。

```
    if(x>0)
    {
        if(y>1)
           z=1;
        else
           z=2;
    }
```

【例4.18】 输入两个整数A、B,若两个数相等,则输出A=B;若A>B,则输出A>B;若A<B,则输出A<B。

```
#include<stdio.h>
void main()
{
    intA,B;
    printf("请输入 A 和 B 的值:\n ");
    scanf("%d,%d",&A,&B);
    if(A!=B)               /*外层 if else 语句*/
    {
       if(A>B)             /*内层 if else 语句*/
           printf("A>B\n");
       else
           printf("A<B\n");
    }
    else
       printf("A=B\n");
}
```

程序运行结果:

```
请输入A和B的值:
5,5↙
A=B
```

程序提示

① 比较 A 与 B 的值，若 A！=B，即 A 与 B 不相等时，执行 if 后的分支，此分支中嵌套了一个 if…else 语句。

② 嵌套的 if…else 语句，判断 A 与 B 的关系，即对条件表达式进行判断。若 A>B 为真，执行 if 分支，输出 A>B；否则执行嵌套 if 语句的 else 分支，输出 A<B。

③ 若条件 A！=B 的值为假，执行外层 if…else 语句的 else 分支，输出 A=B。其流程图如图 4.16 所示。

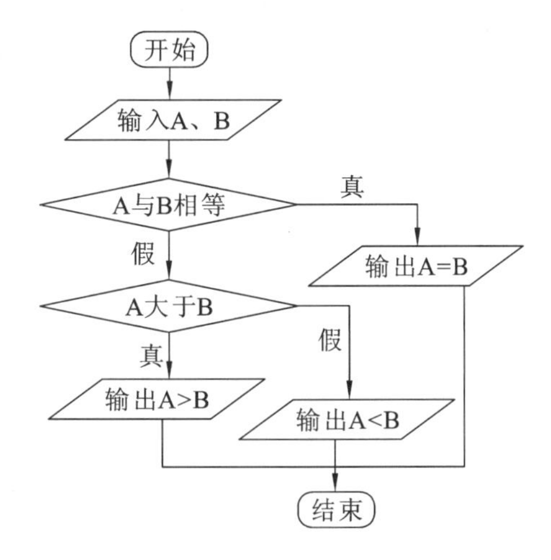

图 4.16　例 4.18 流程图

4.3.4　条件运算符

条件运算符是"?:"，其用法为：表达式 1? 表达式 2:表达式 3 。其执行顺序为：先求解表达式 1，若其值为真(非 0)，则将表达式 2 的值作为整个表达式的取值，否则(表达式 1 的值为 0)，将表达式 3 的值作为整个表达式的取值。例如：

```
max=(a>b)? a:b
```

判断表达式 a>b，若其值为真，则 max 的值为 a；若其值为假，则 max 的值为 b。因此该表达式相当于以下程序的功能。

```
if(a>b)
   max=a;
else
   max=b;
```

条件运算符的优先级高于赋值、逗号运算符，低于其他运算符。例如：

```
m<n? x:a+3 等价于(m<n)?(x):(a+3)
a++>=10&&b-->20?a:b 等价于
(a++>=10&&b-->20)?a:b
x=3+a>5?100:200 等价于 x=((3+a>5)? 100:200)
```

条件运算符具有右结合性，当一个表达式中出现多个条件运算符时，应该将位于最右边的问号与离它最近的冒号配对，并按这一原则正确区分各条件运算符的运算对象。例如：

w＜x? x＋w:x＜y? x:y 与 w＜x? x＋w:(x＜y? x:y) 等价，与 (w＜x? x＋w:x＜y)? x:y 不等价。

【例 4.19】 输入某一商品的价格，若其价格比 1000 少则没折扣，其价格比 1000 大则折扣为 0.1，输出折扣后的价格。

```
#include<stdio.h>
void main()
{
    double price;
    double rate;
    printf("请输入商品价格:\n ");
    scanf("%lf",&price);
    rate=(price<=1000)?0:0.1;
    /*price 值小于 1000 时 rate 赋值为 0,price 值大于等于 1000 时 rate 赋值为 0.1*/
    price=price-price*rate;
    printf("折扣价格为:%f \n",price);
}
```

程序运行结果：

```
请输入商品价格:
2000↙
折扣价格为:1800
```

程序提示

rate＝(price＜＝1000)? 0:0.1 语句中使用了条件运算符，先判断 price＜＝1000 是否成立，如果为真，rate 赋值为"?"后的值(即 0)，此时 rate＝0；如果为假，rate 赋值为":"后的值即 0.1，此时 rate＝0.1。

4.3.5 switch 语句

switch…case 语句是多路判断语句，switch 语句的语法格式如下。

switch（条件表达式）

{

  case 常量表达式 1：

    语句 1；

```
        break;
    case 常量表达式 2:
        语句 2;
        break;
    ⋮
    case 常量表达式 n:
        语句 n;
        break;
    default:
        语句 n+1;
}
```

switch 语句流程图如图 4.17 所示。首先计算条件表达式的值,并把此值首先与 case 后的常量表达式 1 进行比较,如果相等则执行语句 1,然后执行 break 语句,结束 switch 语句;如果条件表达式的值与常量表达式 1 不相同,则与常量表达式 2 比较,如果相等则执行语句 2,然后执行 break 语句,结束 switch 语句;依此类推。如果与哪个常量表达式的值相同,则执行此 case 后的语句,如果条件表达式与所有的常量表达式的值都不相同,则执行 default 后的语句 n+1。

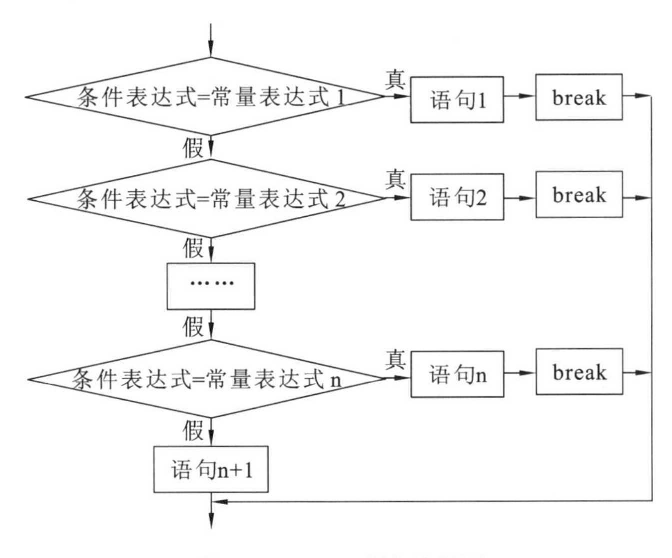

图 4.17 switch 语句流程图

在使用 switch 结构时应注意以下几点。

(1) 在 case 后的各常量表达式的值不能相同。

(2) 在 case 后,允许有多个语句,可以不用花括号括起来。

(3) 每个 case 语句后都必须有一个 break 语句。如果没有 break 语句,则不会退出 switch 语句,从而顺次向下一直执行,直到遇到 break 语句或执行了 switch 语句中的所有语句。例如:

```
swtich(grade)
{
    case 'A':
    case 'B':
    case 'C':
        printf(">60\n");
        break;
}
```

因为,case ' A '、case ' B '后均没有 break 语句,则在 grade 为' A '、' B '、' C '三种情况下,均执行相同的语句组 printf(">60\n")。再如:

```
switch(grade)
{
    case 'A':printf(">80\n");
    case 'B':printf(">70\n");
             break;
    case 'C':printf(">60\n");
             break;
}
```

① 当 grade 值为 A 时,执行 printf(">80\n"),因为没有 break 语句,继续向下执行 printf(">70\n"),遇到 break 语句,结束 switch 语句。

② 当 grade 值为 B 时,执行 printf(">70\n"),遇到 break 语句,结束 switch 语句。

③ 当 grade 值为 C 时,执行 printf(">60\n"),遇到 break 语句,结束 switch 语句。

(4) 各 case 和 default 子句的先后顺序可以变动,而不会影响程序执行的结果。

(5) default 子句可以省略。

(6) case 后面的常量表达式只能为常量或常量表达式,不能是变量。

【例 4.20】 输入一个学生的成绩。若成绩大于等于 90,则输出“优”;若成绩大于等于 80,小于 90,则输出“良好”;若成绩大于等于 70,小于 80,则输出“中等”;若成绩大于等于 60,小于 70,则输出“及格”;若成绩小于 60,则输出“不及格”。

```
#include< stdio.h>
void main()
{
    int x;
    scanf("%d",&x);
    swithch(x/10)
   {
    case 10:                         /*当 x/10 值为 10 时执行此分支,此分支语句为
                                     空,继续向下执行*/
    case 9:printf("优\n");break;     /*当 x/10 值为 9 时执行此分支*/
    case 8:printf("良好\n");break;   /*当 x/10 值为 8 时执行此分支*/
    case 7:printf("中等\n");break;   /*当 x/10 值为 7 时执行此分支*/
```

```
        case 6:printf("及格\n");break;        /*当x/10值为6时执行此分支*/
        default:printf("不及格\n");           /*当x/10值为其余情形时执行此分支*/
    }
}
```

程序运行结果：

```
请输入学生成绩：
85↙
输出：良好
```

程序提示

输入一个成绩保存在变量 x 中，计算 x/10，即把 x 对 10 取商，所得的可能值为 10、9、8、7、6、5、4、3、2、1、0。

比较例 4.20 与例 4.17，一个相同的题目分别使用多重 if 语句及 switch…case 语句实现，但两者的适用场合还是稍有区别。虽然多重 if 结构和 switch 结构都可以用于实现多路分支，但多重 if 结构用于实现两路、三路分支比较方便，而 switch 结构用于实现三路以上分支比较方便。在使用 switch 结构时，应注意分支条件要求是整型表达式，而且 case 语句后面必须是常量表达式，有些问题只能使用多重 if 结构来实现，如要判断一个值是否处在某个区间的情况。

【例 4.21】 输入一字符，判读此字符为控制字符、数字、大写字母、小写字母或是其他字符。

```
#include<stdio.h>
void main()
{
    char c;
    printf("请输入一个字符:\n ");
    c=getchar();
    if(c<32)                /*字符c与32比较,其实为其ASCII码与32比较*/
            printf("\n该字符是一个控制字符。\n");
    else if(c>='0'&&c<='9')
            printf("\n该字符是一个数字。\n");
    else if(c>='A'&&c<='Z')
            printf("\n该字符是一个大写字母。\n");
    else if(c>='a'&&c<='z')
            printf("\n该字符是一个小写字母。\n");
    else
            printf("\n该字符是其他字符。\n");
}
```

程序运行结果：

请输入一个字符:
#↙
该字符是其他字符。

程序提示

此例子条件表达式要判断一个字符是否处于某个区间,显然只能使用多重 if 语句,无法使用 switch…case 语句。

4.4 循环结构

4.4.1 循环引入

【例 4.22】 编写程序输出以下语句。

我是第 1 位学生
我是第 2 位学生
⋮
我是第 10 位学生

程序提示

根据目前所掌握的知识,如果要完成此题目,只能写 10 条输出语句,程序如下。

```
#include<stdio.h>
void main()
{
   printf("我是第 1 位学生\n");
   printf("我是第 2 位学生\n");
   printf("我是第 3 位学生\n");
   printf("我是第 4 位学生\n");
   printf("我是第 5 位学生\n");
   printf("我是第 6 位学生\n");
   printf("我是第 7 位学生\n");
   printf("我是第 8 位学生\n");
   printf("我是第 9 位学生\n");
   printf("我是第 10 位学生\n");
}
```

如果要输出到“我是第100位学生”，则需要100条输出语句，显然这样的程序不是一个好程序。有没有更好的办法去编写这个程序呢？答案是肯定的，这就需要使用循环语句。观察此程序中的10条语句，每条语句除了一个数字之外，其余的完全相同，如果使用变量i代替每句中的数字，则10条输出语句可以统一写为如下形式。

```
printf("我是第%d位学生\n",i);
```

只需使i从1变化到10即可。如果输出到“我是第100位学生”，则只需使i从1变化到100即可。

显然使用循环结构可以简化程序，那么循环语句究竟是什么结构呢？本节将详细地介绍三种循环语句。

4.4.2 循环结构的流程表示

需要多次重复执行的语句可以使用循环结构来实现，其流程图如图4.18所示。判断循环条件，如果此条件为真，则执行循环语句（循环体），执行完循环体的所有语句，再返回，重新判断循环条件；只要循环条件为真，则重复执行循环体，直至循环条件为假，才跳过循环体，执行后续的语句。因此在使用循环结构时，可将需要重复执行的语句写入循环体，循环条件用于决定在什么条件下执行循环。在C语言中有三种循环语句，分别为while、do…while及for语句。

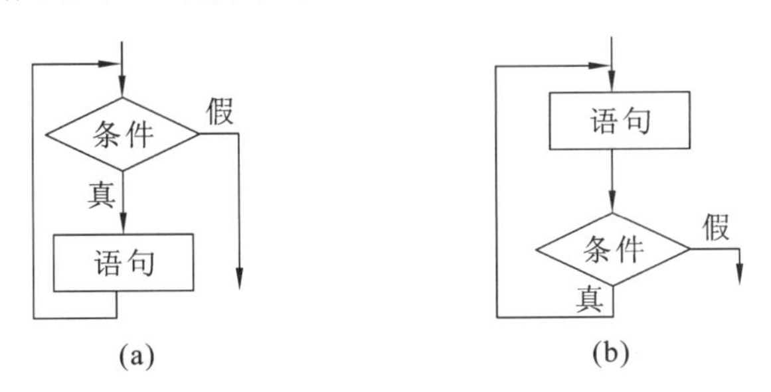

图4.18 循环结构流程图

4.4.3 while循环语句

while循环语句的语法格式如下。

```
while(循环表达式)
{
    语句;
}
```

其中，while为关键字。while后面为小括号，小括号中是循环表达式，循环表达式用于决定循环是否结束。while(循环表达式)语句的后面为需要重复执行的循环语句。

其流程图如图4.18(a)所示，执行顺序为：先计算循环表达式的值，当值为真(非0)时，执行循环体语句，执行之后返回重新判断循环表达式，一旦此表达式为假，就停止执行循环体。如果条件在开始时就为假，那么不执行循环体语句直接退出循环。

循环体中如果只有一条循环语句，则while后的{}可以省略，如果循环体有多条语句，则必须使用{ },把所有需要循环执行的语句放在{ }中。例如：

```
int i=1;
while(i<3)
        i++;
printf("循环\n");
```

程序的输出为：

```
循环
```

循环体只有一条语句 i++,循环结束后,执行输出语句,输出一个“循环”。再如：

```
int i=1;
while(i<3)
{
    i++;
    printf("循环\n");
}
```

程序的输出为：

```
循环
循环
循环
```

循环体有两条语句,该循环执行三次,因此输出三个“循环”。

【例 4.23】 使用 while 语句编写例 4.22。

```
#include<stdio.h>
void main()
{
   int i=1;
   while(i<=10)
   {
     printf("我是第%d位学生\n",i);
     i++;
   }
}
```

程序提示

① 例 4.23 是将例 4.22 用 while 循环实现,初始变量 i 的值为 1,判断循环条件 i<=10 为真时,则执行循环体,输出“我是第 1 位学生”,在循环体中执行 i++,i 的值为 2。

② 判断循环条件 i<=10 为真,继续执行循环体,输出“我是第 2 位学生”,在循环体中执行 i++,i 的值为 3;

③ 以此类推,直至输出“我是第 10 位学生”,在循环体中执行 i++,i 的值为 11;

④ 判断循环条件 i<=10 为假,循环结束。

注意:(1) 循环条件中使用的变量需要经过初始化,否则循环变量无初值,有可能造成死循环。所谓死循环就是指无法结束的循环,除非特殊设计,不要把循环写成死循环。

(2) while 循环体中的语句必须修改循环条件的值,否则会形成死循环。

(3) 如果需要写死循环的程序,可以把 while 的循环条件写为恒真的条件。例如:

```
while(1)
{
  ⋮
}
```

因为 1 为真,即 while 的条件永远为真,因此这个循环将一直执行,除非使用 break 语句跳出循环,break 语句将在后面介绍。

【例 4.24】 求 1+3+…+99。

```
#include<stdio.h>
void main()
{
  int sum=0,i=1;
  while(i<=99)
  {
       sum=sum+i;
       i=i+2;
  }
  printf("sum=%d\n",sum);
}
```

程序运行结果:

```
sum=2500
```

程序提示

① 逻辑定义两个变量 sum 与 i,sum 用于保存和,i 表示 1,3,…,99 等加数。sum 初始值为 0,i 初始值为 1。

② 第一次循环,判断循环条件 i<=99 为真,则执行循环体,把 1 累加到 sum 中,执行 i=i+2 语句,i 的值改为 3。

③ 第二次循环,判断循环条件 i<=99 为真,把 3 累加到 sum 中,执行 i=i+2 语句,i 的值改为 5。

④ 以此类推,直到 i 值为 101,判断循环条件 i<=99 为假,退出循环。其流程图如图 4.19 所示。

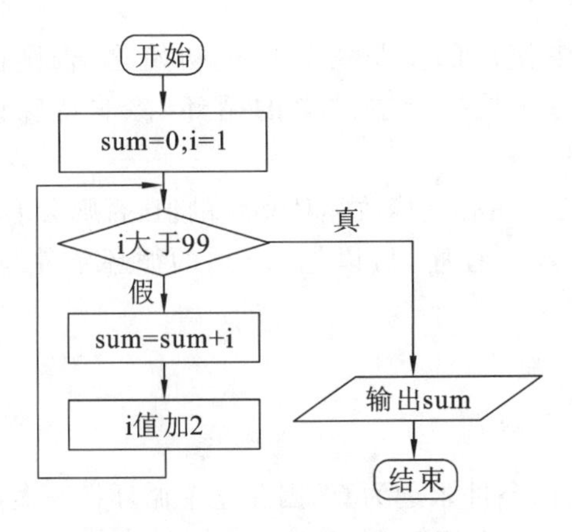

图 4.19　例 4.24 流程图

【例 4.25】 求 n! =1 * 2 * 3 * … * n。

```
#include<stdio.h>
void main()
{
    int t=1;
    int i=1,n;
    printf("请输入 n 的值\n");
    scanf("%d",&n);
    while(i<=n)
    {
      t=t*i;
      i++;
    }
    printf("%d\n",t);
}
```

程序运行结果：

```
请输入 n 的值
4↙
24
```

程序提示

① 定义两个变量 t 与 i,t 用于保存 n!,i 的值从 1 递增到 n,n 的值由用户输入,t 与 i 的初始值均为 1。

② 假设 n 为 4,第一次循环判断 i<=n 为真,计算 t=1 * 1,并把 i 递增为 2。

③ 第二次循环,判断循环条件为真,计算 t=1 * 1 * 2,并把 i 递增为 3。

④ 第三次循环,判断循环条件为真,计算 t=1 * 1 * 2 * 3,并把 i 递增为 4。

⑤ 第四次循环,判断循环条件为真,计算 t=1 * 1 * 2 * 3 * 4,并把 i 递增为 5。

⑥ 第五次循环,循环条件为假,退出循环。

4.4.4 do…while 循环语句

do…while 循环语句的语句格式如下。

do

{

　　语句;

} **while(循环表达式);**

其流程图如图 4.18(b)所示。do、while 均为关键字。do 后面为{ },循环语句放在{ }中,while(循环表达式)放在循环体的后面。注意,do…while 语句的结束必须有分号。

do…while 语句的执行顺序为:先执行循环体中的语句,然后再判断条件是否为真。如果为真则继续循环;如果为假,则终止循环。

【例 4.26】 使用 do…while 语句编写例 4.22。

```
#include<stdio.h>
void main()
{
  int i=1;
  do
  {
     printf("我是第% d位学生\n",i);
     i++;
  }while(i<=10);
}
```

程序提示

① 此例与例 4.23 基本相似,只是把 while 的语法格式换成了 do…while 语句。

② 先输出"我是第 1 位学生",在循环体中执行 i++,i 的值为 2。

③ 判断循环条件 i<=10 为真,继续执行循环体,输出"我是第 2 位学生",在循环体中执行 i++,i 的值为 3。

④ 依此类推,直至输出"我是第 10 位学生",在循环体中执行 i++,i 的值为 11;

⑤ 判断循环条件 i<=10 为假,循环结束。

【例 4.27】 求 2+4+…+100。

```
#include<stdio.h>
void main()
{
    int sum=0,i=2;
    do
    {
```

```
        sum=sum+i;
        i=i+2;
    } while(i<=100);
    printf("sum=%d\n",sum)
}
```

程序运行结果：

```
sum=2550
```

程序提示

① 此例与例 4.24 基本相似，此例是求解偶数和。

② 定义两个变量 sum 与 i，sum 用于保存和，i 表示 2，4，…，100 等加数，sum 的初始值为 0，i 的初始值为 2。

③ 第一次循环把 2 累加到 sum 中，并把 i 改为 4。

④ 判断循环条件为真，第二次循环把 3 累加到 sum 中，并把 i 改为 6。

⑤ 依此类推，直到 i 值为 102，循环条件为假，退出循环。其流程图如图 4.20 所示。

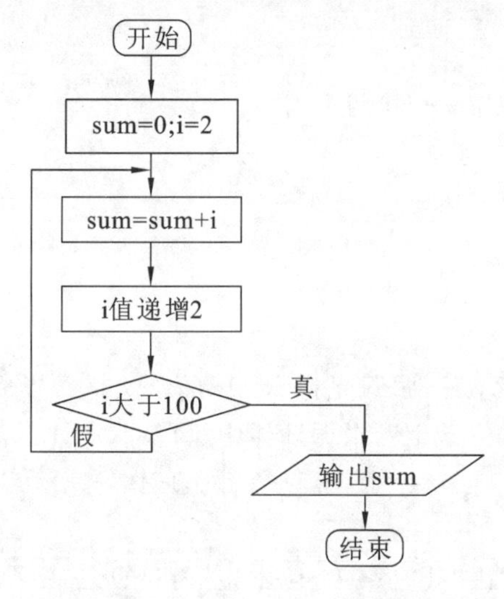

图 4.20　例 4.27 流程图

【例 4.28】　计算 1！＋2！＋…＋n！。

```
#include<stdio.h>
void main()
{
    int t=1,sum=0;
    int i=1,n;
    printf("请输入 n 的值\n");
    scanf("%d",&n);
```

```
    do
    {
      t=t*i;              /*t 的值为 i!*/
      i++;
      sum=sum+t;
    } while(i<=n);
    printf("%d\n",sum);
}
```

程序运行结果：

```
请输入 n 的值
4↙
33
```

程序提示

① 这个程序在例 4.25 的基础上稍加改进即可，又定义一变量 sum 用于存放最后计算的和，其初始值为 0。

② 循环第一次计算 1!，sum=1!。

③ 循环第二次计算 2!，sum=1!+2!。

④ 依此类推，直至计算了 n!，则 sum=1!+2!+…+n!。

do…while 循环与 while 循环的区别在于 while 循环先判断循环条件再执行循环体，do…while 先执行循环体再判断循环条件。因此，如果第一次循环执行前循环条件为假，则 while 循环一次也不执行，而 do…while 循环至少执行一次循环体。

【例 4.29】 比较以下两段程序。

```
#include<stdio.h>
void main()
{
    int s=0,n;
    scanf("%d",&n);
    while(n<=3)
    {
      s=s+n;
      n++;
    }
    printf("%d",s);
}
```

程序运行结果：

```
4↙
0
```

```
#include<stdio.h>
void main()
{
    int s=0,n;
    scanf("%d",&n);
    do
    {
      s=s+n;
      n++;
    } while(n<=3);
    printf("%d",s);
}
```

程序运行结果：

```
4↙
4
```

程序提示

① while 先判断，后执行，有可能一次也不执行，因此在输入 4 时，第一次判断循环条件为假，循环一次也不执行，输出的 s 值为 0。

② do…while 语句先执行循环体后判断，循环体至少执行一次，当输入为 4 时，虽然循环条件为假，但由于先执行循环体，计算 s 的值为 4。

4.4.5 for 循环语句

for 循环语句是第三种实现循环结构的语句，其语法格式如下。

```
for(表达式 1;表达式 2;表达式 3)
{
    语句;
}
```

其流程图如图 4.21 所示。for 为关键字，其后为圆括号。圆括号中有三个表达式，这三个表达式之间用分号隔开。循环语句放在 for 语句后面的{ }中，如果只有一条循环语句，可以省略{ }。

其执行顺序如下。

(1) 计算表达式 1 的值，通常为循环变量赋初值。

(2) 计算表达式 2 的值，即判断循环条件是否为真，若值为真则执行循环体一次，否则跳出循环。

(3) 计算表达式 3 的值，这里通常写更新循环变量的赋值表达式，然后转回第(2)步重复执行。

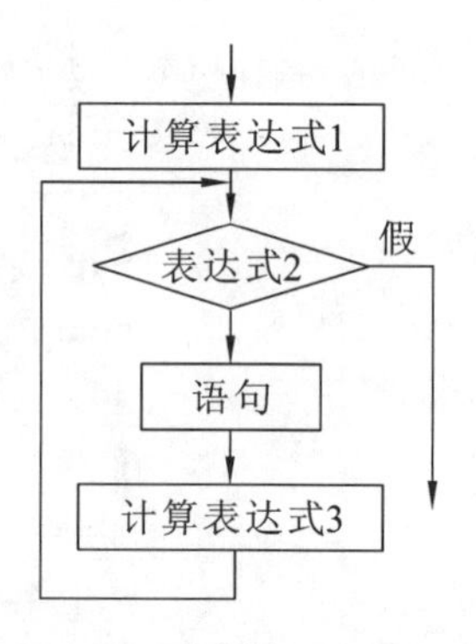

图 4.21 for 循环语句流程图

【例 4.30】 使用 for 语句编写例 4.22。

```
#include<stdio.h>
void main()
{
   int i;
   for(i=1;i<=10;i++)
   {
      printf("我是第%d位学生\n",i);
   }
}
```

程序提示

① 例4.30是把例4.26用for循环语句实现。表达式1为i=1,即为i赋初值;表达式2为i<=10,即为循环执行的条件;表达式3为i++,为修改循环变量的语句。

② 首先执行表达式1,把i的初值赋值为1。

③ 然后判断表达式2,i<=10为真,则执行循环体,输出"我是第1位学生"。

④ 接着执行表达式3,i的值自加1变为2。

⑤ 再次表达式2,i<=10为真,则执行循环体,输出"我是第2位学生"。

⑥ 依此类推,直至输出"我是第10位学生",执行表达式3,i的值再自加1变为11;判断表达式2为假,循环结束。

for循环语句中的三个表达式都可以是逗号表达式,逗号表达式就是通过","运算符隔开的多个表达式组成的表达式,逗号表达式从左往右计算。逗号运算符在C语言运算符中的优先级最低。例如:

```
for(i=0,j=max;i<=max;i++,j--)
printf("\n%d+%d=%d",i,j,i+j);
```

第一个表达式为逗号表达式i=0,j=max,即把i赋值为0,把j赋值为max;第三个表达式也为逗号表达式i++,j--,即把i的值加1,把j的值减1。

for循环语句在使用时应注意以下几点。

(1) for循环中有三个表达式,for语句中的各个表达式都可以省略,但分号分隔符不能省略。

(2) 省略表达式1相当于省去了为循环变量赋初值,此时应在for语句之前给循环变量赋初值。

例如,在例4.30中的for语句中省略表达式1,则可以把i=1赋值语句放在循环外面执行。

```
i=1;
for( ;i<=10;i++)
{
   printf("我是第%d位学生\n",i);
}
```

(3) 省略表达式2,即不判断循环条件,也就是认为表达式2始终为真,此时应在循环体内设法结束循环,否则将成为死循环。

例如,在例4.30中的for语句中省略表达式2,则在循环体中使用break语句,当i>10时强制退出循环。

```
for(i=1;;i++)
{
  if (i>10)
   break;
  printf("我是第%d位学生\n",i);
}
```

(4) 省略表达式3,即省去修改循环变量的值,但此时应在循环体内设法结束循环。

例如,在例4.30中的for语句中省略表达式3,而在for循环中添加了i++,仍然能够改变变量i的值。

```
for(i=1;i<=10;)
{
  printf("我是第%d位学生\n",i);
  i++;
}
```

(5) 也可以省略其中两个表达式或者三个表达式,如果三个表达式都省略,即不为循环变量赋初值,不设置循环条件(认为表达式2为真值),不修改循环变量的值,无终止地执行循环体。此时应在循环体内设法结束循环,否则会成为死循环。例如,以下这段程序省略了for语句中的三个表达式,因此为避免这个循环成为死循环,当输入X或者x时,使用break语句退出for循环。

```
for(;;)
{
    printf("这将一直进行下去");
    i= getchar();
    if(i=='X' || i=='x')
       break;
}
```

(6) for循环语句的三个表达式中,表达式1仅执行一次,表达式2至少执行一次或执行多次,表达式3可能一次也不执行或执行多次。

【例4.31】 求1+2+…+100。

```
#include<stdio.h>
void main()
{
    int sum=0,i;
    for(i=1;i<=100;i++)
        sum=sum+i;
    printf("sum=%d\n",sum);
}
```

程序运行结果：

```
sum=5050
```

程序提示

① 定义两个变量 sum 与 i，sum 用于保存和，i 表示 1，2，…，100 等加数，sum 初始值为 0。

② 执行表达式 1，i 值赋值为 1，判断为真，第一次循环把 1 累加到 sum 中。

③ 执行表达式 3(i++)，i 值变为 2。

④ 判断表达式 2(i<=100) 为真，第二次循环把 2 累加到 sum 中；执行表达式 3(i++)，i值变为 3。

⑤ 依此类推，直到 i 值为 101，表达式 2(i<=100) 为假，退出循环。

【例 4.32】 用公式 $\frac{\pi}{4}\approx 1-\frac{1}{3}+\frac{1}{5}-\frac{1}{7}+\cdots$ 计算 π 的近似值，直到最后一项的绝对值小于 1E−6 为止。

```
#include<math.h>
#include<stdio.h>
void main()
{
      int i,f;
      float t,pi;
      f=1;
      pi=0;
      t=1;
      for(i=3;fabs(t)>=1e-6;i=i+2)
      {
        pi=pi+t;
        f=-f;
        t=f*1.0/i;           /*t 的值为算式右边的各个项*/
      }
      pi=pi*4;
      printf("pi=%10.6f\n",pi);
}
```

程序运行结果：

```
Pi=3.1415939
```

程序提示

① 每项的分母等于前一项分母加 2，用 i=i+2 实现，因为 t 的初始值为 1，即第一项的 1 不需再进行加法，i 的初值为 3。

② 每项的符号交替变化，用 f=-f 实现，f 的初始值为 1。

③ 使用 t=f*1.0/i 计算各个加数，用 pi=pi+t 语句进行求和。

④ for 循环的第二个表达式用于判断|t|是否大于等于 1e-6。

⑤ fabs(t)的功能为求 t 的绝对值，fabs 函数在库函数 math.h 中定义，因此在程序的开始需要调用相应的库函数。

4.4.6 嵌套循环及其应用举例

嵌套循环即为循环中间还有循环，可以使用上面所讲授三种循环任意组合为嵌套循环，外层的循环称为外循环，循环体内包含的另一个完整循环，则称为内循环，内循环中还可以包含循环，从而形成多层循环。

例如，以下四种形式的两层嵌套循环中，第一个是 while 循环中嵌套了 while 循环，第二个是 do…while 循环中嵌套了 do…while 循环，第三个是 while 循环中嵌套了 do…while 循环，第四个是 for 循环的嵌套。嵌套循环在执行时只有在内循环完全结束后，外循环才会进行下一轮，即外层循环执行一次，内层循环执行一轮。

形式一：

```
while(i<=100)
{
    ⋮
    while(j<=50)
    {
        ⋮
        j++;
    }
    ⋮
    i++;
}
```

形式二：

```
do
{
    ⋮
    do
    {
        ⋮
        j++;
    } while (j<=50);
    ⋮
    i++;
} while(i<=100);
```

形式三：

```
while(i<=100)
{
    ⋮
    do
    {
        ⋮
        j++;
    } while (j<=50);
    ⋮
    i++;
}
```

形式四：

```
for(i=1;i<=100;i++)
{
    for(j=1;j<=100;j++)
    {
        ⋮
    }
    ⋮
}
```

使用嵌套循环时应注意以下几点。

(1) 嵌套循环必须为完全嵌套,即一种循环的头和尾都嵌套在另一个循环里,此为合法嵌套。若一个循环的头在一个循环里而尾在循环外,形成交叉循环,则为不合法嵌套。

(2) 嵌套的循环控制变量不能相同,即内循环使用的循环控制变量与外循环使用的循环控制变量名称不能相同,否则内外循环均改变此变量的值,循环必然变得混乱。

(3) 外循环执行一次,内循环要执行一个完整的循环。

【例 4.33】 编写程序,输出如下图形:

```
*
**
***
****
*****
******
*******
********
*********
**********
```

```
#include<stdio.h>
void main()
{
    int layer=1,star;
    while(layer<=10)          /*外层循环控制行数*/
    {
      star=1;
      while (star<=layer)   /*内层循环控制星号数*/
      {
         printf("*");
         star++;
      }
      printf("\n");
      layer+ + ;
    }
}
```

程序提示

① 定义两个变量 layer 与 star 分别表示行号及每行的星号个数。

② 程序使用了嵌套循环。外层循环控制行数,需要打印 10 行,因此外层循环的循环条件为 layer<=10。

③ 每打印完一行,执行 printf("\n")进行换行,并把 layer 的值加 1。

④ 每行的星号个数与行号相同,第一行一个星号,第二行两个星号,…,第十行十个星号。内层循环打印星号,star 变量用于控制星号的个数,循环条件 star<=layer 控制星号的个数为行号的值,内层循环每次打印一个星号。

⑤ 内层循环执行一轮即打印完一行的星号,每打印完一行执行 star=1,从第一个星号开始打印。

【例 4.34】 编写程序,输出九九乘法表。

```
#include<stdio.h>
void main()
{
```

```
    int i,j;
    for(i=1;i<=9;i++)              /*外层循环*/
    {
      for(j=1;j<=i;j++)            /*内层循环*/
          printf("%d* %d=%2d  ",i,j,i*j);
      printf("\n");
    }
}
```

程序运行结果：

```
1*1=1
2*1=2  2*2=4
3*1=3  3*2=6   3*3=9
4*1=4  4*2=8   4*3=12  4*4=16
5*1=5  5*2=10  5*3=15  5*4=10  5*5=25
6*1=6  6*2=12  6*3=18  6*4=24  6*5=30  6*6=36
7*1=7  7*2=14  7*3=21  7*4=28  7*5=35  7*6=42  7*7=49
8*1=8  8*2=16  8*3=24  8*4=32  8*5=40  8*6=48  8*7=56  8*8=64
9*1=9  9*2=18  9*3=27  9*4=36  9*5=45  9*6=54  9*7=63  9*8=72  9*9=81
```

程序提示

① 程序使用了嵌套循环，外循环的循环控制变量为 i，内循环的循环控制变量为 j。

② i 表示行号，j 表示列号，对于每个算式，第一个乘数为 i，第二个乘数为 j，等号后的值为 i 与 j 的乘积。

③ 每行的第一个乘数为 i，每列的第二个乘数为 j。

④ 由于第一行需要输出一个算式，第二行需要输出两个算式，…，因此每行输出算式的个数正好与行号 i 相同。

⑤ 因为需要打印 9 行 9 列，i 与 j 均从 1 变化到 9，每打印完一行，输出一换行符。

4.4.7 几种循环语句的比较

(1) 三种循环语句在通常情况下可以通用，即一个问题使用其中任一循环都能实现。

(2) while、for 循环是先判断后执行，所以如果条件为假，则循环体一次也不会被执行；do…while 循环是先执行后判断，所以即使开始条件为假，循环体也至少会被执行一次。

(3) 使用 while 及 do…while 循环，循环变量的初始化应在循环开始之前进行，而 for 语句的循环变量初始化在表达式 1 进行。

(4) 使用 while 及 do…while 循环，应在循环体中对循环变量的值进行改变，而 for 语句的循环变量的改变是在表达式 3 进行的。

(5) 选择三种循环的一般原则为：如果循环次数已知，用 for 循环；如果循环次数未知，用 while 或 do…while 循环；如果循环体至少要执行一次，用 do…while。

(6) for 循环的循环功能最强。

(7) 三种循环都可用 break 语句终止循环,用 continue 语句结束本次循环。

4.5 break 与 continue 语句

4.5.1 break 语句

在 4.3 节的 switch 语句以及 4.4 节的循环语句中已经简单使用了 break 语句,break 语句可以改变程序的控制流。break 语句用于 switch 语句时,可以使程序跳出 switch 语句;用于 do…while、while、for 循环语句中时,可以使程序终止循环而执行循环后面的语句。break 语句在循环中使用时通常与条件语句一起使用。若条件值为真,则执行 break 语句,跳出循环,控制流转向循环后面的语句。如果已执行 break 语句,则直接跳出并结束循环,不会执行循环体中位于 break 语句后的语句。在多层嵌套循环中,一个 break 语句只能向外跳一层。

例如,以下三个例子均为死循环,使用了 break 语句分别跳出 for 循环、while 循环及 do…while循环,当 x 等于 10 的时候执行 break 语句结束循环。

(1) 跳出 for 循环。

```
for(;;)
{
    if(x==100)
        break;
}
```

(2) 跳出 while 循环。

```
while(1)
{
    if(x==100)
        break;
}
```

(3) 跳出 do…while 循环。

```
do
{
    if (x==100)
        break;
}while (1);
```

【例 4.35】 输入一行字符统计其中的字符个数,当遇到空格符时认为一行字符结束。

```
#include<stdio.h>
void main()
```

```
{
    int count=0;
    char c;
    printf("请输入一行字符:\n");
    while(c=getchar())
    {
            if(c==' ')
                break;
            count++;
    }
    printf("共有%d个字符。\n",count);
}
```

程序运行结果:

```
请输入一行字符:
abc aaa↙
共有3个字符。
```

程序提示

① 循环条件为 c=getchar(),每次输入一个字符,这个条件相当于为恒真的,因此这个循环为死循环。

② c=getchar()放在循环条件中,每次判断循环条件时即执行该语句,当然也可以把此语句放在循环体中,将循环条件换为一恒真的条件即可,请读者自己修改。

③ 在循环体中如果 c 不是空格,不执行 if 语句,则执行 count++,把字符的个数加 1。

④ 当 c 为空格,即 c==' '为真,执行 break,退出循环。其流程图如图 4.22 所示。

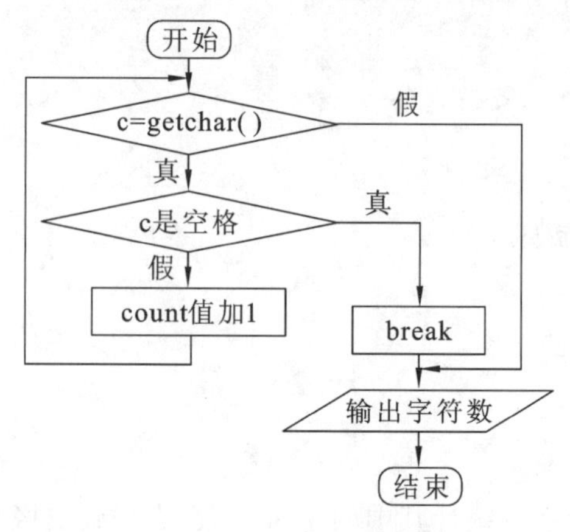

图 4.22　例 4.35 流程图

使用 break 语句时应注意以下几点。

(1) break 语句只能用于 switch 结构或循环结构,并通常作为 if 语句的内嵌语句。

(2) 在循环语句嵌套使用的情况下,break 语句只能跳出(或终止)它所在的循环,而不能同时跳出(或终止)多层循环,例如:

```
while(1)
{
  while(1)
  {
    …①
    break;
    …②
  }
    …③
}
```

在此嵌套循环中,执行语句①后执行 break 语句,不会执行语句②,执行 break 语句后跳出内层循环,接着执行语句③。

4.5.2 continue 语句

continue 语句只能用在循环里,其作用是结束本次循环,跳过循环体中剩余的语句而执行下一次循环,即终止当前这一轮循环,跳过循环体中位于 continue 后面的语句而立即开始下一轮循环。对于 while 和 do…while 来说,这意味着跳过循环体中剩余的语句,立即返回判断循环条件,根据循环条件的真假决定是否开始下一次的循环;而对于 for 语句来说,则意味着跳过循环体中剩余的语句,立即求解表达式 3,并判断表达式 2 的真假。

continue 语句与 break 语句的区别在于 continue 语句只结束本次循环,开始下一次的循环;而 break 语句是结束整个循环。例如,下面第一个程序中,当 i= = 5 为真时,执行 continue 语句,程序跳过循环体中剩余的语句,返回循环的开始,判断循环条件 i< 10 的真假,从循环开始重新执行;第二个程序当 i= = 5 为真时,执行 break 语句,跳出循环。

```
while(i<10)
{
  ……
  if(i==5)
     continue;
  ……
}
```

```
while(i<10)
{
  ……
  if(i==5)
     break;
  ……
}
```

【例 4.36】 求 100 到 300 之间不能被 4 整除的数之和(见图 4.23)。

```
#include<stdio.h>
void main()
{
       int i,sum=0;
       for(i=100;i<=300;i++)
```

```
        {
            if(i%4==0)
              continue;
            sum+=i;
        }
    printf("sum=%d \n",sum);
    }
```

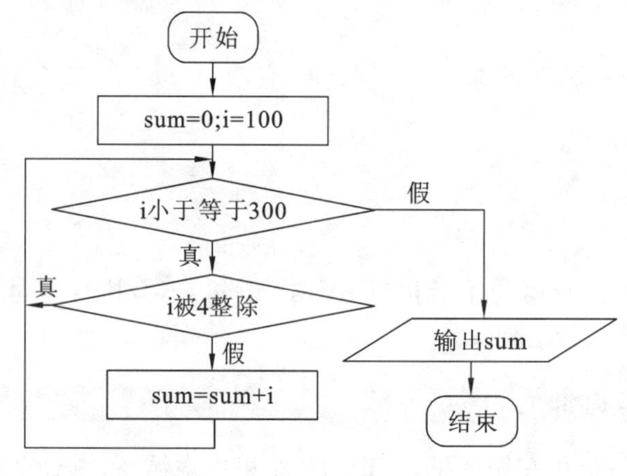

图 4.23　例 4.36 流程图

程序运行结果：

```
sum=30000
```

程序提示

① 程序中如果删除 if 语句就相当于求 100 到 300 之间所有数的和。

② 求 100 到 300 之间不能被 4 整除的数的和时，先判断 i % 4= = 0，当其值为真时，执行 continue 语句，此时跳过 sum+ = i 语句，重新返回循环的开始，相当于 i 能被 4 整除时，不执行 sum+ = i 语句，不进行加法运算。

4.6 程序实例

【例 4.37】 求 m 和 n 的最大公约数，请画出流程图(见图 4.24)。

流程分析：

① 输入 m 与 n 的值，m 比 n 大。

② 求解 m 除以 n 的余数，用 r 表示，若 r 为 0，则 n 为最大公约数。

③ 否则令 m 的值为 n，n 的值为 r，返回继续求解 m 除以 n 的余数。

④ 具体程序请读者根据流程图自己实现。

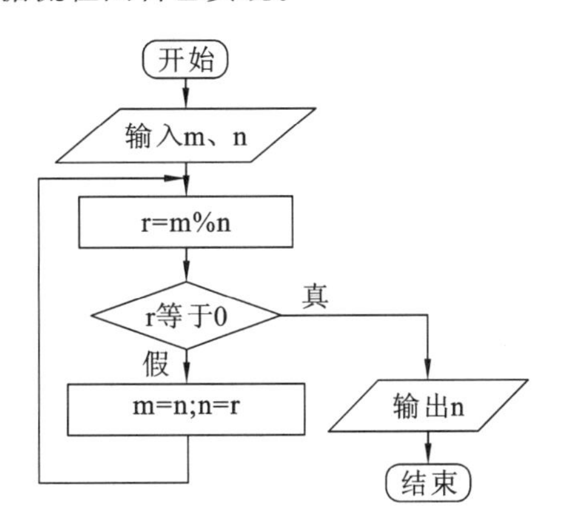

图 4.24 例 4.37 流程图

【例 4.38】 请用伪代码实现:从键盘输入某一年份,判断此年是否为闰年。

```
begin
  input year
  if  year不能被4整除
  print  year“不是闰年”
  else
    if  year不能被100整除
          print  year“是闰年”
      else
          if  year能被400整除
              print  year“是闰年”
      else
        print  year“不是闰年”
      end if
    end if
  end if
end
```

程序提示

① 闰年的条件是:能被 4 整数,但不能被 100 整除的年份为闰年;能被 100 整除,又能被 400 整除的年份是闰年。

② if…else 语句为分支语句,相当于流程图中菱形部分的实现,根据条件的真假选择执行 if 后面的语句还是执行 else 后面的语句。

③ 具体程序请读者根据伪代码自己实现。

【例 4.39】 输入一个 5 位数,判断它是否为回文数。回文数是个位与万位相同、十位与

千位相同的数。例如，12321是回文数，其个位与万位相同，十位与千位相同。

程序分析：判断回文数需要比较个位与万位、十位与千位，因此必须首先从5位数中把万位、千位、十位、个位的数字提取出来，然后再进行比较，比较的时候用条件语句即可。

```
#include<stdio.h>
void main()
{
    int w,q,s,g,m;
    printf("请输入一个5位数\n");
    scanf("%d",m);
    w=m/10000;                  /*取万位*/
    q=m%10000/1000;             /*取千位*/
    s=m%100/10;                 /*取十位*/
    g=m%10;                     /*取个位*/
    if(w==g && q==s)
        printf("此数是回文数\n");
    else
        printf("此数不是回文数\n");
}
```

程序运行结果：

```
12321↙
此数是回文数
```

程序提示

① 定义5个变量w、q、s、g、m分别表示万位、千位、十位、个位及输入的5位数。

② m/10000的结果为万位数字，两个整数做除法即为取商运算。

③ m%10000/1000的结果为千位数字，m%10000是m对10000取余数，即取得m的后四位，再把m%10000除以1000，相当于取到了千位。

④ m%100/10的结果为十位数字，运算原理与千位相同。

⑤ m%10的结果是个位数字。

例如，若m=12345，则m/10000=1；m%10000=2345，m%10000/1000=2345/1000=2；m%100=45，m%100/10=45/10=4；m%10=5。

⑥ 使用if…else语句，判断此数是否为回文数，条件语句的条件为w==g&&q==s，当其值为真时，执行if分支语句，输出"此数是回文数"；当其值为假时，执行else分支语句，输出"此数不是回文数"。

【例4.40】 编写一个简单的计算器，实现两个整型数的四则运算。

程序分析：要进行两个整数的加减乘除运算，两个操作数及操作符都需要用户输入，显然根据用户输入的操作符的不同要选择相应的运算。程序中要判断用户输入的是哪种运算符，因此必须使用条件语句。

程序 1：

```
#include< stdio.h>
void main()
{
    int a,b;
    double r;
    char op;
    printf("输入操作数 1,运算符,操作数 2:\n ");
    scanf("%d%c%d",&a,&op,&b);
    switch(op)
    {
        case'+':r=a+b;                                  /*加法计算*/
             printf("%d+%d=%f\n",a,b,r);
             break;
        case'-':r=a-b;                                  /*减法计算*/
             printf(" %d-%d=%f\n",a,b,r);
            break;
        case '*':r=a*b;                                 /*乘法计算*/
             printf("%d×%d=%f\n",a,b,r);
            break;
        case'/':                                        /*除法计算*/
                if(b==0)
                    printf("除数不能为 0\n");
                else
                {
                 r=a*1.0/b;
                 printf(" %d/%d=%f\n",a,b,r);
                }
               break;
        default:printf("\n 运算符错误!");
    }
}
```

程序运行结果：

```
输入操作数 1,运算符,操作数 2:
4/0↙
除数不能为 0
```

程序提示

① 程序 1 使用了 switch…case 语句实现了条件分支，根据输入的符号不同分成了 5 个分支，分别表示输入的符号为“＋”、“－”、“＊”、“\”及其他非法操作符。

② 定义了变量 r 用于表示计算结果,因为有除法运算,因此将 r 定义为 double 类型。

③ 做除法运算中嵌入了 if 语句,用于判断输入的除数是否为 0,如果除数为 0,只提示除数错误,不进行计算。

④ 如果输入的符号是加减乘除之外的符号,则执行 default 分支。

⑤ 进行除法运算的语句为 r=a * 1.0/b,之所以要乘以 1.0 是因为 a 与 b 都是整型数据,两个整型数的除法为取商,故仍为整数,而 1.0 为浮点型数据,乘以 1.0 就会正常做除法运算。

本例也可以用多重 if 语句实现,其具体程序如下。

程序 2:

```
#include< stdio.h>
void main()
{
    int a,b;
    double r;
    char op;
    printf("输入操作数 1,运算符,操作数 2:\n ");
    scanf("%d%c%d",&a,&op,&b);
    if(op=='+')                                    /*加法计算*/
    {
      r=a+b;
      printf("%d+%d=%f\n",a,b,r);
    }
    else if(op=='-')                               /*减法计算*/
    {
      r=a-b;
      printf("%d-%d=%f\n",a,b,r);
    }
    else if(op=='*')                               /*乘法计算*/
    {
      r=a*b;
      printf("%d*%d=%f\n",a,b,r);
    }
    else if(op=='/')                               /*除法计算*/
    {
      if(b==0)
        printf("除数不能为 0\n");
      else
      {
```

```
        r=a*1.0/b;
        printf("%d/%d=%f\n",a,b,r);
      }
    }
    else
      printf("操作符错误\n");
}
```

程序提示

除法语句的 else if 分支语句里嵌套了一个 if…else 语句,用于判断余数是否为 0。

【例 4.41】 猴子第一天摘了若干个桃子,当即吃了一半,还不过瘾,又多吃了一个。第二天又将剩下的桃子吃了一半,又多吃了一个。以后每天都吃掉前一天剩下的一半零一个。到第十天想吃时,只剩下一个桃子了。问第一天共摘了多少桃子?

程序分析:

设 x1 为前一天吃的桃子数,设 x2 为第二天吃的桃子数,则有 x2=x1/2-1,因此 x1=(x2+1)*2;

设 x3 为第三天吃的桃子数,则有 x3=x2/2-1,因此 x2=(x3+1)*2;

依此类推,$x_{前一天}=(x_{后一天}+1)*2$;

现有 x10=1,需要反推出 x1 即可,可以使用 9 个算式进行反推,但这样效率太低。解算本题更好的办法是使用循环结构。

```
#include<stdio.h>
void main()
{
  int x,s1,s2;
  x=1;
  s2=1;
  while(x<=9)
  {
    s1=(s2+1)*2;
    s2=s1;
    x++;
  }
  printf("第一天摘的桃子数为% d\n",s1);
}
```

运行结果:

```
第一天摘的桃子数为 1534
```

程序提示

① 从之前的分析可推导出公式为 $x_{前一天}=(x_{后一天}+1)*2$，定义变量 s1、s2 分别表示前一天和后一天的桃子的个数，则可以写成 s1=(s2+1)*2 的形式。

② 已知第 10 天的桃子数为 1，即 s2 的初始值为 1，要推出第一天的桃子数，只需反推 9 步即可。

③ 令 x 表示反推的次数，x 的初始值为 1，循环条件为 x<=9，保证循环的执行次数为 9 次。

④ 每次计算出 s1，则执行 s2=s1，为下一次的计算赋初值。

【例 4.42】 猜数游戏。随机生成一个 1 至 100 之间的待猜的数，假设最多能猜 10 次，如果 10 次内猜中，则提示“你太聪明了！”，如果 10 次仍没有猜中，则提示“继续努力吧！”。

程序分析：显然本题目必须使用循环来实现，循环最多执行 10 次，但中间如果猜中了则能够提前结束循环，因此要用 break 语句退出循环。对于循环条件既可以为判断循环次数是否大于 10，也可以为死循环。

```
#include<stdio.h>
#include<time.h>
#include<stdlib.h>
void main()
{
  int number,guess,i=0;
  srand(time(0));            ①
  number=rand()%100+1;       ②
  printf ("猜一个介于 1 与 100 之间的数\n");
  do
  {
      printf("请输入您猜测的数:");
      scanf("%d",&guess);
      if (guess>number)
          printf("太大\n");
      else if (guess<number)
          printf("太小\n");
      i++;                              /*变量 i 记录目前已猜的次数*/
      if(i==10||guess==number)  /*当猜够 10 次或者猜对时退出循环*/
          break;
  }  while (1);                         /*死循环*/
  if(guess==number)                     /*如果 guess 等于 number,说明猜对了*/
      printf("你太聪明了!\n");
  else
      printf("继续努力吧!\n");
}
```

程序运行结果：假设随机生成的为59。

```
一个介于1与100之间的数
请输入您猜测的数:57
太小
请输入您猜测的数:58
太小
请输入您猜测的数:59
你太聪明了!
```

程序提示

① 程序中的语句①和②为生成随机数的函数。rand()函数用于产生伪随机数，srand()函数用于提供种子。种子不同，产生的随机数序列也不同，所以通常先调用srand()函数。time(0)返回的是系统的时间(从1970.1.1午夜算起)，单位为秒。种子不同则产生的随机数相同的概率就很小了。rand()函数产生的随机数为0～65535之间的数，而本例要求产生1～100之间的数，所以number的值为rand()%100+1。

② #include<time.h>及#include<stdlib.h>为需要调用的两个头文件。srand()函数及rand()函数定义在头文件<stdlib.h>中，time()函数定义在头文件<time.h>中。

③ 循环体中输入一个猜测的数guess，并判断guess与number的关系，并提示猜测的数是过大还是过小。

④ 本程序的循环为死循环，如果猜的次数达到10次或者猜对了，则使用break语句退出循环。

⑤ 定义变量i来记录已经猜测的次数，初始值为0，每猜一次，此值即加1。

【例4.43】 国际象棋棋盘有64格，若在第1格中放1粒谷，第2格中放2粒谷，第3格中放4粒谷，第4格中放8粒谷，如此一直放到第64格。假设2 000 000粒谷有一吨重，问需要多少吨谷才够放？

程序分析：

格数：　　1、2、3、4、…、64

每格粒数：1、2、4、8、…、?

总粒数：　1、3、7、15、…、?

规律：每一格谷子的粒数应为前一格谷子粒数的2倍，每一格总粒数应为前一格总粒数加上当前格的粒数，因此可以使用循环来实现。

```
#include< conio.h>
voidmain()
{
    int i;
    float n,s;
    i=1;
```

```
        n=1.0;
        s=1.0;
        for(i=2;i<=64;i++)
        {
            n=n*2;
            s=s+n;
        }
        printf("吨数为%f\n",s/2000000);
    }
```

程序运行结果：

```
吨数为 922337293654.775400
```

程序提示

① n 表示每格的谷子粒数，初始值为 1，第一格谷子为 1 粒，以后每格的谷子粒数为前一格的 2 倍，因此语句为 n=n*2。

② 定义变量 s 表示谷子的粒数的总和，s 的初始值为 0，循环中每次把当前格子的谷子粒数累加到 s 中。

【例 4.44】 求方程 $ax^2+bx+c=0$ 的根，a、b、c 从键盘输入，如果 $b^2-4ac<0$，则不考虑。

程序分析：

(1) a=0，不是二次方根。

(2) $b^2-4ac=0$，有两个相等的实根。

(3) $b^2-4ac>0$，有两个不相等的实根。

(4) $b^2-4ac<0$，不考虑这种情况。

```
#include<stdio.h>
#include<math.h>
void main()
{
    float a,b,c,x1,x2,r;
    printf("请输入 a、b、c 的值\n");
    scanf("%f,%f,%f",&a,&b,&c);
    if(fabs(a)<=1e-6)                              /*fab 为取绝对值*/
        printf("a 的值小于 0\n");
    else
    {
        r=b*b-4*a*c;
        if(fabs(r)<=1e-6)
    {
        x1=-b/2*a;
```

```
        printf("两个根相等,其值为% f\n",x1);
    }
    else if(r>1e-6)
    {
        x1=(-b+sqrt(r))/(2*a);          /*fab为取平方根*/
        x2=(-b-sqrt(r))/(2*a);
        printf("两个根的值为%f,%f\n",x1,x2);
    }
    else
        printf("本题目不考虑此情形\n");
  }
}
```

程序运行结果：

```
请输入a、b、c的值
输入:1,-4,4
输出:两个根相等,其值为2.000000
```

程序提示

① 本例中使用了嵌套的if…else语句，外层if…else语句判断a是否小于0，如果a不小于0，则执行else分支语句。

② 外层else分支语句中嵌套了多重if语句，分为三个分支，分别表示$b^2-4ac=0$、$b^2-4ac>0$、$b^2-4ac<0$三种情形。

③ 浮点数与0比较时即与一个无限小的数比较，本例使用1e-6。

【例4.45】 利用循环结构程序设计的方法，输出以下图形。

程序分析：从图形来看，本图形共有8行，第一行有1个星号，第二行有3个星号，第三行有5个星号，…，第八行有15个星号，总结星号与行号的关系，可以得到每行的星号个数恰好为行号的2倍减1。如果仅仅考虑到这里，读者编程序实现后会发现输出的图形仍然与题目中的要求不同，那是因为每一行除了星号，还需要考虑空格的个数。仔细观察可以发现，第一行星号的前面要有7个空格，第二行星号前要有6个空格，第三行星号前要有5个空格，…，最后一行没有空格，可以总结每行空格的个数为8－行号。综合考虑每行的空格及星号个数就可以实现本程序。

```
#include<stdio.h>
void main()
{
    int i,j;
```

```
    for(i=1;i<=8;i++)                /*外层循环控制行号*/
    {
       for(j=1;j<=8-i;j++)           /*内层第一个循环,控制空格数* /
         printf(" ");
       for(j=1;j<=2*i-1;j++)         /*内层第二个循环,控制星号数*/
         printf("*");
       printf("\n");
    }
}
```

程序提示

① 本程序使用了嵌套的 for 循环,当然读者也可以用 while 或 do…while 循环实现。

② 外层循环表示行数,循环共执行 8 次,输出 8 行。

③ 外层循环中嵌套了两个循环,前一个内层循环用来输出空格,每行输出的空格数为 8－i(i 为当前的行号),这个循环共执行 8－i 次,每次打印一个空格。

④ 后一个内存循环用于输出星号,每行输出的星号个数为 2＊i－1(i 为当前的行号),这个循环共执行 2＊i－1 次,每次输出一个星号。

4.7 实训项目四:控制结构程序设计

实训目标

(1) 熟练掌握顺序结构。

(2) 熟练掌握条件结构,包括 if 语句及 switch 语句。

(3) 熟练掌握循环结构,包括 while、do…while 及 for 语句。

(4) 掌握 break 及 continue 语句。

实训内容

(1) 输入 5 个数,求其中的最小数。请设计实现本程序的算法,用流程图或伪代码描述。

提示:可定义一个变量 min 表示最小数,初始把 min 的值赋值为第 1 个数,然后把 min 依次与第 2 个数、第 3 个数、第 4 个数、第 5 个数比较,如果 min 比当前的数小,则为 min 赋值,否则不改变 min 的值。

(2) 求 100 以内的所有素数。请设计实现本程序的算法,用流程图或伪代码描述。

提示:参照例 4.3。例 4.3 为判断 1 个数是否为素数,本例只需加入循环,分别依次判断 1,2,…,100 即可。

(3)从键盘任意输入一整数,判断其是否能同时被 2 与 3 整除。请设计实现本程序的算法,用流程图或伪代码描述。

提示:使用分支语句,使用运算符"&&"判断是否能同时被 2 与 3 整除。

(4) 从键盘输入长方形的长与宽,编程序计算其面积并输出。

提示:此程序为顺序结构,先定义变量表示长、宽、面积,再从键盘输入长与宽,然后计算面积并输出面积。

(5) 编程实现从键盘输入两个数 m 与 n,求其最大公约数。

提示:把例 4.37 的流程图转换为实际程序即可。

(6) 从键盘输入一个字母,如果其为大写字母,则输出对应的小写字母;如果输入的为小写字母,则输出对应的大写字母。

提示:参照例 4.9。首先判断输入的是小写字母还是大写字母,然后再进行相应的转换。判断一个字符是小写的方法为:假设待判断的字符为 c,'a'<=c && c<='z',同理再判断 c 是否为大写字母。

(7) 任意输入 3 个数,按从小到大的顺序输出。

提示:参照例 4.13。

(8) 任意输入 4 个数,按从大到小的顺序输出。

提示:假设待判断的 4 个数为 a、b、c、d,首先按照例 4.13 的方法把 a、b、c 排序,然后再把 d 与 a、b、c 分别比较。

(9) 输入一个整数,将其数值按小于 10、10～99、100～999、1000 以上进行分类并显示。例如,输入 358 时,显示 358 is 100 to 999。

提示:使用 switch…case 语句或者多重 if 语句。

(10) 编程序输出 1900～2050 间的所有闰年的年份。

提示:参照例 4.38。例 4.38 为判断某一年是否为闰年,本例需要加入循环,分别判断 1900～2050 之间的每一年是否为闰年。

(11) 编一个程序,利用数组求斐波那契(Fibonacci)序列:1,1,2,3,5,8,…。请输出前 30 项。斐波那契序列满足关系式:F[n]=F[n-1]+F[n-2]。

提示:定义变量 f1、f2,其初始值为 1,分别表示前两项。以后各项的值计算方法为:f=f1+f2,f1 表示当前项的前一项,f2 表示当前项的前两项,使用循环计算数列的各项。每个循环都重新为 f1、f2 赋值。

(12) 计算 $1+x/1!+x^2/2!+x^3/3!+\cdots+x^n/n!$ 的值,x 从键盘输入。

提示:第 0 项是 1,第一项是 x/1,第二项是(x×x)/(1×2),第二项/第一项=x/2;第二项是(x×x)/(1×2),第三项是(x×x×x)/(1×2×3),第三项=第二项×(x/3);……第 n-1项是 $x^n-1/(n-1)!$,第 n 项是 $x^n/n!$,则第 n 项=第 n-1 项×(x/n)。现要计算求和,必须先求出第 n 项的值:s(n)=s(n-1)×x/n,使用循环实现即可。

(13) 求数列的和。设数列的首项为 81，以后各项为前一项的平方根（如 81，9，3，1.732，…），求前 20 项和。

提示：后一项＝前一项的开平方，由于 sqrt()函数为计算平方根的函数，故可调用头文件＜math. h＞。

(14) 将 1 到 100 之间的不能被 3 整除的数及其和输出。

提示：使用 continue 语句即可。

(15) 编写程序输出以下图案。

```
   *
  ***
 *****
*******
 *****
  ***
   *
```

提示：使用嵌套循环，外层循环控制行号，内层循环控制空格的个数及星号的个数。

4.8 错误提示

错误 1：顺序语句中每条语句结束必须有分号。

错误 2：if 语句条件表达式判断是否相等的符号为"＝＝"，例如：

```
if(a=b)
   printf("a与b相等\n");
```

错误分析："＝"为赋值运算符，"＝＝"为关系运算符。

错误 3：if 语句的 if 分支的后面没有分号，例如：

```
if(a==b);
  printf("a与b相等\n");
```

错误分析：对于初学者来说，分号往往弄错，不是缺少分号就是滥用分号，只有一条语句的结束才会使用分号，如果 if 条件后面加上分号，由于遇到分号认为 if 语句已结束，则相当于当 a 与 b 相等时，什么也不执行。

错误 4：else 分支后没有分号，例如：

```
if(a==b)
    printf("a与b相等\n");
else;
    printf("a与b不相等\n");
```

错误分析：如果 else 条件后面加上分号，由于遇到分号认为 else 语句已结束，则相当于当 a 与 b 不相等时，什么也不执行。

错误 5：if 分支者 else 分支需要执行多条语句时必须把多条语句放在{}中作为语句块。

错误 6：switch…case 语句中每条 case 语句后为“：”。

错误 7：switch…case 语句中每条 case 后为一常量。

错误 8：switch…case 语句中一条 case 语句执行完毕不再执行后续语句，必须用 break 语句，例如：

```
switch(i)
{
    case 1:printf("值为 1;");
    case 2:printf("值为 2;");
           break;
}
```

错误分析：错误例子中的语句，当 i 的值为 1 时，将输出“值为 1；值为 2”。

错误 9：while 语句中条件表达式的小括号后面没有分号。

错误 10：while 循环体如果执行多条语句，则必须把这些语句放在{}中。例如：

```
while(i<5)
      printf("%d",i);
      i++;
```

错误分析：错误中的 while 语句循环体只有 printf 语句，因此本循环只执行 printf 语句，循环将无法退出。

错误 11：while 循环一定要注意为循环变量赋初值，循环体中要改变循环变量的值。例如：

```
while(i< 5)
  {
    ⋮
  }
```

错误分析：错误中的 while 语句循环体没有改变循环变量的值，因此循环将不会结束。

错误 12：do…while 循环的循环条件的圆括号后面要有分号。

错误 13：for 循环的圆括号中的各个表达式之间用分号隔开。例如，下面程序中用逗号隔开就是错误的。

```
for(i=1,i<10,i++)
{
    ⋮
}
```

习 题 4

一、选择题

1. 选择结构程序设计的特点是________。

A. 自上向下逐个执行

B. 根据判断条件，选择其中一个分支执行

C. 反复执行某些程序代码

D. 以上都是

2. 下面的程序片段所表示的数学函数关系是________。

```
if(x<0)y=-1;
if(x>0)y=1;
else y=0;
```

A. $y=\begin{cases}-1,x<0,\\0,x=0,\\1,x>0\end{cases}$　　B. $y=\begin{cases}1,x<0,\\-1,x=0,\\0,x>0\end{cases}$

C. $y=\begin{cases}0,x<0,\\-1,x=0,\\1,x>0\end{cases}$　　D. $y=\begin{cases}-1,x<0,\\1,x=0,\\0,x>0\end{cases}$

3. 下列各语句序列中，能够且仅输出整型变量 x、y 中最小值的是________。

A. `if(x<y) printf("%d\n",x);printf("%d\n",y);`

B. `printf("%d\n",y);if(x<y) printf("%d\n",x);`

C. `if(x<y) printf("%d\n",x);else printf("%d\n",y);`

D. `if(x<y) printf("%d\n",x);printf("%d\n",y);`

4. 以下程序段

```
int x=2,y=6,max;
max=(x>y)? x:y;
printf("%d",max);
```

的输出结果是________。

A. 4　　B. 6　　C. 2　　D. 8

5. 下列语句将小写字母转换为大写字母，其中正确的是________。

A. `if(c>='a'&c<='z') c=c-32;`　　B. `if(c>='a'&&c<='z')c=c-32;`

C. `c=(c>='a'&&c<='z')?c-32:";`　　D. `c=(c>'a'&&c<'z')? c-32:c;`

6. for(s=1;s<9;s+=2);该循环共执行了是________次。

A. 7　　B. 4　　C. 9　　D. 10

7. i、j 已定义为 int 类型，则以下程序段中内循环体的执行次数是________。

```
for(i=5;i;i--)
for(j=0;j<4;j++)
{…}
```

A. 20　　B. 24　　C. 25　　D. 30

8. 假设输入数据:2,4,则以下程序的运行结果为________。

```
#include<stdio.h>
void main()
{     int s=1,t=1,a,n;
      scanf("%d,%d",&a,&n);
      for(int i=1;i<n;i++)
      {
          t=t*10+1;
          s=s+t;
      }
      s*=a;
      printf("%d\n",s);
}
```

A. 2468　　B. 1234　　C. 4936　　D. 617

9. 执行完循环 for(i=1;i<99;i++);后,i 的值为________。

A. 99　　B. 100　　C. 101　　D. 102

10. 以下 for 语句中,书写错误的是 ________。

A. `for(i=1;i<5;i++);`　　B. `i=1;for(;i<5;i++);`

C. `for(i=1;i<5;) i++;`　　D. `for(i=1,i<5,i++);`

11. `int a=1,x=1;`循环语句 `while(a<10) x++;a++;`的循环执行 ________。

A. 无限次　　B. 不确定次　　C. 10 次　　D. 9 次

12. 下列程序段执行后 s 的值为________。

```
int i=1,s=0;
while(i++)  if(! (i%3)) break;
else s+=i;
```

A. 2　　B. 3　　C. 6　　D. 以上均不是

二、阅读程序,写出运行结果

```
1. void main ()
   {
     int a=10,b=4,c=3;
     if(a<b)  a=b;
     if(a<c)  a=c;
     printf("%d,%d,%d\n",a,b,c);
   }
```

运行结果为________。

```
2. void main ()
   {
     int x=10,a=10,b=26,c=2,d=0;
```

```
        if(a<b)
          if(b!=15)
             if(!c)  x=1;
             else if(d)x=10;
             else x=-1;
        printf("%d\n",x);
    }
```

运行结果为________。

```
3. void main()
   {
      int a=1,b=0;
      switch (a)
      {
          case 1:b+=1;
          case 2:b+=2;
          default:b+=3;
      }
      printf("%d",b);
   }
```

运行结果为________。

```
4. void main()
   {
       char c;
       scanf("%c",&c);
       if('a'<=c&&c<='z')
         printf("%c是小写字母",c);
       else if('A'<=c&&c<='Z')
         printf("%c是大写字母",c);
       else if('0'<=c&&c<='9')
         printf("%c是数字",c);
   }
```

假设输入为 m,运行结果为________。

```
5. void main()
   {
       int i,s,t=1;
       s=0;
       for(i=1;i<=3;i++)
       {
          t=t*i;
          s=s+t;
       }
       printf("sum=%d\n",s);
   }
```

运行结果为________。

```
6. void main ()
   {
     int i=5;
     do
     {
           switch (i%2)
           {
              case 4:i--;break;
              case 6:i--;continue;
           }
            i--;  i--;
            printf("i=%d",i);
     } while(i>0);
   }
```

运行结果为________。

```
7. void main()
   {
      int k=0;char c='A';
      do
      {
        switch (c++)
        {
            case 'A':k++;break;
            case 'B':k--;
            case 'C':k+=2;break;
            case 'D':k=k%2;break;
            case 'E':k=k*10;break;
            default:k=k/3;
        }
        k++;
      }
      while(c<'G');
      printf("k=%d\n",k);
   }
```

运行结果为________。

三、填空题

1. 该程序的功能是根据以下函数关系式计算 y 的值,并输出 y 的值。

$$y=\begin{cases}x^2+1, x<-1,\\ x^3, -1\leqslant x\leqslant 1,\\ 0, x>1.\end{cases}$$

```
#include<stdio.h>
void  main()
{
    float x,y;
    scanf("%f",&x);
    if (x<-1)
    ________;
    else if(________)
    y=x*x*x;
    ________
      y=0;
    printf("%f",y);
}
```

2. 下面程序的功能是求数组所有元素的和。

```
#include<stdio.h>
void main()
{    int sum,p;
     int b[5]={6,2,9,10,4};
     ________;
     for(________;p<5;p++)
         ________;
   printf("数组元素的和为%d\n",sum);
}
```

3. 输入若干个字符,分别统计数字字符的个数、英文字母的个数,当输入换行符时输出统计结果,运行结束。

```
#include<stdio.h>
void main()
{
   char ch;
   while(________!='\n')
   {
      if(ch>='0'&&ch<='9') s1++;
      if(ch>='a'&&ch<='z' || ________) s2++;
   }
}
```

第5章　函数

学习目标

- 了解函数的概念和定义形式
- 掌握有参函数的定义形式及无参函数的定义形式
- 掌握函数的嵌套调用
- 掌握函数的递归调用
- 掌握全局变量和局部变量

5.1　函数概念引入

在第1章中已经介绍过,C语言源程序是由函数组成的。虽然在前面各章的程序中都只有一个主函数 main(),但实用程序往往由多个函数组成。一个较大的程序一般应分为若干个程序模块,每个模块用于实现一个特定的功能。在C语言中,子程序的作用是由函数完成的。一个C语言程序可由一个主函数和若干个函数构成。由主函数调用其他函数,其他函数也可以互相调用。

由于采用了函数模块式的结构,C语言易于实现结构化程序设计,使程序的层次结构清晰,便于程序的编写、阅读、调试。

5.1.1　模块化程序设计思想

在程序设计过程中,为了有效地完成任务,正确的做法是把所要完成的任务分割成若干相对独立但相互仍有联系的任务模块。

这样的任务模块还可以继续细分成更小的模块。直至那些小模块的任务变得相对单纯,对外的数据交换相对简单、容易编写、容易检测、容易阅读和维护。

C语言中,使用函数来实现被细分了的各个模块的代码。一些常用的函数(含宏)由系统提供。也允许用户根据任务的需要,自行编写函数,并正确使用这些函数。

5.1.2　函数的分类

在C语言中可从不同的角度对函数进行分类。

从函数定义的角度看,函数可分为库函数和用户自定义函数两种。

(1) 库函数:由C语言系统提供,用户无须定义,也不必在程序中作类型说明,只需在程序前包含有该函数原型的头文件即可在程序中直接调用。在前面各章的例题中反复用到的printf、scanf、getchar、putchar等函数均属此类。

(2) 用户自定义函数:由用户按需求编写的函数。对于用户自定义函数,不仅要在程序中定义函数本身,而且在主调函数模块中还必须对该被调函数进行类型说明,然后才能使用。

C语言的函数兼有其他语言中的函数和过程两种功能,从这个角度看,又可把函数分为有返回值函数和无返回值函数两种。

(1) 有返回值函数:此类函数被调用执行完后将向调用者返回一个执行结果,称为函数返回值,如数学函数即属于此类函数。由用户定义的这种需要返回函数值的函数,必须在函数定义和函数说明中明确返回值的类型。

(2) 无返回值函数:此类函数用于完成某项特定的处理任务,执行完成后不用向调用者返回函数值。这类函数类似于其他语言的过程。由于函数无须返回值,用户在定义此类函数时可指定它的返回为"空类型",空类型的说明符为"void"。

从主调函数和被调函数之间数据传送的角度,又可将函数分为无参函数和有参函数两种。

(1) 无参函数:函数定义、函数说明及函数调用中均不带参数。主调函数和被调函数之间不进行参数传送。此类函数通常用于完成一组指定的功能,可以返回或不返回函数值。

(2) 有参函数:也称为带参函数。在函数定义及函数说明时都有参数,称为形式参数(简称为形参)。在函数调用时也必须给出参数,称为实际参数(简称为实参)。在进行函数调用时,主调函数将把实参的值传递给形参,供被调函数使用。

另外,C语言提供了极为丰富的库函数,这些库函数又可从功能角度作以下分类。

(1) 字符类型分类函数:用于对字符按ASCII码分类,包括字母、数字、控制字符、分隔符等。

(2) 转换函数:用于字符或字符串的转换,或者在字符量和各类数字量(整型、实型等)之间进行转换,以及在大、小写之间进行转换。

(3) 目录路径函数:用于文件目录和路径操作。

(4) 诊断函数:用于内部错误检测。

(5) 图形函数:用于屏幕管理和各种图形功能。

(6) 输入/输出函数:用于完成输入/输出功能。

(7) 接口函数:用于与DOS、BIOS和硬件的接口。

(8) 字符串函数:用于字符串操作和处理。

(9) 内存管理函数:用于内存管理。

(10) 数学函数:用于数学函数计算。

(11) 日期和时间函数:用于日期、时间的转换操作。

(12) 进程控制函数:用于进程管理和控制。

(13) 其他函数:用于其他各种功能。

以上各类函数不仅数量多,而且有的还需要硬件知识才会使用,因此要想全部掌握则需要一个较长的学习过程。故应首先掌握一些最基本、最常用的函数，再逐步深入学习。

5.2 函数定义的一般形式

在C语言中，所有的函数定义，包括主函数main在内，都是平行的。也就是说，在一个函数的函数体内，不能再定义另一个函数，即不能嵌套定义。但是函数之间允许相互调用，也允许嵌套调用，习惯上把调用者称为主调函数。函数还可以自己调用自己，称为递归调用。main函数是主函数，它可以调用其他函数，而不允许被其他函数调用。因此，C语言程序的执行总是从main函数开始的，完成对其他函数的调用后再返回到main函数，最后由main函数结束整个程序。一个C语言源程序必须也只能有一个主函数main。

Turbo C 2.0中所有的函数与变量在使用之前都必须说明。所谓说明是指说明函数是什么类型的函数，一般库函数的说明都包含在相应的头文件＜＊.h＞中。例如，标准输入/输出函数包含在stdio.h中，非标准输入/输出函数包含在io.h中，以后在使用库函数时必须先知道该函数包含在什么样的头文件中，在程序的开头用＃include ＜＊.h＞或＃include"＊.h"说明。只有这样，程序在编译和连接时Turbo C才能识别出它提供的是库函数，否则，系统将认为它是用户自己编写的函数而不能装配。

Turbo C 2.0对函数的定义采用ANSI规定的方式：

函数类型 函数名(数据类型 形式参数；数据类型 形式参数…)

{

函数体；

}

其中：函数类型和形式参数的数据类型为Turbo C 2.0的基本数据类型；函数体为Turbo C 2.0提供的库函数和语句，以及其他用户自定义函数调用语句的组合，并放在花括号中。需要指出的是，一个程序必须有一个主函数，其他用户定义的子函数可以是任意多个，这些子函数的位置也没有什么限制，既可以在main函数前，也可以在其后。Turbo C 2.0中所有函数都被认为是全局性的，而且是外部性的，即其可以被另一个文件中的任何一个函数调用。

1. 无参函数的定义形式

类型说明符 函数名( )

{

　　声明部分

　　语句

}

其中，类型说明符和函数名为函数头。类型说明符说明了本函数的类型，函数的类型实际上是函数返回值的类型，该类型说明符与前面介绍的各种说明符相同。函数名是由用户定义的标识符，函数名后有一个空括号，其中无参数，但括号不可少。{ }中的内容称为函数体。

函数体中的声明部分是对函数体内部所用到的变量的类型说明。

在很多情况下都不要求无参函数有返回值，此时函数类型符可以写为 void。例如：

```
void Hello()
{
printf ("Hello,world \n");
}
```

上例中，只把 main 函数改为 Hello 作为函数名，其余不变。Hello 函数是一个无参函数，当被其他函数调用时，可以输出“Hello,world”字符串。

2. 有参函数的定义形式

类型说明符 函数名(形式参数表)

{

声明部分

语句

}

有参函数比无参函数多了两项内容：其一是形式参数表，其二是形式参数类型说明。在形式参数表中给出的参数称为形式参数(简称形参)，它们可以是各种类型的变量，各参数之间用逗号间隔。在进行函数调用时，主调函数将赋予这些形式参数实际的值。同时，形参既然是变量当然必须进行类型说明。例如，定义一个函数，用于求两个数中的大数，可写成以下形式。

```
int max(a,b)
int a,b;
{
  if (a>b) return a;
  else return b;
}
```

其中：上述函数的第一行说明 max 函数是一个整型函数，其返回的函数值是一个整数，其形参为 a、b；上述函数的第二行说明 a、b 均为整型量。a、b 的具体值是由主调函数在调用时传递过来的。在{ }中的函数体内，除形参外没有使用其他变量，因此只有语句而没有变量类型说明。

上述这种定义方法称为传统格式，这种格式不易于编译系统检查，从而会引起一些非常细微而且难于跟踪的错误。ANSI C 的新标准中把对形参的类型说明合并到形参表中，称为现代格式。

例如，max 函数用现代格式可定义如下。

```
int max(int a,int b)
{
  if(a>b) return a;
  else return b;
}
```

现代格式在函数定义和函数说明时，给出了形式参数及其类型，这样在编译时易于对它们进行查错，从而保证了函数说明和函数定义的一致性。在 max 函数体中的 return 语句把 a(或 b)的值作为函数的值返回给主调函数。有返回值的函数中至少应有一个 return 语句。

【例 5.1】 利用函数求两个数中的最大数。

```
void main()
{
  int max(int a,int b);            /*对 max 函数进行说明*/
  int x,y,z;
  printf("输入两个数:\n");
  scanf("%d%d",&x,&y);
  z=max(x,y);                      /*调用 max 函数*/
  printf("最大数=%d",z);
}
int max(int a,int b)               /*对 max 函数进行定义*/
{
  if(a>b) return a;
  else  return b;
}
```

程序提示

程序的第 10 行至第 14 行为 max 函数的定义。进入主函数后，因为准备调用 max 函数，故先对 max 函数进行说明(见程序第 3 行)。函数定义和函数说明并不相同，在后面还要专门讨论。可以看出函数说明与函数定义中的函数头部分相同，但是末尾要加分号。程序第 7 行为调用 max 函数，并把 x、y 中的值传送给 max 函数中的形参 a、b。max 函数执行的结果 (a 或 b)将返回给变量 z。最后由主函数输出 z 的值。

5.3 函数的参数和函数的值

5.3.1 形式参数和实际参数

前面已介绍过，函数的参数分为形参和实参两种。在本小节中，将进一步介绍形参、实参的特点和两者的关系。形参出现在函数的定义中，在整个函数体内部都可以使用，离开该函数则不能使用。实参出现在主调函数中，进入被调函数后，实参变量也不能使用。形参和实参的功能是用于数据传输。发生函数调用时，主调函数把实参的值传送给被调函数的形参，从而实现主调函数向被调函数的数据传输。

函数的形参和实参具有以下特点。

(1) 形参变量只有在被调用时才分配内存单元，在调用结束时，立即释放所分配的内存单元。因此，形参只在函数内部有效。函数调用结束返回主调函数后则不能再使用该形参变量。

(2) 实参可以是常量、变量、表达式、函数等，无论实参是何种类型的量，在进行函数调用时，它们都必须具有确定的值，以便把这些值传送给形参。因此，应预先用赋值、输入等办法使实参获得确定值。

(3) 实参和形参的数量、类型和顺序应严格一致，否则会发生“类型不匹配”的错误。

(4) 函数调用中发生的数据传送是单向的，即只能把实参的值传送给形参，而不能把形参的值反向地传送给实参。因此，在函数调用的过程中，形参的值发生改变，而实参的值不会发生变化。

【例 5.2】 形式参数和实际参数应用实例。

```
int s(int n)                 /*函数的定义*/
{
  int i;
  for(i=n-1;i>=1;i--)
    n=n+i;
  printf("n=%d\n",n);
}
void main()
{
  int n;
  printf("输入 n 的值:\n");
  scanf("%d",&n);
  s(n);                      /*函数的调用*/
  printf("n=%d\n",n);
}
```

程序提示

例 5.2 的程序中定义了一个函数 s，该函数的功能是求 1 到 n 之和。在主函数中输入 n 值，并作为实参，在调用时传递给 s 函数的形参变量 n。需要注意的是，本例中的形参变量和实参变量的标识符都为 n，但这是两个不同的量，各自的作用域不同。在主函数中用 printf 语句输出一次 n 值，这个 n 值是实参 n 的值。在函数 s 中也用 printf 语句输出了一次 n 值，这个 n 值是形参最后取得的 n 值。从运行情况看，输入的 n 值为 100，即实参 n 的值为 100。把此值传递给函数 s 时，形参 n 的初始值也为 100，在执行函数过程中，形参 n 的值变为 5050。返回主函数之后，输出实参 n 的值仍为 100。可见实参的值不随形参的变化而变化。

5.3.2 函数的返回值

函数的返回值是指函数被调用之后，执行函数体中的程序段所取得的并返回给主调函数的值。例如，调用正弦函数取得的正弦值，调用例 5.1 中的 max 函数取得的最大数等。关于函数的值(或称函数返回值)应注意以下几点。

(1) 函数的值只能通过 return 语句返回主调函数。return 语句的一般格式如下。

return 表达式；

或

return (表达式)；

该语句的功能是计算表达式的值，并返回给主调函数。在函数中允许有多个 return 语句，但每次调用只能有一个 return 语句被执行，因此只能返回一个函数值。

(2) 函数值的类型和函数定义中函数的类型应保持一致。如果二者不一致，则以函数类型为准，自动进行类型转换。

(3) 如果函数值为整型，则在函数定义时可以省去类型说明。

(4) 不返回函数值的函数，可以明确定义为空类型，类型说明符为“void”。例如，例 5.2 中的函数 s()并不向主函数返回函数值，因此可定义为：

```
void s(int n){ ……}
```

一旦函数被定义为空类型后，就不能在主调函数中使用被调函数的函数值了。

5.4 函数的调用

5.4.1 函数调用的一般形式

在程序中是通过对函数的调用来执行函数体的，其过程与其他语言的子程序调用相似。C 语言中，函数调用的一般格式如下。

函数名(实际参数表)

对无参函数调用时则无实际参数表。实际参数表中的参数可以是常数、变量或其他构造类型数据及表达式，各实际参数之间用逗号分隔。

5.4.2 函数调用的方式

在 C 语言中，可以用以下几种方式调用函数。

(1) 函数表达式　函数作为表达式中的一项出现在表达式中，以函数返回值参与表达式的运算。这种方式要求函数是有返回值的。例如，z=max(x,y)是一个赋值表达式，它把 max 的返回值赋予变量 z。

(2) 函数语句　函数调用的一般形式加上分号即构成函数语句。例如：

```
printf ("% d",a);
scanf ("% d",&b);
```

都是以函数语句的方式调用函数的。

(3) 函数实参　函数作为另一个函数调用的实际参数出现。这种情况是把该函数的返回值作为实参进行传送,因此要求该函数必须是有返回值的。例如:

```
printf("% d",max(x,y));
```

即是把 max 调用的返回值又作为 printf 函数的实参来使用的。

在函数调用中,还应该注意的一个问题是求值顺序的问题。所谓求值顺序是指对实参表中各变量是自左至右使用还是自右至左使用。对此,各系统的规定不一定相同。下面从函数调用的角度再强调一下。

【例 5.3】 求值顺序的举例。

```
void main()
{
  int i=8;
  printf("%d%d%d%d",++i,--i,i++,i--);
}
```

如按照从右至左的顺序求值,例 5.3 的运行结果应为

```
8    7    7    8
```

如对 printf 语句中的"＋＋i,－－i,i＋＋,i－－"从左至右求值,例 5.3 的运行结果应为

```
9    8    8    9
```

程序提示

应特别注意的是,无论是从左至右求值,还是自右至左求值,其输出顺序都是不变的,即输出顺序总是和实参表中实参的顺序相同。由于 Turbo C 中限定是自右至左求值,所以结果为 8,7,7,8。

5.4.3　函数说明和函数原型

在主调函数中调用某函数之前应对该被调函数进行说明,这与使用变量之前要先进行变量说明是一样的。在主调函数中对被调函数作说明的目的是使编译系统能够识别被调函数返回值的类型,以便在主调函数中按此种类型对返回值作相应的处理。函数说明的一般格式如下。

类型说明符被调函数名(类型 形参,类型 形参…);

或

类型说明符被调函数名(类型 ,类型 …);

圆括号内给出了形参的类型和形参名,或者只给出形参的类型。这便于编译系统进行检错,以防止可能出现的错误。

【例 5.4】 main 函数中对 max 函数的说明如下。

```
int max(int a,int b);
```

或

```
int max(int ,int );
```

C语言中又规定在以下几种情况下可以省去主调函数中对被调函数的函数说明。

(1) 如果被调函数的返回值是整型或字符型时,可以不对被调函数进行说明,而直接调用。这时,系统将自动对被调函数返回值按整型处理。

(2) 当被调函数的函数定义出现在主调函数之前时,在主调函数中也可以不对被调函数再作说明而直接调用。例5.1中,函数max的定义放在main函数之前,因此,可在main函数中省去对max函数的函数说明int max(int a,int b);但有时候函数定义又可放在主函数main之后。

【例5.5】 函数调用的使用方法。

```
int max(int a,int b)                    /*对max函数进行定义*/
{
  if(a>b) return a;
  else  return b;
}
void main()
{
  int x,y,z;
  printf("input two numbers:\n");
  scanf("%d%d",&x,&y);
  z=max(x,y);                           /*调用max函数*/
  printf("maxmum=%d",z);
}
```

程序提示

如果函数定义在函数调用之前,那么是可以省略函数的说明部分的。

(3) 如在所有函数定义之前,在函数外预先说明了各个函数的类型,则在以后的各主调函数中,可以不再对被调函数作说明。例如:

```
char str(int a);                      /*函数说明*/
float f(float b);                     /*函数说明*/
main()
{
 ⋮
}
char str(int a)                       /*函数调用*/
{
 ⋮
}
```

```
float f(float b)                /*函数调用*/
{
⋮
}
```

程序提示

其中程序的第1、第2行对str函数和f函数预先作了说明，因此，在以后各函数中无须对str函数和f函数再作说明就可直接调用。

(4) 对库函数的调用不需要再作说明，但必须把该函数的头文件用include命令包含在源文件前部。

5.5 函数的嵌套调用

C语言中不允许作嵌套的函数定义，因此，各函数之间是平行的，不存在上一级函数和下一级函数的问题。但是C语言允许在一个函数的定义中出现对另一个函数的调用，这样就出现了函数的嵌套调用，即在被调函数中又调用其他函数。这与其他语言的子程序嵌套的情形是类似的。其关系可表示为图5.1所示的形式。

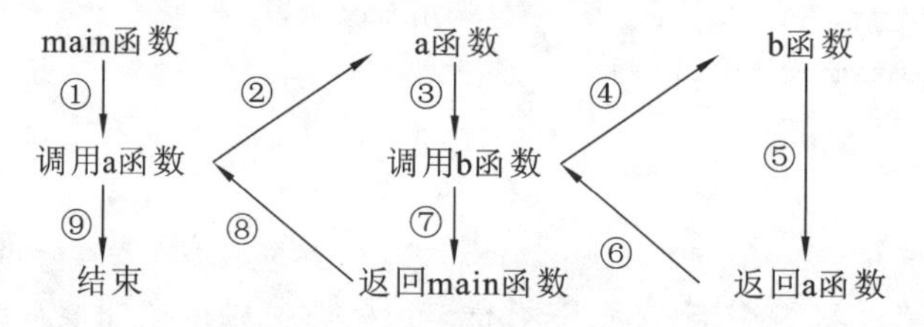

图5.1　函数的嵌套调用

图5.1中表示了两层嵌套的情形。其具体执行过程为：执行main函数中调用a函数的语句时，即转去执行a函数，在a函数中调用b函数时，又转去执行b函数，b函数执行完毕返回a函数的断点继续执行，a函数执行完毕返回main函数的断点继续执行。下面是一个函数嵌套调用的实例。

【例5.6】　编程计算 $s=2^2!+3^2!$。

程序分析：本题可编写两个函数，一个是用于计算平方值的函数f1，另一个是用于计算阶乘值的函数f2。主函数先调用f1计算出平方值，再在f1中以平方值为实参，调用f2计算其阶乘值，然后返回f1，再返回主函数，在循环程序中计算累加和。

```
long f1(int p)
{
  int k;
```

```
  long r;
  long f2(int);
  k=p*p;
  r=f2(k);
  return r;
}
long f2(int q)
{
  long c=1;
  int i;
  for(i=1;i<=q;i++)
    c=c*i;
    return c;
}
main()
{
  int i;
  long s=0;
  for (i=2;i<=3;i++)
    s=s+f1(i);
  printf("\ns=%ld\n",s);
}
```

程序提示

函数 f1 和 f2 均为长整型，都在主函数之前定义，故不必再在主函数中对 f1 和 f2 加以说明。在主程序中，执行循环程序依次把 i 值作为实参调用函数 f1 求 i2 的值。在 f1 中又有对函数 f2 的调用，这时是把 i2 的值作为实参去调用 f2，在 f2 中完成求 i2! 的计算。f2 执行完毕后把 c 值(即 i2!)返回给 f1，再由 f1 返回主函数实现累加。

5.6 函数的递归调用

除了函数的嵌套调用外，C 语言还支持函数的递归调用，即在调用一个函数的过程中又调用该函数本身，每调用一次就进入新的一层。在递归调用中，主调函数又是被调函数。例如：

```
int f(int x)
{
```

```
    int y,z;
    z=f(y);
    return (3*z);
  }
```

上述函数是一个递归函数，在调用函数 f 的过程中，又要调用 f 函数，这是直接调用本函数。还有一种情况是间接调用，即在调用 f1 函数过程中要调用 f2 函数，而在调用 f2 函数过程中又要调用 f1 函数。

但是这两种情况的调用都是无休止地进行下去的，显然这样是不对的。为了防止递归调用无休止地进行，必须在函数内有终止递归调用的手段。常用的办法是加条件判断，只有在满足某种条件后才继续执行（或者在某条件不成立的情况下才执行）递归调用，然后逐层返回。下面举例说明递归调用的执行过程。

```
long  fib(int  n)
{
  if(n>2)  return(3*fib(n-1));
  else  return(2);
}
main()
{
  printf("%d\n",fib(4));
}
```

程序中给出的函数 fib 是一个递归函数。主函数调用 fib 后即进入函数 fib 执行，如果 n＞2就递归调用 fib(n－1)函数。转而进行递归调用的实参为 n－1，即把 n－1 的值赋予形参 n，最后当形参 n 的值为 2 时，将使递归终止，然后可逐层返回。

执行本程序时 n 为 4，即在主函数中的调用语句 fib(4)。求 fib(4)就转而执行 3＊fib(3)，求 fib(3)就转而执行 3＊fib(2)，求 fib(2)就转而执行 return(2)，此时不再继续递归调用而开始逐层返回主调函数。fib(2)的返回值为 2，fib(3)的返回值为 3＊2＝6，最后返回值 fib(4)为 3＊6＝18。

【例 5.7】 编写程序，求阶乘 n!。

程序分析：由 n!＝n＊(n－1)! 可编写一个递归调用函数。

令 n!＝facto(n)，即(n－1)!＝facto(n－1)，即函数 facto 调用 facto 函数本身，这里只是参数不同而已，所以 facto(n)＝n＊facto(n－1)。

由以上分析可知，函数 facto(n)要调用其本身 facto(n－1)，因而可以用递归的方法编写此程序。

```
#include<stdio.h>
#include<stdlib.h>
int facto(int n)
{
    if(n<0 )
    {
```

```
            printf("n<0,data error!\n");
            exit(0);
        }
        if(n==1||n==0)
            return(1);
        else
            return (n*facto(n-1));
    }
    int main()
    {
      int n;
      long y;
      printf("输入一个整型数字 r:");
      scanf("%d",&n);
      y=facto(n);
      printf("%d!=%ld\n",n,y);
      return 0;
    }
```

程序提示

如果在执行时程序读入 5 给 n,则递归调用过程如下。

main 函数调用 facto(5);

第一次调用 n=5,返回 5 * facto(4)时,把 5 放入堆栈,再调用 facto(4),如图 5.2(a)所示;

第二次调用 n=4,返回 4 * facto(3)时,把 4 放入堆栈,再调用 facto(3),如图 5.2(b)所示;

第三次调用 n=3,返回 3 * facto(2)时,把 3 放入堆栈,再调用 facto(2),如图 5.2(c)所示;

第四次调用 n=2,返回 2 * facto(1)时,把 2 放入堆栈,再调用 facto(1),如图 5.2(d)所示;

第五次调用 n=1,返回 1;

回到第四次调用,从堆栈取出 2,返回 2 * 1,如图 5.2(e)所示;

回到第三次调用,从堆栈取出 3,返回 3 * 2,如图 5.2(f)所示;

回到第二次调用,从堆栈取出 4,返回 4 * 6,如图 5.2(g)所示;

回到第一次调用,从堆栈取出 5,返回 5 * 24,如图 5.2(h)所示;

最后回到 main 函数,main 函数得到的值为 120。

思考:用递归的方法求 0+2+4+6+8+…+98+100 的和。

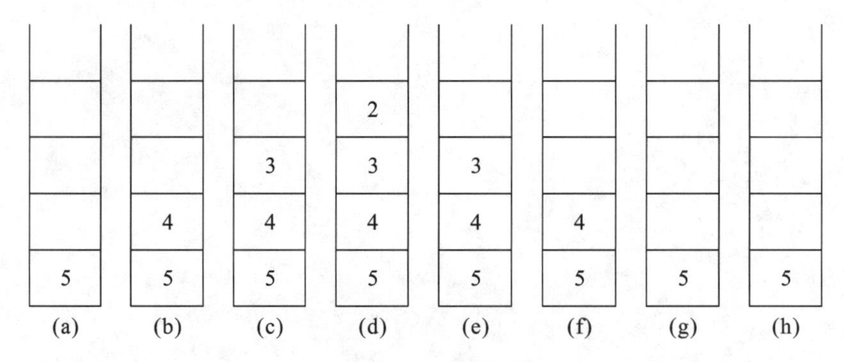

图 5.2　递归调用过程中堆栈中数据存放的过程

5.7 局部变量和全局变量

在讨论函数的形参变量时曾经提到,形参变量只在被调用期间才分配内存单元,调用结束后立即释放。这一点表明形参变量只有在函数内才是有效的，离开该函数就不能再使用了。这种变量有效性的范围称为变量的作用域。不仅对于形参变量,C 语言中所有的变量都有自己的作用域。变量说明的方式不同,其作用域也不同。C 语言中的变量,按作用域范围可分为两种,即局部变量和全局变量。

5.7.1 局部变量

局部变量也称为内部变量。局部变量是在函数内作定义说明的。其作用域仅限于函数内，离开该函数后再使用这种变量是非法的。例如：

```
int f1(int a)              /* 函数 f1*/
{
  int b,c;
  ⋮
}                          /*a,b,c 作用域*/
int f2(int x)              /*函数 f2*/
{
  int y,z;
}                          /*x,y,z 作用域*/
main()
{
  int m,n;
}                          /*m,n 作用域*/
```

程序提示

在函数 f1 内定义了三个变量，a 为形参，b、c 为一般变量。在函数 f1 的范围内 a、b、c 有效，或者说 a、b、c 变量的作用域限于函数 f1 内。同理，x、y、z 的作用域限于函数 f2 内。m、n 的作用域限于 main 函数内。

关于局部变量的作用域还要说明以下几点。

(1) 主函数中定义的变量只能在主函数中使用，不能在其他函数中使用。同时，主函数中也不能使用其他函数中定义的变量。因为主函数也是一个函数，它与其他函数是平行关系的。这一点是与其他语言不同的地方，应予以注意。

(2) 形参变量是属于被调函数的局部变量，实参变量是属于主调函数的局部变量。

(3) 允许在不同的函数中使用相同的变量名，它们代表不同的对象，分配不同的单元，互不干扰，也不会发生混淆。例如，在例 5.3 中，形参和实参的变量名都为 n，是完全允许的。

(4) 在复合语句中也可定义变量，其作用域只限于在复合语句范围内。

例如：

```
main()
{
  int s,a;
   ⋮
{
int b;
s=a+b;
  ……          /*b 作用域*/
}
  ……          /*s,a 作用域*/
}
```

【例 5.8】 在复合语句内定义变量。

```
main()
{
  int i=2,j=3,k;
  k=i+j;
  {
    int k=10;
    printf("%d\n",k);
    }
  printf("%d\n",k);
}
```

程序提示

本程序在main函数中定义了i、j、k三个变量，其中k未赋初值。而在复合语句内又定义了一个变量k，并赋初值为10。应该注意这两个k不是同一个变量。在复合语句外为main函数定义的变量k的作用域，而在复合语句内则为在复合语句内定义的变量k的作用域。因此，程序第4行的k为main函数所定义的，其值应为5。第7行输出k值，该行在复合语句内，由复合语句内定义的k起作用，其初值为10，故输出值为10。第9行输出k值，该行已在复合语句之外，输出的k应为main函数所定义的变量k，此k值由第4行已赋值为5，故其输出也为5。

5.7.2 全局变量

全局变量也称为外部变量，它是在函数外部定义的变量。全局变量不属于哪一个函数，它属于一个源程序文件，其作用域是整个源程序。在函数中使用全局变量，一般应作全局变量说明，只有在函数内经过说明的全局变量才能使用。全局变量的说明符为extern。但在一个函数之前定义的全局变量，在该函数内使用时可不再加以说明。例如：

```
int a,b;              /*外部变量*/
void f1()             /*函数 f1*/
{
  ⋮
}
float x,y;            /*外部变量*/
int f2()              /*函数 f2*/
{
  ⋮
}
main()                /*主函数*/
{
  ⋮
}
```

从上例可以看出，a、b、x、y都是在函数外部定义的外部变量，都是全局变量。但x、y定义在函数f1之后，而在函数f1内又无对x、y的说明，所以它们在函数f1内无效。a、b定义在源程序最前面，因此在函数f1、f2及main函数内不加说明也可使用。

【例5.9】 输入正方体的长l、宽w和高h，求其体积及三个面x＊y、x＊z和y＊z的面积。

```
int s1,s2,s3;
int vs( int a,int b,int c)
{
```

```
    int v;
    v=a*b*c;
    s1=a*b;
    s2=b*c;
    s3=a*c;
    return v;
  }
  main()
  {
    int v,l,w,h;
    printf("\ninput length,width and height\n");
    scanf("%d%d%d",&l,&w,&h);
    v=vs(l,w,h);
    printf("v=%d s1=%d s2=%d s3=%d\n",v,s1,s2,s3);
  }
```

【例 5.10】 利用局部变量求两个数中较大的数。

```
  int a=5,b=10;
  max(int a,int b)
  {
    int c;
    c=a>b? a:b;
    return(c);
  }
  main()
  {
    int a=8;
    printf("%d\n",max(a,b));
  }
```

如果在同一个源文件中,外部变量与局部变量同名,则在局部变量的作用域内,外部变量被屏蔽,即其不起作用。

5.8 变量的存储类型

C 语言程序在运行时,会分配给它一块内存空间,用于存放程序代码和各种变量,表 5.1 所示为变量的存储区域。

表 5.1　变量的存储区域

名　称	功　能
程序代码区(code)	用于存放程序代码
数据区(data)	用于存放全局变量和静态局部变量
堆区(heap)	通过动态分配函数或操作符 new 得到的内存单元
栈区(stack)	用于存放局部变量等

变量除了有其数据类型、作用域外，还有其储存类别。储存类别规定了变量的存储区域，决定了变量占用内存的时期(生存期)。存储类别可分为四种，如表 5.2 所示。

表 5.2　存储类别

名　称	说明符	定　义　点	作　用　域
自动类别	auto	函数内	函数内
静态类别	static	函数内或各函数外	函数内至整个文件
外部类别	extern	各函数外	通过连接至各个文件
寄存器类别	register	函数内	函数内

5.8.1　静态存储方式与动态存储方式

变量的存储方式可分为静态存储方式和动态存储方式两种。

静态存储变量通常是在变量定义时就确定存储单元并一直保持不变，直至整个程序结束。前面介绍的全局变量即属于此类存储方式。

动态存储变量则是在程序执行过程中，使用到它时才分配存储单元，使用完毕立即释放存储空间。动态存储变量典型的例子是函数的形式参数，在函数定义时并不给形参分配存储单元，只是在函数被调用时，才予以分配，调用函数完毕立即释放。如果一个函数被多次调用，则反复地分配、释放形参变量的存储单元。

从以上分析可知，静态存储变量是一直存在的，而动态存储变量则时而存在时而消失。因而又把这种由于变量存储方式不同而产生的特性称为变量的生存期，生存期表示了变量存在的时间。生存期和作用域是从时间和空间这两个不同的角度来描述变量的特性的，这两者既有联系又有区别。一个变量究竟属于哪一种存储方式，并不能仅从其作用域来判断，还应有明确的存储类型说明。

在 C 语言中，对变量的存储类型说明有以下四种。

- auto　　　　自动变量
- register　　寄存器变量
- extern　　　外部变量
- static　　　静态变量

自动变量和寄存器变量属于动态存储方式，外部变量和静态变量属于静态存储方式。在介绍了变量的存储类型之后，可以知道对一个变量进行说明时不仅应说明其数据类型，还应说明其存储类型。因此，变量说明的完整形式如下。

存储类型说明符数据类型说明符变量名，变量名…；

例如：

```
static int a,b;                  /*说明 a,b 为静态类型变量*/
auto char c1,c2;                 /*说明 c1,c2 为自动字符变量*/
static int a[5]={1,2,3,4,5};     /*说明 a 为静整型数组*/
extern int x,y;                  /*说明 x,y 为外部整型变量*/
```

5.8.2 自动变量

自动变量(auto)存储类型是C语言程序中使用最广泛的一种类型。C语言规定，函数内凡未加存储类型说明的变量均视为自动变量，也就是说，自动变量可省去说明符auto。在前面各章的程序中所定义的变量凡未加存储类型说明符的都是自动变量。例如：

```
{
  int i,j,k;
  char c;
  ⋮
}
```

等价于：

```
{
  auto int i,j,k;
  auto char c;
  ⋮
}
```

自动变量具有以下特点。

(1) 自动变量的作用域仅限于定义该变量的个体内。在函数中定义的自动变量，只在该函数内有效。在复合语句中定义的自动变量只在该复合语句中有效。例如：

```
int kv(int a)
{
  auto int x,y;
  {
    auto char c;
  }                        /*c 的作用域*/
      ⋮
}                          /*a,x,y 的作用域*/
```

(2) 自动变量属于动态存储方式，只有在使用它，即定义该变量的函数被调用时才给它分配存储单元，开始它的生存期。函数调用结束，则释放存储单元，最终结束生存期。因此，函数调用结束之后，自动变量的值不能保留。在复合语句中定义的自动变量，在退出复合语句后也不能再使用，否则将引起错误。

【例 5.11】 自动变量的使用方法。

```
main()
{
  auto int a,s,p;
  printf("\n 输入 a 的值:\n");
  scanf("% d",&a);
  if(a>0)
  {
    s=a+a;
    p=a*a;
  }
  printf("s=%d p=%d\n",s,p);
}
```

程序提示

s、p 是在复合语句内定义的自动变量，只能在该复合语句内有效。而程序的第 11 行却是退出复合语句之后用 printf 语句输出 s、p 的值，这显然会引起错误。

(3) 由于自动变量的作用域和生存期都局限于定义它的个体内（函数或复合语句内），因此不同的个体中允许使用同名的变量而不会混淆。即使在函数内定义的自动变量也可与该函数内部的复合语句中定义的自动变量同名。例 5.12 说明了这种情况。

【例 5.12】 在不同的个体中允许使用同名的变量实例。

```
main()
{
  auto int a,s= 100,p= 100;
  printf("\n 数组 a 的值:\n");
  scanf("%d",&a);
  if(a> 0)
  {
    auto int s,p;
    s=a+a;
    p=a*a;
    printf("s=%d p=%d\n",s,p);
  }
  printf("s=%d p=%d\n",s,p);
}
```

程序提示

本程序在 main 函数中和复合语句内两次定义了变量 s、p 为自动变量。按照 C 语言的规定，在复合语句内，应由复合语句中定义的 s、p 起作用，故 s 的值应为 a+a，p 的值为 a*a。退出复合语句后的 s、p 应为 main 函数所定义的 s、p，其值在初始化时给定，均为 100。从输出结果可以分析出两个 s 和两个 p 虽变量名相同，但却是两个不同的变量。

5.8.3 用 static 声明局部变量

静态变量的类型说明符是 static。静态变量显然是属于静态存储方式，但是属于静态存储方式的量不一定就是静态变量。例如，外部变量虽属于静态存储方式，但不一定是静态变量，必须由 static 加以定义后才能成为静态外部变量，或者称为静态全局变量。对于自动变量，前面已经介绍过它属于动态存储方式。但是也可以用 static 定义它为静态自动变量，或者称为静态局部变量，从而成为静态存储方式。

由此看来，一个变量可由 static 进行再说明，并改变其原有的存储方式。

1. 静态局部变量

在局部变量的说明前加上 static 说明符就构成静态局部变量。例如：

```
static int a,b;
static float array[5]={1,2,3,4,5};
```

静态局部变量属于静态存储方式，它具有以下特点。

(1) 静态局部变量在函数内定义，但不像自动变量那样，调用时就存在，退出函数时就消失。静态局部变量始终存在着，也就是说它的生存期为整个源程序。

(2) 静态局部变量的生存期虽然为整个源程序，但是其作用域仍与自动变量相同，即只能在定义该变量的函数内使用该变量。退出该函数后，尽管该变量还继续存在，但不能使用它。

(3) 允许对构造类静态局部量赋初值。在数组一章中，介绍数组初始化时已作过说明。若未赋初值，则由系统自动赋予 0 值。

(4) 对基本类型的静态局部变量若在说明时未赋予初值，则系统自动赋予 0 值。而对自动变量不赋初值，则其值是不定的。根据静态局部变量的特点，可以看出它是一种生存期为整个源程序的变量。虽然离开定义它的函数后不能使用，但如再次调用定义它的函数时，它又可继续使用，而且保存了前次被调用后留下的值。因此，当多次调用一个函数且要求在调用之间保留某些变量的值时，可考虑采用静态局部变量。虽然用全局变量也可以达到上述目的，但全局变量有时会造成意外的副作用，因此仍以采用局部静态变量为宜。

【例 5.13】 局部静态变量的使用说明。

```
main()
{
  int i;
  void f();             /*函数说明*/
```

```
    for(i=1;i<=5;i++)
    f();          /*函数调用*/
  }
  void f()        /*函数定义*/
  {
    auto int j=0;
    ++j;
    printf("%d\n",j);
  }
```

程序提示

程序中定义了函数 f,其中的变量 j 说明为自动变量并赋予初始值为 0。当 main 函数中多次调用函数 f 时,j 均赋初始值 0,故每次输出值均为 1。现在把 j 改为静态局部变量。

【例 5.14】 静态变量的使用说明。

```
  main()
  {
    int i;
    void f();
    for (i=1;i<=5;i++)
    f();
  }
  void f()
  {
    static int j=0;
    ++j;
  printf("%d\n",j);
  }
```

程序提示

由于 j 为静态变量,能在每次调用后保留其值并在下一次调用时继续使用,所以输出值成为累加的结果。

2. 静态全局变量

全局变量(外部变量)的说明之前再冠以 static 就构成了静态全局变量。全局变量本身就是静态存储方式，静态全局变量当然也是静态存储方式,这两者在存储方式上并无不同。它们的区别虽在于非静态全局变量的作用域是整个源程序，当一个源程序由多个源文件组成时,非静态全局变量在各个源文件中都是有效的;而静态全局变量则限制了其作用域，即只在定义该变量的源文件内有效，在同一源程序的其他源文件中不能使用。由于静态全局变量的作用域局限于一个源文件内，只能为该源文件内的函数公用，因此可以避免在其他源文件中引起错误。从以上分析可以看出，把局部变量改变为静态变量是改变了它的存储方式即改变了它的生存期。把全局变量改变为静态变量是改变了它的作用域，限制了它的使用范围。因此，static 这个说明符在不同的地方所起的作用是不同的。

5.8.4 寄存器变量

上述各类变量都存放在存储器内，因此当对一个变量频繁读写时，必须要反复访问内存储器，从而花费大量的存取时间。为此，C 语言提供了另一种变量，即寄存器变量。寄存器变量存放在 CPU 的寄存器中，使用时，不需要访问内存，而直接从寄存器中读写，这样可提高效率。寄存器变量的说明符是 register。循环次数较多的循环控制变量及循环体内反复使用的变量均可定义为寄存器变量。

【例 5.15】 编程计算累加，求从 1 加到 300 的值。

```
main()
{
  register i,s=0;
  for(i=1;i<=300;i++)
    s=s+i;
  printf("s=%d\n",s);
}
```

程序提示

本程序循环 300 次，i 和 s 都将频繁使用，因此可定义为寄存器变量。

对寄存器变量还要说明以下几点。

(1) 只有局部自动变量和形式参数才可以定义为寄存器变量。因为寄存器变量属于动态存储方式。凡需要采用静态存储方式的变量均不能定义为寄存器变量。

(2) 在计算机上使用的 Turbo C 中，实际上是把寄存器变量当成自动变量处理的。因此速度并不能提高。而在程序中允许使用寄存器变量只是为了与标准 C 保持一致。

(3) 即使能真正使用寄存器变量的机器，由于 CPU 中寄存器的个数是有限的，因此使用寄存器变量的个数也是有限的。

5.8.5 用 extern 声明外部变量

在前面介绍全局变量时已介绍过外部变量，这里再补充说明外部变量的几个特点。

(1) 外部变量和全局变量是对同一类变量的两种不同角度的提法。全局变量是从它的作用域提出的，外部变量是从它的存储方式提出的，表示了它的生存期。

(2) 当一个源程序由若干个源文件组成时，在一个源文件中定义的外部变量在其他的源文件中也有效。例如，有一个源程序由源文件 F1.C 和 F2.C 组成。

```
F1.C
int a,b;                /*外部变量定义*/
char c;                 /*外部变量定义*/
main()
{
   ⋮
}
  F2.C
extern int a,b;         /*外部变量说明*/
extern char c;          /*外部变量说明*/
func (int x,y)
{
   ⋮
}
```

在F1.C和F2.C两个文件中都要使用a、b、c三个变量。在F1.C文件中把a、b、c都定义为外部变量。在F2.C文件中用extern把三个变量说明为外部变量，表示这些变量已在其他文件中定义，编译系统不再为它们分配内存空间。对构造类型的外部变量，如数组等，可以在说明时作初始化赋值，若不赋初值，则系统自动定义它们的初值为0。

5.9 程序实例

【例5.16】 输入矩形的长和宽，求矩形面积。要求定义和调用函数rectangle(a,b)计算矩形面积。

程序分析：求矩形的面积时，要分析出函数定义部分的形参数据类型。

```
#include < stdio.h>
int main( void )
{
    double length, width, area;
    double rectangle (double a, double b);                /*函数声明*/
    printf ("Enter length,width: ");
    scanf ("%lf%lf", &length, &width);                   /*调用函数，返回值赋给 area */
    area=rectangle(length, width);
    printf("area=%.3f\n", area);
    return  0;
}
/*定义求矩形面积的函数 */
double rectangle (double a, double b)
{
    double result;
```

```
    result=a*b;                     /*计算面积 */
    return result;                  /*返回结果 */
}
```

【例 5.17】 输出 7 以内的数字金字塔。要求定义和调用函数 pyramid (int n)输出数字金字塔。

程序分析:数字金字塔的输出,一定要分析出该图形的规律。例如,第一行一个数,第二行两个数,依此类推,第 n 行 n 个数。分析出规律,找出表达式。

```
#include < stdio.h>
int main (void)
{
    void pyramid (int n);           /*函数声明 */
    pyramid(7);                     /*调用函数,输出数字金字塔 */
    return 0;
}
void pyramid (int n)                /*函数定义 */
{
    int i,j;
    for (i =1; i< =n; i+ +)
    {                               /*需要输出的行数 */
        for(j=1;j<=n-i;j++)         /*输出每行左边的空格 */
          printf(" ");
          for (j=1;j<=i;j++)        /*输出每行的数字 */
          printf("%d ",i);          /*每个数字后有一个空格 */
          putchar ('\n');
    }
}
```

程序运行结果:

```
      1
     2 2
    3 3 3
   4 4 4 4
  5 5 5 5 5
 6 6 6 6 6 6
7 7 7 7 7 7 7
```

【例 5.18】 从键盘输入 10 个整数,通过调用一个函数将这 10 个数使用直接选择排序法从小到大排序,再输出这 10 个整数。

程序分析:本例中要求有两个函数,子函数 sort()用于将 10 个数排序,主函数负责输入和输出 10 个整数。

```
#include<stdio.h>
#define N  10
```

```
void sort(int a[])                          /*对 10 个整数进行直接选择排序*/
{
  int i,j,k,temp;
  for(i=0;i<N;i++)
  {
     k=i;
     for(j=i+1;j<N;j++)
     if(a[i]>a[j])k=j;
    if(k!=i)              /*如果最小值不是下标为 i 的元素,交换最小值和当前位置的值*/
    {
     temp=a[i];
     a[i]=a[k];
     a[k]=temp;
    }
  }
}
main()
{
    int i,arr[N];
    printf("请输入 10 个整数:\n");
    for(i=0;i<N;i++)  scanf("%d",&arr[i]);
    sort(arr);                              /*调用排序函数,用一维数组名作为实参*/
    printf("\n 排序后的 10 整数是:\n");
    for(i=0;i<N;i++)
    {
    printf("%d ",arr[i]);
    if((i+1)%5==0)printf("\n");    /*每行输出 5 个整数*/
    }
}
```

程序提示

在本例中,实参和形参都是使用的一维数组名,即一维数组的起始地址。实参向形参传递的数据是一个地址。

【例 5.19】 有一个 4*3 的矩阵,求所有元素中的最小值。

程序分析:本例可以通过两个函数来实现,子函数求最小值,而主函数负责输入/输出矩阵中的值(二维数组元素值)。在这两个函数之间传递的数据是二维数组名。

```
#include<stdio.h>
int  min_value(int a[][3])
{
```

```
    int i,j,min;
    min=a[0][0];            /*先将第1个元素的值当成最小值*/
    for(i=0;i<4;i++)
    /*将其他元素与最小值min进行比较,如果其他元素的值比min小,就将其值赋值给min*/
      for(j=0;j<3;j++)
        if(a[i][j]<min)  min=a[i][j];
      return(min);
  }
  main()
  {
    int i,j,arr[4][3];
    printf("请输入4* 3的矩阵\n");
    for(i=0;i<4;i++)
      for(j=0;j<3;j++)
        scanf("%d",&arr[i][j]);
    printf("\n矩阵中最小值为:%d",min_value(arr));
  }
```

程序提示

本例是用二维数组的名字作为实参和形参。需要注意的是，min_value()函数定义时,作为形参的二维数组第二维的长度不能省略。

【例5.20】 自动发牌问题。一副扑克有52张牌,打桥牌时应将牌分给四个人。编写一个程序完成自动发牌的工作。要求:黑桃用S(spaces)表示,红桃用H(hearts)表示,方块用D (diamonds)表示,梅花用C(clubs)表示。

程序分析:按照打桥牌的规定,每人应当有13张牌。人工发牌时,先进行“洗牌”,然后将洗好的牌按一定的顺序发给每一个人。为了便于计算机模拟,可将人工方式的发牌过程加以修改。确定好发牌顺序:1、2、3、4。将52张牌顺序编号:黑桃2对应数字0,红桃2对应数字1,方块2对应数字2,梅花2对应数字3,黑桃3对应数字4,红桃3对应数字5,依此类推,然后从52张牌中随机地为每个人抽牌。这里采用C语言库函数中的随机函数,生成0至51之间的共52个随机数,以产生洗牌后随机发牌的效果。

```
  #include"stdlib.h"
  #include"stdio.h"
  main ()
  {
    static char n[]={'2','3','4','5','6','7','8','9','10','J','Q','K','A'};
    int a[53],b1[13],b2[13],b3[13],b4[13];
    int b11=0, b22=0,b33=0,b44=0,t=1,m,flag,i;
    while (t<=52)                                /*控制发52张牌*/
```

```
    {
    m=random(52);                          /*产生 0 到 51 之间的随机数*/
    for (flag=1,i=1;i<=t && flag;i++)     /*查找新产生的随机数是否已经存在*/
      if(m==a[i])flag=0;                   /*flag= 1:产生的是新的随机数,flag= 0:新
                                           产生的随机数已经存在*/
    if (flag)
    {
      a[t++]=m;                            /*如果产生了新的随机数,则存入数组*/
      if(t%4==0)b1[b11++]=a[t-1];          /*根据 t 的模值,判断当前*/
      else if (t%4==1)b2[b22++]=a[t-1];/*的牌应存入哪个数组中*/
          else if (t%4==2)b3[b33++]=a[t-1];
      else if (t%4==4)b1[b44++]=a[t-1];
    }
  }
  qsort (bl,13,sized (int),comp);          /*将每个人的牌进行排序*/
  qsort (b2,13,sized (int),comp);
  qsort (b3,13,sized (int),comp);
  qsqrt (b4,13,sized (int),comp);
  p(bl,n);
  p(b2,n);
  p(b3,n);
  p(b4,n);                                 /*分别打印每个人的牌*/
  }
  p(b,n)
    char n[];int b[];
  {
    int i;
    printf ("\n\006");
    /*打印黑桃标记*/
    for(i=0;i<13;i++)                      /*将数组中的值转换为相应的花色*/
      if (b[i]/13==0)printf ("%c",n[b[i]%13]);          /*输出该花色对应的牌*/
      printf ("\n\003");                   /*打印红桃标记*/
        for (i=0;i<13;i++)
        if ((b[i]/13)==1)printf ("%c",n[b[i]%13]);
      printf ("\n\004" );                  /*打印方块标记*/
        for(i=0;i<13;i++)
        if (b[i]/13==2)printf ("%c",n[b[i]%13]);
      printf ("\n\005" );                  /*打印梅花标记*/
        for (i=0;i<13;i++)
        if (b[i]/13==3 || b[i]/13==4)printf ("%c",n[b[i]%13]);
      printf ("\n");
  }
```

```
comp (int *j, int *i)                              /*qsort 调用的排序函数*/
{return(*i-*j);}
```

程序运行结果：

```
S K J 8
H A J 5 3
D Q 8
C K J 7 5
S A 10 6 4 2
H 4 2
D 7 6 4
C Q 10 9
S 9 7 5 3
H K Q 10 9
D J 3 2
```

5.10 实训项目五：函数的应用

实训目标

（1）熟练掌握函数的定义方法和规则。

（2）熟练掌握递归算法实现函数功能。

（3）熟练掌握函数的定义、调用和说明的使用。

（4）掌握使用函数的编程方法。

实训内容

（1）编一函数，求以下函数的值，要求函数原型为 double fun(double x)。

$$f(x)=\begin{cases}x^2+1, x>1,\\ x^2, x-1\leqslant x\leqslant 1,\\ x^2-1, x<-1.\end{cases}$$

（2）用函数求 1～n 间所有数之和，要求函数原型为 long sum(int n)。

（3）求 $f(k,n)=1^k+2^k+\cdots+n^k$。其中，k，n 用键盘输入，用函数 power(m,n)求 m^n，函数 sum_power(k,n)求 f(k,n)，请写出程序。

（4）用递归算法求下列函数的值。

$$p(m,n)=\begin{cases}1, n=0,\\ x, n=1,\\ [(2n-1)p(n-1,x)x-(n-1)p(n-2,x)]/n, n>1.\end{cases}$$

（5）递归法计算 n! 可用下述公式表示：

$$n!=\begin{cases}1, n=0,1,\\ n\times(n-1)!\ (n>1), n\neq 0,1.\end{cases}$$

5.11 错误提示

实训第(1)题:分析出该题的函数体是什么,注意区间定义的书写顺序。

实训第(3)题:函数 power(m,n)求 m^n,函数 sum_power(k,n)求 f(k,n)。可以使用两部分的函数定义部分且每个函数的返回值应考虑清楚。

实训第(4)题:递归调用的定义部分考虑清楚。

实训第(5)题:分析出如何求出 n 的阶乘的函数体的定义部分。

习题5

一、选择题

1. 下列程序的运行结果是________。

```
main()
{
  int i=3;
  printf("%d,%d,%d\n",i,i++,i++);
}
```

A. 5,5,4　　B. 3,4,5　　C. 3,3,4　　D. 5,4,3

2. 以下程序的输出结果是________。

```
fun(int  x,int  y,int  z)
{
  z=x*x+y*y;
}
main()
{
  int  a=31;
  fun(5,2,a);
  printf("%d",a);
}
```

A. 0　　B. 29　　C. 31　　D. 无定值

3. 有如下程序

```
int func(int a,int b)
{
return(a+b);
}
main()
{
```

```
    int  x=2,y=5,z=8,r;
    r=func(func(x,y),z);
    printf("%d\n",r);
  }
```

该程序的输出结果是________。

A. 12　　B. 13　　C. 14　　D. 15

4. 有以下程序

```
  float fun(int x,int y)
  {
  return(x+y);
  }
  main()
  {
    int a=2,b=5,c=8;
    printf("%3.0f\n",fun((int)fun(a+c,b),a-c));
  }
```

程序运行后的输出结果是________。

A. 编译出错　　B. 9　　C. 21　　D. 9.0

5. 以下程序的输出结果是________。

```
  f( int  b[ ], int  m, int  n)
  {
    int  i,s=0;
    for(i=m;i<n;i=i+2)  s=s+b[i];
    return  s;
    }
    main()
    {
      int  x, a[]={1,2,3,4,5,6,7,8,9};
      x=f(a,3,7);
      printf("%d\n",x);
  }
```

A. 10　　B. 18　　C. 8　　D. 15

6. 以下程序中函数 reverse 的功能是将 a 所指数组中的内容进行逆置。程序运行后的输出结果是________。

```
  void reverse(int a[ ],int n)
  {
    int  i,t;
    for(i=0;i<n/2;i++)
    {
    t=a[i];a[i]=a[n-1-i];a[n-1-i]=t;
```

```
    }
  }
  main()
  {
    int  b[10]={1,2,3,4,5,6,7,8,9,10}; int i,s=0;
    reverse(b,8);
    for(i=6;i<10;i++) s+=b[i];
    printf("%d\n",s);
  }
```

A. 22　　B. 10　　C. 34　　D. 30

7. 程序的输出结果是________。

```
#include<stdio.h>
f(in b[], int n)
{
  int i, r;
  r=1;
  for(i=0; i<=n; i++) r=r*b[i];
  return r;
}
main()
{
  int x, a[]={2,3,4,5,6,7,8,9};
  x=f(a, 3);
  printf("%d\n",x);
}
```

A. 720　　B. 120　　C. 24　　D. 6

8. 以下程序的输出结果是________。

```
long  fib(int  n)
{
  if(n>2)
  return(fib(n-1)+ fib(n-2));
  else
  return(2);
  }
  main()
  {
  printf("%d\n",fib(3));
}
```

A. 2　　B. 4　　C. 6　　D. 8

9. 以下程序的输出结果是________。

```
long  fun( int  n)
{
  long  s;
  if(n==1 || n==2)  s=2;
  else s=n-fun(n-1);
  return  s;
}
main()
{
  printf("%ld\n", fun(3));
}
```

A. 1　　B. 2　　C. 3　　D. 4

10. 以下程序的输出结果是________。

```
int f(int  n)
{
  if(n==1)  return 1;
  else return f(n-1)+1;
}
main()
{
  int i,j=0;
  for(i=1;i<3;i++) j+=f(i);
  printf("%d\n",j);
}
```

A. 4　　B. 3　　C. 2　　D. 1

11. 下面程序的输出结果是________。

```
int w=3;
main()
{
  int w=10;
  printf("%d\n",fun(5)*w);
}
fun(int k)
{
  if(k==0) return w;
  return(fun(k-1)*k);
}
```

A. 360　　B. 3600　　C. 1080　　D. 1200

12. 以下程序的输出结果是________。

```
int  a, b;
void fun()
{
  a=100; b=200;
}
main()
{
  int  a=5, b=7;
  fun();
  printf("%d%d\n", a,b);
}
```

A. 100200　　B. 57　　C. 200100　　D. 75

13. 以下程序的输出结果是________。

```
main()
{
  int i;
  for(i=0;i<2;i++)  add();
}
add()
{
  int x=0;static int y=0;
  printf("%d,%d\n",x,y);
  x++; y=y+2;
}
```

A. 0,0
0,0　　B. 0,0
0,2　　C. 0,0
1,0　　D. 0,0
1,2

14. 设有以下函数：

```
f (int a)
{
  int b=0;
  static int c=3;
  b++;c++;
  return(a+b+c);
}
```

如果在下面的程序中调用该函数，则输出结果是________。

```
main()
{
  int a=2, i;
  for(i=0;i<3;i++)  printf("%d\n",f(a));
}
```

A. 7
8
9

B. 7
9
11

C. 7
10
13

D. 7
7
7

二、填空题

1. 下面程序的运行结果是________。

```
#include<stdio.h>
long fib(int g)
{
  switch(g)
  {
    case 0:return 0;
    case 1:
    case 2:return(1);
  }
    return(fib(g-1)+fib(g-2));
  }
  main()
  {
    long k;
    k=fib(5);
    printf("%d\n",k);
}
```

2. 下面函数的功能是求 x 的 y 次方,请填空。

```
double  fun( double  x,  int  y)
{
  int  i;
  double  z;
  for(i=1, z=x; i<y;i++)
  z=z*________;
  return  z;
}
```

3. 下面函数的功能是计算 $s=1+\frac{1}{1\times2}+\frac{1}{1\times2\times3}+\cdots+\frac{1}{1\times2\times3\times4\times\cdots\times n}$,请填空。

```
double fun(int n)
{
    double s=0.0,fac=1.0;
    int  i;
    for(i=1,i<=n;i++)
{
    fac=fac ________;
```

```
        s=s+fac;
    }
        return s;
    }
```

4．下面 pi 函数的功能是，根据以下公式返回满足精度 e 要求的 p 的值。根据以下算法补足所缺语句。

$$p=2\times\left(1+\frac{1}{1\times3}+\frac{1\times2}{1\times3\times5}+\frac{1\times2\times3}{1\times3\times5\times7}+\cdots+\frac{1\times2\times3\times\cdots\times n}{1\times3\times5\times7\times\cdots\times(2n+1)}\right)$$

```
double pi(double eps)
{
  double s=0.0,t=1.0;
  int n;
  for(___(1)___;t>eps;n++)
  {
    s+=t;
    t=n*t/(2*n+1);
  }
    return(2.0* ___(2)___);
}
```

5．下面程序根据对 x 的输入，求 1 到 x 的累加和。

```
float fun(int n)
{
  int i;
  float c;
  ___(1)___;
  for(i=1;i<=n;i++)
  c+=i;
  ___(2)___;
}
main()
{
  int x;
  scanf("%d",___(3)___);
  printf("%f\n",fun(x));
}
```

第6章 数组

学习目标

- 了解数组的概念和基本用途
- 掌握一维数组的声明、引用和初始化方法
- 掌握二维数组的声明、引用和初始化方法
- 掌握数组作为函数参数的使用方法
- 掌握字符数组的使用和字符串的使用
- 掌握使用数组编程的方法

6.1 为什么引入数组

通过前面几章的学习，已经基本掌握了C语言的基本数据类型，如整型、浮点型、字符型等。通过这些基本数据类型的变量，我们就可以描述某个事物的某些主要特性。例如，可以用一个浮点型变量a1来存储第二位学生某门课程的成绩，用另一个变量a2来存储第二位学生同样这门课程的成绩，依此类推，用变量an来存储第n位学生该门课程的成绩。但是，变量在这种方式下对于计算机来说是互相独立的，也就是说，这种方式不能体现数据之间存在的联系。

数组是C语言为了方便在计算机中描述事物的某些特征及这些特征之间的联系而引入的概念。数组相当于是由若干数据类型相同的变量组成的一个有序的集合，可以通过一个统一的数组名称和一个位置编号的方式来访问数组中的数据。

下面通过图6.1介绍一个整型一维数组a，该数组中包含10个元素，用于表示10个学生的成绩。

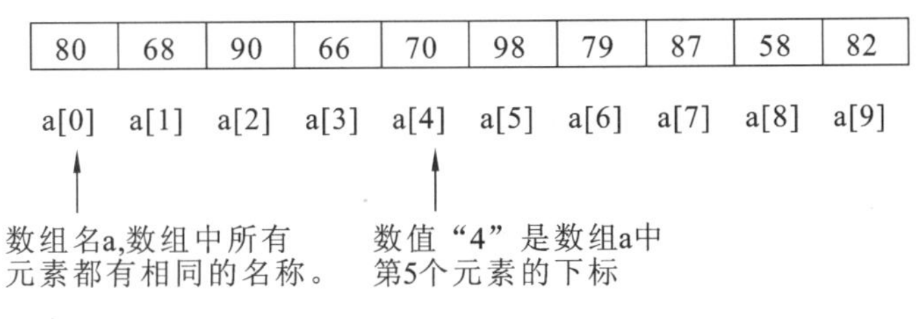

图6.1 整型数组a的结构

通过数组名及其后面方括号[]内的下标，就可以引用该数组中的元素。C语言中规定数组中第一个元素的下标为0。由此，数组a的第1个元素记为a[0]，数组a的第2个元素记为a[1]，依此类推，数组a的第10个元素记为a[9]。一般来说，数组a的第n个元素记为a[n−1]。

引入数组后，许多需要循环处理的问题解决起来就更方便了。这样，就无须声明多个变量，然后逐个为它们赋值或输出结果，而是通过数组的形式利用循环结构来声明或引用这些变量。

可见，数组是一组相关的存储单元，它们都具有相同的名称和数据类型。通过数组名和数组中指定元素的下标来引用该数组元素。在C语言中，没有提供动态数组类型，即一旦声明一个数组，也就确定了它包含元素的个数。数组具有以下两个特点。

(1) 数组长度确定好后，不能改变，也就是说，C语言中不允许动态声明数组。

(2) 数组元素的数据类型必须相同，不能出现混合类型。

在C语言中，数组属于构造数据类型。一个数组可以分解为多个数组元素，这些数组元素可以是基本数据类型或是构造类型。因此，按数组元素的类型不同，数组可分为数值数组、字符数组、指针数组、结构数组等各种类别。根据数据集的相互关系，数组又可分为一维数组、二维数组和多维数组。其中，一维数组用于存放线性队列的数据，二维数组用于储存二维表格或矩阵，多维数组可以存储更多的数据和体现数据间更复杂的关系。

6.2 一维数组的应用

6.2.1 一维数组的声明

与使用变量一样，一维数组在使用之前必须进行声明。一维数组的声明格式如下。

数据类型 数组名[常量表达式]；

例如：

```
int a[5];         /*整型数组 a,由 5 个元素组成,即数组长度为 5*/
float b[6];       /*实型数组 b,由 6 个元素组成,即数组长度为 6*/
char c[7];        /*字符型数组 c,由 7 个元素组成,即数组长度为 7*/
```

一维数组在使用时，需要注意以下几方面内容。

(1) 数据类型是用于声明数组中各个元素的数据类型的，如int、float、char等。在任何一个数组中，数据元素的类型都要求是一致的。

(2) 数组名的命名规则与变量名的命名规则相同。

(3) 数组名本身代表整个数组的首地址。同一数组中的所有元素，在内存单元中按其下标的顺序占用一段连续的存储单元。一维数组的逻辑结构与存储结构是相同的，数组a的存储结构如图6.2所示。

(4) 常量表达式的值表示数组元素的个数。常量表达式必须是整数或整数表达式，而

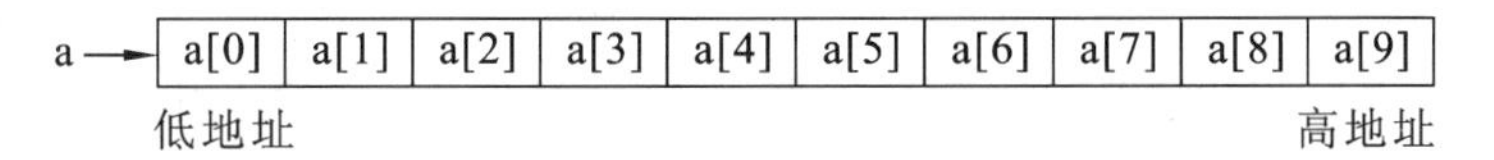

图 6.2　数组 a 的存储结构

不能为变量。常量表达式需要放在[]中。例如：

```
① #define N 5          /*声明 N 为符号常量*/
  main()
  {
  int a[5+N];          /*数组 a 的元素个数是常量表达式,值为 10*/
   ⋮
  }
② main()              /*这种声明方式是错误的,n 为变量*/
  {
  int n=10;
  int a[n];
   ⋮
  }
```

6.2.2　一维数组的引用

数组被声明以后,C 语言规定在使用数组中的元素时只能逐个引用数组元素而不能一次引用整个数组。一维数组的引用格式如下。

数组名[下标]

虽然数组声明和数组元素的引用格式类似,但它们含义不同。例如：

```
int a[3];          /*表示数组 a 共有 3 个元素*/
a[3]=1;            /*表示数组 a 中下标为 3 的元素*/
```

引用一维数组时应注意以下几点。

(1) 数组名是表示要引用哪一个数组中的元素,这个数组必须已经声明过。

(2) 下标用[]括起来,它表示要引用的元素在数组中的位置,可以是变量表达式,也可以是常量表达式。如果下标为小数时,C 语言在编译时将自动取整。例如：

```
a[3];
a[i+j];
a[i++];
```

(3) C 语言规定,数组下标从 0 开始。一个含有 n 个元素的数组,数组下标的取值范围为 0～(n−1)。例如：

```
float a[3],k=10;
a[0]=k;
```

其中,实型数组 a 的下标只能取 0、1、2,即可以引用数组元素 a[0]、a[1]、a[2]。

如果将上述程序段中第二行改为：

```
a[3]=k;
```

则是错误的，原因是引用 a[3]是超界的，它表示数组中的第四个元素。C 语言编译时并不指出“下标超界”的错误，而是把 a[2]下面一个单元的内容作为 a[3]引用，从而引起程序潜在的错误。因此，在引用数组元素时需要特别小心。

【例 6.1】 使用循环实现一维数组的输入和输出。

```
#include<stdio.h>
main()
{
    int a[10],i;                /*声明整型数组 a*/
    printf("Enter 10 Integral Numbers:\n");
    for(i=0;i<10;i++)           /*变量 i 的取值范围为从 0 至 9,不能取 10,否则将出现数组下
                                  标超界的错误*/
        scanf("%d",&a[i]);      /*依次将键盘上输入的整数赋给第 i 个数组元素*/
    printf("Print 10 Integral Numbers:\n");
    for(i=9;i>=0;i--)
        printf("%d ",a[i]);     /*按变量 i 的值,依次将数组中的元素从后向前输出*/
}
```

程序运行结果：

```
Enter 10 Integral Numbers:
1  2  3  4  5  6  7  8  9  10
Print 10 Integral Numbers:
10  9  8  7  6  5  4  3  2  1
```

程序提示

scanf 不能一次接收整个数组的值，如写成 scanf("%d",&a)的形式是错误的。使用 scanf 对数组元素 a[i]赋值时，与简单变量一样，必须在数组元素前加上取地址符“&”。

6.2.3 一维数组的初始化

数组声明后，必须对其元素进行初始化，数组的初始化是指在数组声明时给数组元素赋予初值。可以在程序运行过程中初始化数组，如例 6.1 中所示的方法；也可以像普通变量一样，在声明数组的同时初始化数组元素。后一种方法是在编译阶段进行的，可以减少运行时间，提高效率。一维数组的初始化格式如下。

数据类型 数组名[常量表达式]={初值表}

其中，初值表中的数据值即为各元素的初值，各初值之间应用逗号间隔。C 语言对数组的初始化包含如下几种情况。

(1) 对数组中全部元素进行初始化。例如：

```
int a[10]={0,1,2,3,4,5,6,7,8,9};
```

等价于

```
a[0]=0;a[1]=1;…;a[9]=9;
```

0	1	2	3	4	5	6	7	8	9
a[0]	a[1]	a[2]	a[3]	a[4]	a[5]	a[6]	a[7]	a[8]	a[9]

为数组元素全部赋初值时，可以不指定数组的大小，系统将自动根据初值个数决定数组长度。如上例可改写为

```
int a[ ]={0,1,2,3,4,5,6,7,8,9};
```

（2）对数组中部分元素进行初始化。

当初值表中给出数组值的个数少于数组元素的个数时，只给前面部分元素赋值，其余的元素自动被赋值为0。例如：

```
int a[10]={0,1,2,3,4};
```

0	1	2	3	4	0	0	0	0	0
a[0]	a[1]	a[2]	a[3]	a[4]	a[5]	a[6]	a[7]	a[8]	a[9]

上述语句表示只给a[0]～a[4]5个元素赋值，而后5个元素自动赋0值。

（3）静态(static)数组元素初始化。

用关键字static声明的静态数组元素的默认值为0，即对数组元素不赋初值时，系统会自动对所有数组元素赋初值0。而对于auto(缺省)数组的元素使用前必须赋初值。例如：

```
static int a[10];
```

等价于

```
a[0]=0;a[1]=0;…;a[9]=0;
```

0	0	0	0	0	0	0	0	0	0
a[0]	a[1]	a[2]	a[3]	a[4]	a[5]	a[6]	a[7]	a[8]	a[9]

注意：在C语言中，数组的初始化只能给元素逐个赋值，而不能给数组整体赋值。

例如，给数组a的10个元素全部赋值为1，只能写为如下形式。

```
int a[10]={1,1,1,1,1,1,1,1,1,1};
```

或

```
int a[ ]={1,1,1,1,1,1,1,1,1,1};
```

而不能写为

```
int a[10]=1;
```

6.2.4 应用举例

【例6.2】 求某个学生5门课程的总成绩和平均成绩。

```
#include<stdio.h>
main()
{
  int i,sum=0,a[5];
```

```
    float average;
    printf("Input 5 grades:\n");
    for(i=0;i<5;i++)
    {
      printf("Subject%d:",i+1);
      scanf("%d",&a[i]);          /*使用循环逐个为数组 a 的 5 元素赋初值*/
      sum=sum+a[i];               /*每科成绩进行累加求和*/
    }
  average=(float)sum/5;           /*利用总成绩求平均成绩。总成绩为整型,需进行强制类型
                                  转换为实型*/
  printf("Sum=%d,Average=%0.2f\n",sum,average);  /*总成绩整型,平均成绩实型且小
                                                  数点后保留 2 位*/
  }
```

程序运行结果:

```
Input 5 grades:
Subject1:75
Subject2:90
Subject3:64
Subject4:85
Subject5:68
Sum=382,Average=76.4
```

程序提示

这是一个典型的一维数组应用,某个学生的各科成绩以数组形式存放,并通过循环结构逐个引用数组元素进行累加。数组下标从 0 开始,因而在输出课程号时要加 1。

【例 6.3】 将数组中的元素逆序排放。

```
#define N 10                      /*声明符号常量*/
#include<stdio.h>
main()
{
  int i,j,temp,a[N];              /*用符号常量指定数组的大小*/
  printf("Numbers before sorting\n");
  for(i=0;i<N;i++)
  {
    a[i]=i+1;                     /*在循环中使用计算来初始化数组元素*/
    printf("%-3d",a[i]);
  }
  for(i=0;i<(N-1)/2;i++)          /*数组元素逆序存放*/
```

```
    {
        temp=a[i];
        a[i]=a[N-1-i];
        a[N-1-i]=temp;
    }
    printf("\n");
    printf("Numbers after sorting\n");
    for(i=0;i<N;i++)
        printf("%-3d",a[i]);
    printf("\n");
}
```

程序运行结果：

```
Numbers before sorting
11  22  33  44  55  66  77  88  99  100
Numbers after sorting
100  99  88  77  66  55  44  33  22  11
```

程序提示

① 在同一数组内将元素逆序存放时，循环的终止条件应为数组长度的一半。否则，从第 N/2 次循环后，被逆序交换后的元素又重新进行新一轮的交换，结果仍为原数组。

② 另一种逆序输出的方法是：建立一个与原数组的类型和大小均相同的新数组，然后将原数组元素从后向前依次存入新数组中。

③ 将数组元素逆序存放的循环结构改为：

```
for(i=0;i<N;i++) b[N-1-i]=a[n];
```

【例 6.4】 将用户输入的一个整数按大小顺序插入已排好序的数组中。

```
#include<stdio.h>
main()
{
    int i,j,x,a[8]={12,16,17,30,45,58,78};   /*在数组声明同时给数组元素赋初值*/
    printf("input number:");
    scanf("%d",&x);
    for(i=0;i<8;i++)
    if(x<a[i]&&i!=7)                           /*查找插入 x 的位置*/
    {
        for(j=7;j>=i;j--)
            a[j]=a[j-1];                       /*从最后一个数组元素到第 i 个数组元素
                                               依次向后移一个单元*/
        break;
    }
```

```
        a[i]=x;            /*插入 x*/
        for(i=0;i<8;i++)
            printf("%d ",a[i]);
        printf("\n");
    }
```

程序运行结果：

```
Input number:32
12  16  17  30  32  45  58  78
```

程序提示

① 在程序运行过程中不能够改变数组长度，因此，声明数组长度时应比给定元素个数多一个。

② 找到插入 x 的位置后，不能直接插入该值，否则数组中原位置上元素将被 x 覆盖，应按程序注释处进行相应调整。

6.3 二维数组的应用

6.3.1 二维数组的声明

具有多个下标的数组称为多维数组，其中最常用的是二维数组。二维数组的声明格式如下：

数据类型 数组名[常量表达式][常量表达式]；

例如：

```
int a[3][4];     /*声明了一个 3 行 4 列的整型数组*/
```

声明二维数组时应注意以下几点。

(1) 在一维数组声明结构的基础上，多了一个常量表达式，用于表示二维。第一个常量表达式为行下标，声明了这个数组的行数，第二个常量表达式为列下标，声明了每行的列数。因此，二维数组元素个数=行数×列数。例如，上面二维数组 a 由 3×4=12 个元素组成。

(2) C 语言把二维数组看成是一维数组，基元素又是一个一维数组。例如，a 有三个元素 a[0]、a[1]和 a[2]，它们各自又可以看成是一个包含 5 个元素的一维数组，如图 6.3 所示。

(3) 二维数组元素按线性方式进行存放，即按行存放，先存放第一行的元素，再存放第二行的元素。图 6.3 所示的二维数组 a 的存放顺序如下。

a[0][0] →a[0][1] →a[0][2] →a[0][3] →a[1][0] →a[1][1] →a[1][2]→…→a[2][3]

声明多维数组与声明二维数组类似，如 int a[3][4][5]，a 为 4×5×6 的三维数组。多维数组元素的排列顺序也是按行存放的。

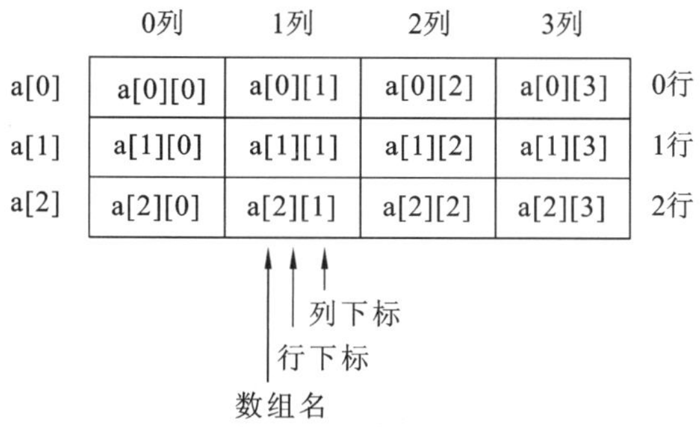

	0列	1列	2列	3列	
a[0]	a[0][0]	a[0][1]	a[0][2]	a[0][3]	0行
a[1]	a[1][0]	a[1][1]	a[1][2]	a[1][3]	1行
a[2]	a[2][0]	a[2][1]	a[2][2]	a[2][3]	2行

列下标

行下标

数组名

图 6.3 二维数组结构图

6.3.2 二维数组的引用

二维数组的引用格式如下。

数组名[**下标** 1][**下标** 2]

其中,下标 1 代表行下标,下标 2 代表列下标。例如:

```
a[2][3]=10;      /*第 3 行,第 4 列元素赋值为 10*/
```

引用二维数组元素时,对数组下标的值要求与引用一维数组相同,即行或列下标表达式的值只能为从 0 到数组所规定的下标上界之间的整数。

【例 6.5】 建立一个 3×4 矩阵并输出。

```
/*用嵌套循环来实现二维数组的输入输出*/
#include< stdio.h>
main()
{
  int i,j,a[3][4];
  printf("Input the number of array:\n");
  for(i=0;i<3;i++)                    /*外层循环控制行*/
    for(j=0;j<4;j++)                    /*内层循环控制列*/
      scanf("%d ",&a[i][j]);
  printf("Output the number of array:\n");
  for(i=0;i<3;i++)
  {
    for(j=0;j<4;j++)
    printf("%3d",a[i][j]);
    printf("\n");
  }
}
```

运行结果:

```
Input the number of array:
1 1 1 1
```

```
2  2  2  2
3  3  3  3
Output the number of array:
1  1  1  1
2  2  2  2
3  3  3  3
```

思考

如程序中省略 printf("\n")语句,结果将是怎样?

6.3.3 二维数组的初始化

在声明二维数组的同时,可以采用下面几种方法对数组元素进行初始化。

(1) 按存放顺序进行初始化。例如:

```
int a[3][4]={1,2,3,4,5,6,7,8,9,10,11,12};      /*数组 a 结构如图 6.4 (a)所示*/
```

将所有初值写在一对花括号中,并用“,”分隔,系统自动按照规定的行列值去对数组元素赋值。需要说明的是:当初值个数小于数组元素的个数时,剩余元素的值系统将自动赋零。例如:

```
int a[3][4]={1,2,3,4,5,6,7,8,9,10};      /*数组 a 结构如图 6.4(b)所示*/
```

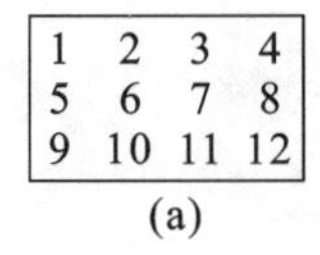

(a)

1	2	3	4
5	6	7	8
9	10	0	0

(b)

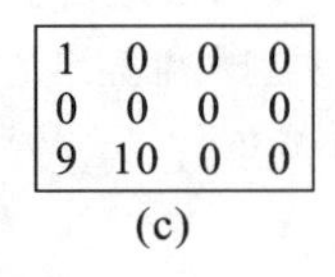

(c)

图 6.4 数组 a 的结构

(2) 按行分段初始化。例如:

```
int a[3][4]={{1,2,3,4},{5,6,7,8},{9,10,11,12}};
```

该初始化方法的结果与第一种方法相同,但更为直观。有几组用逗号分隔的花括号,就代表二维数组有几行,而每组花括号有几个用逗号分隔的数值,就代表该行有几列。最后将所有的初始化内容用一对花括号括起来。

这种方法特别适用于对数组部分元素赋初值,系统自动将没有赋值的元素赋值为 0。例如:

```
int a[3][4]={ {1,2,3,4},{5,6,7,8},{9,10}};
```

相当于

```
int a[3][4]={ {1,2,3,4},{5,6,7,8},{9,10,0,0}};
```

再如:

```
int a[3][4]={{1},{4}};
```

相当于

```
int a[3][4]= {{1,0,0,0},{4,0,0,0},{0,0,0,0}};
```

由上述例子可以发现，省略的花括号对应行的元素全部赋值为 0。

(3) 声明同时对数组元素全部赋值，可省略第一维的长度，但必须指定其他维的长度。

方式一：

```
int a[][4]={1,2,3,4,5,6,7,8,9,10,11,12};
```

根据初值的个数，编译系统会自动确定第一维的下标。

方式二：

```
int a[][4]={{1},{},{9,10}};        /*数组 a 中各元素如图 6.4 (c)所示。*/
```

编译系统会根据初值数据的行数自动确定第一维下标的长度。

6.3.4 应用举例

【例 6.6】 使用二维数组，增强例 6.2 的功能，使其可以统计一组学生多门课程的成绩情况。设一组学生有 3 人，每人有 4 门课程的考试成绩。

程序分析：可以使用一个二维数组 a[3][5]存放 3 个人 4 门课程的成绩，其中每一行最后一列用于存放学生的总成绩，如图 6.5 所示。

	Subject1	Subject2	Subject3	Subject4	Total
Student1	81	76	61	56	274
Student2	75	80	65	62	282
Student3	92	85	71	70	328

图 6.5　学生成绩表

```
#include<stdio.h>
main()
{
int i,j,a[3][5];
float average;
printf("input score\n");
for(i=0;i<3;i++)
{
        a[i][4]= 0;              /*用每一行的最后一列存放每个学生的总分,先清零*/
        for(j=0;j<4;j++)         /*输入第 i 个学生每门课程成绩并求总成绩*/
        {
          scanf("%d",&a[i][j]);
          a[i][4]+=a[i][j];  /*累加每个学生的总分*/
          }
}
printf("Student\tTotal\tAverage\n");
for(i=0;i<3;i++)                 /*循环输出每个学生的总分和平均分*/
```

```
    {
        average=(float)a[i][4]/3;
        printf("%d\t%d\t%0.2f \n",i+1,a[i][4],average);
    }
}
```

程序提示

① 因为利用最后一列存放每个学生的总成绩，真正用于存放学生分数的列是从第1(下标0)列到第4列(下标3)，所以循环输入时，对内层循环终值作了调整。

② 执行a[i][0]=0是便于累加总分，否则该单元初始值是随机的。如果将数组声明为static int a[3][5]，则可省略该语句。

【例6.7】 将一个二维数组的行和列交换，存放到另一个二维数组中。例如：

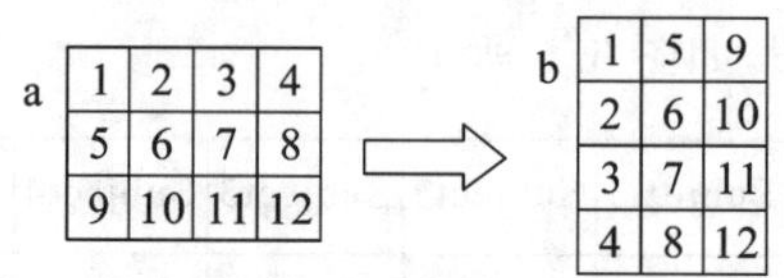


```
#define ROW 3
#define COL 4
#include<stdio.h>
main()
{
  int a[ROW][COL]={{1,2,3,4},{5,6,7,8},{9,10,11,12}},b[COL][ROW];
                                                        /*声明时初始化数组*/
  int i,j;
  for(i=0;i<ROW;i++)
  {
    for(j=0;j<COL;j++)
    {
      printf("%5d",a[i][j]);
      b[j][i]=a[i][j];                                  /*转置,行、列交换*/
    }
    printf("\n");                                       /*输出一行后换行*/
  }
  for(i=0;i<COL;i++)                                    /*输出转置后的矩阵*/
  {
    for(j=0;j<ROW;j++)
      printf("%5d",b[i][j]);
    printf("\n");
  }
}
```

程序提示

矩阵转置是把矩阵的行和列互换，由于矩阵的行列不同，必须使用两个数组进行转换。

6.4 数组作函数参数

6.4.1 一维数组作函数参数

在学习函数的过程中，我们看到单个变量可以作函数的参数，其实数组也可作为函数参数。向函数传递数组有两种情况：一是整个数组作函数参数，二是单个数组元素作函数参数。

1. 数组名作函数参数

C语言规定，一个数组名代表数组的内存首地址，即数组的第一个元素的地址，它实际上是一个地址值。要向函数传递整个数组时，只需要给出数组名和数组大小就可以了。

【例6.8】 将例6.2改为使用数组作函数参数实现，运行结果相同。

```
#define SIZE 5
#include<stdio.h>
int total(int array[],int n)          /*求数组中所有元素的和*/
{
  int i,sum=0;
  for(i=0;i<n;i++)
      sum=sum+array[i];               /*返回值*/
  return sum;
}
main()
{
int i,sum,a[SIZE];
float average;
printf("input 5 grades:\n");
for(i=0;i<SIZE;i++)
{
  printf("Subject%d:",i+1);
  scanf("%d",&a[i]);
}
sum=total(a,SIZE);                    /*数组名作函数参数调用,数组值没有改变*/
```

```
average=(float)sum/5;
printf("Sum=%d,Average=%0.2f\n",sum,average);
}
```

数组名作函数参数时应注意以下几点。

(1) 应该在调用函数和被调用函数中分别声明数组,并且数据类型必须一致,否则结果将出错。例如,形参数组为 array[],实参数组为 a[SIZE],它们的数据类型相同。

(2) 形参数组可以不指定大小,但需另设一个参数传递数组的个数。因为 C 语言在编译时对形参数组的大小不做检查,只将实参数组的首地址传递给形参数组。当然也可以按以下方式声明形参数组。

```
int array[10]
```

但这样在实际操作中并不方便,它会使函数 total()依赖于具体问题,从而失去函数的通用性。

(3) 传递数组名时,实参数组的内容并没有复制到形参数组中,而是把数组的首地址传递给被调函数。这样被调函数中的数组就指向内存中相同的数组,如图 6.6 所示。

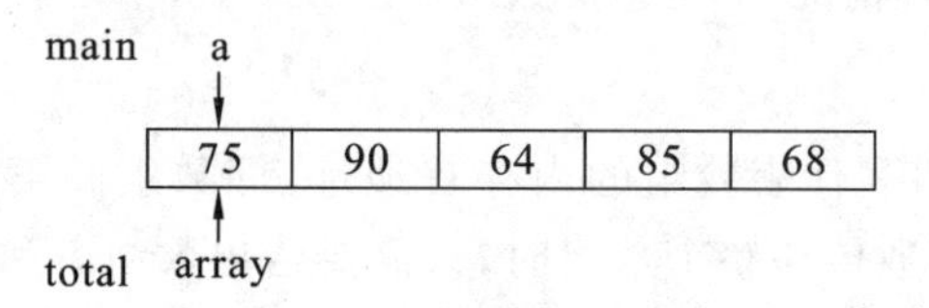

图 6.6　传递数组名示意图

由以上分析可知,形参数组元素与对应的实参数组元素占有相同的存储单元,这样一来,形参数组中元素的改变都将反映到调用函数的原始数组中。这一点,在例 6.9 中有所体现。

【例 6.9】 将例 6.3 改为使用函数给整型数组逆序排列,运行结果相同。

```
#define N 10
#include<stdio.h>
void sort(int v[],int n)                /*将数组元素逆序排列*/
{
 int i,temp;
 for(i=0;i<(N-1)/2;i++)                 /*数组名作函数参数调用,数组值改变*/
 {
   temp=v[i];
   v[i]=v[N-1-i];
   v[N-1-i]=temp;
 }
}
main()
{
 int i,a[N];
 printf("Numbers before sorting\n");
```

```
    for(i=0;i<N;i++)
    {
      a[i]=i+1;
      printf("%-3d",a[i]);
    }
    printf("\n");
    sort(a,N);            /*调用 sort 函数,无返回值*/
    printf("Numbers after sorting\n");
    for(i=0;i<N;i++)   /*输出改变后的数组*/
      printf("%-3d",a[i]);
    printf("\n");
}
```

程序提示

从以上程序中可以发现,当作为形参的数组 v 的元素改变后,也影响到了主调函数中实参数组 a 的元素。这与 C 语言中函数参数都是单向值传递有矛盾吗?其实作为参数值的地址值并没有改变,改变的只是地址中存放的内容。通过这种方式,可以间接地改变主调函数中的数据。

2. 数组元素作函数参数

数组元素作函数参数传递时与普通变量作参数的用法一致,是单向值传递。

【例 6.10】 利用函数将数组中所有元素值进行一定的计算并存入到另一数组中。

```
#include<stdio.h>
#include<stdio.h>
int fun(int x)
{
 return (x*x);
 }
 main()
 {
  int i,b[10],a[10]={1,2,3,4,5,6,7,8,9,10};
  for(i=0;i<10;i++)
 {
  b[i]=fun(a[i]);
  printf("%3d",b[i]);
 }
 printf("\n");
}
```

程序运行结果:

```
1  4  9  14  25  36  47  68  81  100
```

程序提示

利用数组元素作实参时，只要数组类型和函数的形参类型一致即可，并不要求函数的形参也是下标变量。换句话说，对数组元素的处理是按照普通变量来对待的。

6.4.2 二维数组作函数参数

与一维数组一样，程序设计时也可以向函数传递多维数组。其传递方法和规则与一维数组相同，只是需要注意以下几点。

(1) 在函数声明时，必须使用两对方括号以表明数组为二维的。

(2) 必须指定数组第二维的大小。

【例 6.11】 计算一个二维数组的平均值。

```
#define ROW 3
#define COL 4
#include<stdio.h>
double ave(int v[][COL],int m,int n)        /*计算二维数组元素平均值*/
{
 int i,j;
 double sum=0.0;
 for(i=0;i<m;i++)
   for(j= 0;j< n;j++)
      sum+= v[i][j];
 return sum/(m* n);                         /*返回值*/
}
main()
{
 int a[ROW][COL]={{1,2,3,4},{5,6,7,8},{9,10,11,12}};
 double average;
 average=ave(a,ROW,COL);                    /*调用 ave 函数*/
 printf("The average is:%f\n",average);
}
```

程序运行结果：

```
The average is:6.5
```

程序提示

二维数组以数组名向函数传递时，传递的是数组起始地址。因为在内存中数组的存放规则，决定了函数声明时必须指定第二维，即列数。如果在形参中不说明列数，则系统无法决定形参数组应为多少行多少列。例如，将程序改为 int v[][]或 int v[3][]都是错误的。

6.5 字符数组

6.5.1 字符数组与字符串的关系

字符数组是用于存放字符数据的，每一个数组元素存放一个字符。字符数组本身是一个数组，具有数组的全部特性，只不过数组元素的类型是字符型。例如，字符数组 c[7]可表示为图 6.7(a)所示的形式。

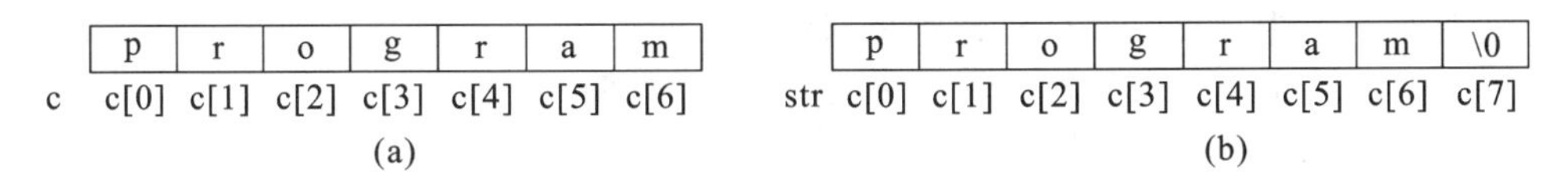

图 6.7 字符数组结构图

字符串是一个字符整体，可以包含字母、数字和不同的特殊字符，如 *、#、$ 和＋等。C 语言中字符串就是用双引号括起来的字符串常量，如"program"、"c"等。

C 语言并不支持字符串变量来引用字符串，而是将字符串存入字符数组来处理，从而为它开辟一片连续的存储空间，所不同的是这部分存储单元中的内容不能被改变，并且这个字符数组没有自己的数组名和下标。

系统对字符串常量自动加一个空字符'\0'作为字符串的结束符，因此，C 语言中的字符串是用空字符'\0'结束的字符数组。用字符数组表示字符串如图 6.7(b)所示。

使用字符数组表示字符串时需注意以下几点。

(1) '\0'代表字符串结束，在处理字符数组时，一旦遇到该字符，剩下的字符就不再处理。

(2) 在进行字符串处理时，'\0'不作为字符串的有效字符进行处理，它只起判别作用。

(3) '\0'在字符数组中，仍占用一个单元。例如，字符串"program"的长度为 7，但它却占用了字符数组 8 个单元的大小。因此，大小为 n 的字符数组最多只能存放长度为 n－1 的字符串，需要预留出字符串结束符'\0'的位置。

1. 字符数组的声明

字符数组的声明与前面介绍的其他数组类似。例如：

```
char c[10];        /*一维字符数组,每个元素占用 1 个字节内存单元*/
char c[3][4];      /*二维字符数组,每个元素占用 1 个字节内存单元*/
```

由于字符型和整型通用，因而也可以声明为 int c[10]或 int c[3][4]，此时每个数组元素分别占 2 个字节的内存单元。虽然这种方法是合法的，但是比较浪费存储空间。

2. 字符数组初始化

字符数组可以使用以下两种方法来进行初始化。

(1) 使用字符常量初始化数组。例如：

```
char c[10]={'C',' ','P','r','o,'g','r','a','m'};  /*声明同时对各个元素赋初值*/
```

表示 c 是长度为 10 的字符数组,数组元素的数据类型为字符型。

初始化时不指定数组大小,编译系统将根据初始化字符的个数确定数组的长度。例如：

```
char c[]={'C',' ','P','r','o,'g','r','a','m',};
```

如果声明数组的长度大于初始化字符个数时,其余的元素则自动置为空字符'\0 '。例如：

```
char c[10]={'C'};
```

其存储结构为

C	\0	\0	\0	\0	\0	\0	\0	\0	\0

。

但初值个数大于数组长度是错误的,它将导致编译时出错,例如：

```
char c[9]={ 'C',' ','P','r','o,'g','r','a','m'};
```

(2) 使用字符串常量(字符串)初始化数组。例如：

```
char c[]={"C Program"};         /*此时数组 c 长度为 11*/
char c[]="C Program";           /*花括号也可以省略*/
```

用字符串作为初值,使用起来更直观、方便。需要注意的是,数组 c 的长度为 11,因为字符串常量最后由系统自动加了一个'\0 '。所以,上面的初始化与以下方式是等价的。

```
char c[]={'C',' ','P','r','o,'g','r','a','m'};
```

再进一步,如果要存储多个字符串,可以使用二维字符数组。例如：

```
char str[][6]={ "C ","VB.NET","JAVA"};
```

上面语句创建了一个二维字符数组,存储了三个字符串,二维数组 str 的结构如图 6.8 所示。

str[0]	C	\0	\0	\0	\0	\0	\0
str[1]	V	B	.	N	E	T	\0
str[2]	J	A	V	A	\0	\0	\0

图 6.8　str 数组结构

6.5.2　字符数组的输入/输出

可以使用 scanf 和 printf 函数来实现字符数组的输入和输出,可以采用以下两种输出格式。

(1) 使用格式符“%c”,以单个字符形式输入/输出。

【例 6.12】 通过键盘输入字符串,并将其输出。

```
#include<stdio.h>
main()
{
 char c[20];int i=0;
 scanf("%c",&c[0]);
 while((c[i]!='\n')&&(c[i]!=''))
 {
  i++;
```

```
    scanf("%c",&c[i]);          /*为单个数组元素赋初值*/
  }
  for(i=0;c[i]!='\0';i++)
    printf("%c",c[i]);
}
```

程序提示

① 在用键盘输入字符串时，通常以回车符或空格符结束一个字符串的输入。如上例，当输入“abcd dfgh ijkl”时，实际存入字符数组 c 中的字符只有“abcd”，这一点请注意。

② 在未知字符串长度的情况下，声明字符数组长度时应尽量长些，但这势必会造成资源浪费。因而可以用字符串初始化字符数组，这样就显得方便多了。

【例 6.13】 使用字符串初始化字符数组，并输出字符串。

```
#include<stdio.h>
main()
{
  char c[]="C Program";         /*初始化字符数组*/
  int i=0;
  while(c[i]!='\0')             /*使用循环结构逐个输出字符*/
  {
   printf("%c",c[i]);
   i++ ;
  }
}
```

程序提示

输出字符串时，判断字符串是否结束可使用语句：c[i]! ='\0 '。

(2) 使用格式符“%s”，以字符串整体形式输入或输出。例如：

```
char c[6];
scanf("%s",c);
printf("%s",c);
```

从键盘输入：Program↙

在内存中数组 c 的结构为

P	r	o	g	r	a	m	\0

。

注意：(1) 输出字符串时不包括'\0 '。

(2) 使用“%s”格式将字符串整体输出时，在 printf 函数中输出项应是字符数组名，而不是数组元素名。例如，printf("%s",c[i])是错误的。

(3) 如果数组长度大于字符串实际长度,printf 函数也只输出到第一个'\0'为止。例如,执行以下语句:

```
char c[20]="C Program";
printf("%s",c);
```

其结果同上。

(4) 使用 scanf 输入整个字符串时,输入项是字符数组名,不要再加地址符 &,因为它已经被声明过。例如,scanf("%s",c[i])或 scanf("%s",&c[i])都是错误的。

(5) 利用 scanf 函数输入多个字符串以空格分隔。例如:

```
char str1[9],str2[9];
scanf("%s%s",str1,str2);
```

从键盘输入:C Program↙

输入后字符数组 str1、str2 数组的状态如图 6.9 所示。若改为以下形式:

```
char str[11];
scanf("%s",str);
```

str[1]	C	\0	\0	\0	\0	\0	\0	\0
str[2]	P	r	o	g	r	a	m	\0

图 6.9　str1 和 str2 状态

仍输入原内容后,实际上并不是把"C Program"全部送到数组 str1,而只将空格前的字符"C"送入 str1。由于把"C"作为一个字符串处理,因此在其后加'\0'。str1 数组状态如图 6.10 所示。

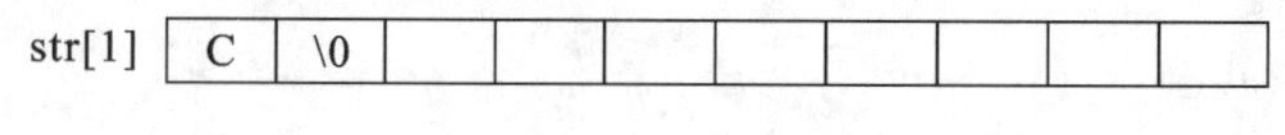

图 6.10　str1 状态

6.5.3　字符串处理函数

1. gets 函数

格式:**gets(字符数组名);**

作用:从键盘输入一个字符串到字符数组,并且得到一个返回值,该函数值是字符数组的首地址。

例如:从键盘输入“C Program”,执行下面两段代码。

```
char str[11];
scanf("% s",str);
prinf("% s",str));
```

输出:

```
C
```

```
char str[11];
gets(str);
printf(("% s",str))
```

输出:

```
C Program
```

故可知 gets 函数有如下特点。

(1) 与使用 scanf 的“%s”格式来输入字符串不同,gets 函数接受的字符串可以包含空格。

(2) scanf 函数可以采用多个“%s”格式来同时输入多个字符串,而 gets 函数一次只能输入一个字符串,以回车符表示字符输入结束。

2. puts 函数

格式:**puts(字符数组名)**;

作用:将数组中的以'\0'结束的字符串输出,输出完毕自动换行。其功能与 printf 的“%s”格式的功能基本相同,只是每次只能输出一个字符串。

试写出下面三段代码的输出结果,均由键盘输入字符串" How are you "。

```
char s[100];
gets(s);
puts(s);
```

```
char s[100];
puts(gets(s));
```

```
char s[100];
scanf("%s",s);
printf("%s",s);
```

3. 字符串连接函数:strcat

格式:**strcat(字符数组 1,字符数组 2)**;

作用:将字符数组 1 中的字符串结束符'\0'删除,将字符数组 2 连接到字符数组 1 后面,并返回字符数组 1 的首地址。

例如:将两个字符串连接,然后存储在第一个字符串中。

str[1]	C	\0	\0	\0	\0	\0	\0	\0
str[2]	P	r	o	g	r	a	m	\0

运行语句:strcat(str1,str2);

结果为:

str[1]	C	P	r	o	g	r	a	m	\0

在使用字符串连接函数时应注意以下几点。

(1) 字符数组 1 的长度要足够大,以容纳最终的字符串。

(2) 字符数组 2 也可以直接用 1 个字符串。例如:strcat(str1,"Program");

注意,第一个参数位置上不能这样使用。

(3) C 语言允许 strcat 函数的嵌套使用。例如:strcat(strcat(str1,str2),str3);是合法的,它将把 3 个字符串连在一起,结果存储在第一个字符串中。

(4) C 语言中规定 2 个字符串不能直接相加。例如:str1=str1+str2 是错误的。

4. strcpy 函数

格式:**strcpy(字符数组 1,字符数组 2)**;

作用:将字符数组 2 的内容复制到字符数组 1 中,复制结束后,系统会自动在字符数组 1 中加入结束符'\0'。例如:

```
strcpy(str1,str2);
```

或

```
strcpy(str1," Program");
```

在使用 strcpy 函数时应注意以下几点。

(1) 字符数组 1 应足够大,以便容纳复制过来的字符数组。复制时连同字符数组后面的'\0'一起复制到字符数组 1 中。

(2) 在C语言中，不允许把字符串或字符数组直接赋给一个字符数组，如 str1＝str2。

5. strcmp 函数

格式：**strcmp(字符数组 1，字符数组 2)；**

作用：比较两个字符串的大小，比较时对两个字符串自左至右逐个字符按ASCII码值的大小进行比较，直到出现不同字符或'\0'为止。比较结果由函数值返回，返回值有以下三种情况。

(1) 字符数组 1＞字符数组 2，函数返回值是正整数，为两个字符串中第一个不同字符的ASCII码值的差值。在字符串比较时，字符串结束符'\0'也参加比较。

(2) 字符数组 1＜字符数组 2，函数返回值是负整数，其他同上。

(3) 字符数组 1＝字符数组 2，函数返回值为 0。

C语言规定，不能使用"＝＝"比较两个字符串，只能用 strcmp() 函数来处理。

6. strlen 函数

格式：**strlen(字符数组名/字符串)；**

作用：测试字符串长度，函数的返回值为字符的实际长度，不包含'\0'。

以上介绍的 6 种常用字符串处理函数中，gets 和 puts 函数在使用时要在程序头加上＃include＜stdio.h＞，其他四个函数在使用时要在程序头加上＃include＜string.h＞。

【例 6.14】 输入 3 个字符串，找出其中最小的字符串并输出。

```
#include<stdio.h>
#include<string.h>
main()
{
char str[3][20];                          /*设置二维字符数组*/
char temp[20];
int i;
for(i=0;i<3;i++)
    gets(str[i]);                         /*依次输入 3 个字符串*/
if(strcmp(str[0],str[1])< 0)              /*比较 2 个字符串*/
    strcpy(temp,str[0]);                  /*将较小的一个字符串复制到字符串 temp*/
else
    strcpy(temp,str[1]);
if(strcmp(str[2],temp)< 0)
    strcpy(temp,str[2]);
printf("The smallest string is:%s\n",temp);/**
}
```

程序运行结果：

```
English
computer
math
The smallest string is:computer
```

程序提示

str[3][20]为二维字符数组，可看作 3 个一维数组 str[0]、str[1]和 str[2]，用它们来存放 3 个字符串，每个字符串最多包含 19 个有效字符。

6.6 程序实例

1. 排序问题

【例 6.15】 从键盘上任意输入 6 个整数，使用冒泡法按从小到大的顺序将其排列并显示出来。

问题分析：对于 n 个数的排序，需进行 n－1 趟比较，其中，第 j 趟比较要进行 n－j 次相邻数的两两比较，每一趟排序后，都会把剩下数中最大的数移到最后位置。

```
#define N 8
#include<stdio.h>
void sort(int array[])                /*冒泡法排序函数*/
{
  int i,j,temp;
  for(i=0;i<N-1;i++)                  /*第 i 趟比较*/
  {
     for(j=0;j<N-i-1;j++)             /*第 j 趟中两两比较 8- j 次*/
       if(array[j]>array[j+1])        /*交换数据*/
       {
          temp=array[j];
          array[j]=array[j+1];
          array[j+1]=temp;}
       }
  }
  main()
  {
   int i,j,a[N];
   printf("please inputsix numbers:\n");
   for(i=0;i<N;i++)                   /*输入 8 个数*/
    {
     printf("a[%d]=",i);
     scanf("%d",&a[i]);
    }
```

```
    printf("Before sorted:\n");
    for(i=0;i<N;i++)
      printf("%5d",a[i]);     /*输出无序数组 a*/
    printf("\n");
    sort(a);   /*调用 sort 函数。数组名作函数参数,当形参数组 array 完成排序,实参数组
               也随之改变*/
    printf("After sorted:\n");
    for(i=0;i<N;i++)
      printf("%5d",a[i]);     /*输出有序数组 a*/
}
```

程序运行结果：

```
please input six numbers:
32  17  63  29  16  2
Before sorted:
32  17  63  29  16  2
After sorted:
2  16  17  29  32  63
```

程序提示

① 第一趟冒泡排序时,首先比较第 1 个数与第 2 个数,若 a[0]>a[1],则交换 2 个数;然后比较第 2 个数与第 3 个数,即 a[1]和 a[2];依此类推,直至第 7 个数和第 8 个数比较完为止。第一趟比较后,数组中最大的数移至最后一个元素位置上,比较过程如图 6.11 所示。

② 第二趟冒泡排序是对前 5 个数进行两两比较,结果使次大的数被安置在第 5 个元素的位置上。重复上述过程,共经过 5 趟冒泡排序后,可将 6 个数按由小到大的顺序进行排序。冒泡排序的过程如图 6.12 所示。

			第3次	第4次	第5次	结果
a[0]	32	17	17	17	17	17
a[1]	17	32	32	32	32	32
a[2]	63	63	63	29	29	29
a[3]	29	29	29	63	16	16
a[4]	16	16	16	16	63	2
a[5]	2	2	2	2	2	63

图 6.11　第一趟排序过程

初始	第一趟	第二趟	第三趟	第四趟	第五趟
32	17	17	17	16	2
17	32	29	16	2	16
63	29	16	2	17	17
29	16	2	29	29	29
16	2	32	32	32	32
2	63	63	63	63	63

图 6.12　整个冒泡排序过程

对于排序问题还可以使用选择法,它与冒泡法的设计思想完全不同。

【例 6.16】 使用选择法完成例 6.15 的排序。

问题分析:先将 n 个数进行 n－1 次比较,从中找出最小数使之与第 1 个数交换,第 1 个

元素位置上为 n 个数中最小数，第一轮选择排序完成。再从剩余的 n−1 个数中找出最小数，将它与第 2 个数交换，完成第二轮选择排序。重复上述过程，共经过 n−1 轮排序结束。

```
void sort(int array[])           /*选择法排序函数*/
{
 int i,j,k,temp;
 for(i=0;i<N-1;i++)              /*第 i 轮比较*/
{
 k=i;
 for(j=i+1;j<N;j++)              /*找出 N- i 个数中最小数*/
   if(array[j]<array[k])  k=j;
 if(i!=k)                        /*交换数据*/
 {
   temp=array[i];
   array[i]=array[k];
   array[k]=temp;}
 }
}
```

程序提示

此程序只给出了选择法排序函数，主函数可直接使用上例。执行过程如图 6.13 所示。例如，在第一轮比较中，找出数组的最小值与第一个数进行交换。

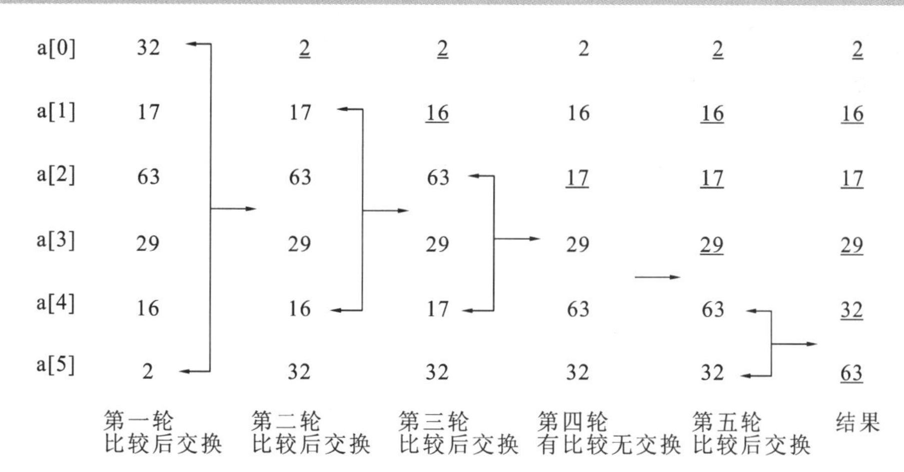

图 6.13 选择排序过程

2. 查询字符位置的问题

【例 6.17】 在一个字符数组中查找一个指定的字符，若数组中含有该字符，则输出该字符在数组中第一次出现的位置，否则输出−1。

```
#include<stdio.h>
#include<string.h>
main()
{
 char ch='e',str[20];
 int i,n,k;
 printf("\nInput a string:");
 gets(str);              /*输入字符串*/
 n=strlen(str);          /*使用字符串函数确定字符长度*/
 for(i=0;i<n;i++)
  if(str[i]==ch)
  {
   k=i;                  /*找到指定字符位置*/
   break;
  }
  else
   k=-1;
 printf("Position is:%d\n",k);
}
```

运行结果：

```
Input a string:umbrella
Position is:4
```

程序提示

查询字符位置问题实际上就是将单个字符与字符串中的字符逐个比对，按它们对应的字符的ASCII值进行比较。本例中字符的位置是指该字符在数组的下标。同时，本程序设计字符串有足够的空间。

3. 查询某字符开始的子串问题

【例6.18】 输入2个字符串s和t，检查字符串s中是否包含子串t，若包含，则返回t在s中第一次出现的位置(下标值)，否则返回－1。

```
#include<stdio.h>
#include< string.h>
int str_find(char s[],char t[])                /*查找子串位置函数*/
{
 int i,j,k;
 for(i=0;s[i]!='\0';i++)
 {
  for(k=i,j=0;t[j]!='\0'&&s[k]==t[j];j++,k++)
```

```
      ;
    if(t[j]=='\0')
      return (i);                        /*返回子字符串t在字符串s中第一次出现的位置*/
    }
  return(-1);                            /*未在s字符串中找到子串t返回-1*/
}
main()
{
  char a[50],b[50];
  int pos;
  printf("Please input string:");        /*输入字符串*/
  gets(a);
  printf("Please input sub string:");    /*输入子字符串*/
  gets(b);
  printf("The position is:%d\n",str_find(a,b));    /*调用函数*/
}
```

运行结果：

```
Please input string:This is a CProgram
"Please input sub string:gr
The position is:3
```

程序提示

① 将查询子串问题以函数形式给出，以提高程序的通用性。函数调用时，形参可以不指定数组长度，因为此时传递的是实参数组的地址。

② 外层循环遍历字符串s比较的起始位置，内层循环用于从s指定的某个位置开始，与子串t比较。

③ 当查询子串出现两次以上时，只找出第一次出现的位置，函数返回语句应置于return(i)外层循环内。

6.7 实训项目六：数组应用

实训目标

(1) 熟练掌握一维数组的声明及初始化。

(2) 熟练掌握二维数组的声明及初始化。

(3) 熟练掌握字符数组的声明、初始化及字符数组的使用。

(4) 掌握使用数组向函数传递参数的方法。

(5) 掌握使用数组的编程方法。

实训内容

(1) 使用键盘向一维数组中输入 20 个整数，找出其中最大的数和最小的数。

(2) 在一个整型数组(全部元素均大于 0)中查找输入的一个整数，找到后求它前面所有整数之和。

(3) 在二维数组 a 中选出各行的最大元素组成一个一维数组 b。

a

3	16	62	85
4	68	11	27
46	25	18	37

b

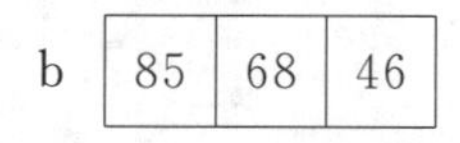

85	68	46

提示：在数组 a 的每一行中寻找最大元素，找到之后把该值赋予数组 b 相应的元素。

(4) 输入 5×5 的数组，分别编写函数实现以下内容。

① 求出对角线上各元素的和。

② 求出对角线上行、列下标均为偶数的各元素的积。

③ 分别求二维数组中最大元素及其位置(即行列下标)、最小元素及其位置。

提示：数组的输入和输出由主函数完成，函数设计均有返回值。

(5) 输入两个字符串并比较它们的大小(不能使用 stcmp 函数)。

(6) 输入一个字符串，统计数字、空格、字母和其他字符各自出现的次数。

(7) 编写程序将字符串中字符逆序存放，要求：字符串的输入和输出在主函数中完成，逆序存放由函数 str_reverse 实现，如输入的实参为字符串“abcdefg”，则返回时字符串改为“gfedcba”。

提示：可参考例 6.3 中将数组中的元素逆序排放的方法。

(8) 输入 3 本书的名称，要求按书名的字母顺序重新排列输出。

提示：3 本书名可由一个二维字符数组来处理。然而 C 语言规定，可以把一个二维数组当成多个一维数组处理。而每一个一维数组就是一个书名字符串。用字符串比较函数比较各个一维数组的大小，并重新排序输出结果。

建议：书名的输入和输出由主函数完成，排序由自定义函数实现。

(9) 编写一个函数，将给定的一个 n×n 矩阵转置，然后输出，如图 6.14 所示。

```
1  1  1  1  1              1  2  3  4  5
2  2  2  2  2     转置     1  2  3  4  5
3  3  3  3  3    ====>     1  2  3  4  5
4  4  4  4  4              1  2  3  4  5
5  5  5  5  5              1  2  3  4  5
```

图 6.14 5×5 矩阵置

程序提示

①利用 n×n 矩阵的特点，将矩阵的上三角与下三角对换即可，而不是将所有行列对应的元素全部互换，即主对角线不变；②两个数组元素互换时，要用到一个临时变量。

6.8 错误提示

错误 1：数组下标越界，例如：

```
int a[10],i;
for(i=0;i<=10;i++)
  scanf("%d ",&a[i]);
```

错误分析：数组 a 由 10 个元素组成，下标为 0～9，当 i=10 时，数组 a 中根本就没有 a[10]这个元素，所以这次接收输入是错误的。

错误 2：声明数组时误用变量。

```
int n;
scanf("%d",&n);
int a[n];
```

错误分析：数组名后用方括号括起来的是常量表达式，可以包括常量和符号常量，即 C 语言不允许对数组的大小作动态声明。

错误 3：数组整体操作，例如：

```
int a[10],b[10];
…
b=a;
```

错误分析：C 语言不允许对数组作整体处理，如果想把 a 的值赋给 b 需要用循环来实现。同样，printf 和 scanf 也不能一次输出或接收一个数组的值，也需要用循环来实现。

错误 4：忘记对需要初始化的数组元素进行初始化。

错误 5：数组一旦经过声明，就不能够动态改变数组大小。

错误 6：通过键盘输入字符串时，字符数组应声明得足够大，否则，将导致程序中丢失字符或产生其他的运行错误。

错误 7：二维数组的引用就是 a[x][y]，而不是 a[x,y]。

错误 8：输出或接收字符数组用取地址符，例如：

```
scanf("%s ",& a);或 printf("%s ",&a);
```

错误分析：字符数组以" %s"格式输入/输出时，数组名本身就代表地址，所以不应加 &。

错误 9：没有在字符数组中分配足够的空间来存储字符串结束符。

错误 10：使用字符串处理函数来处理字符串时，没有包含<string. h>头文件。

习 题 6

一、选择题

1. 若有语句 int a[8];则下述对 a 的描述正确的是________。

A. 声明了一个名称为 a 的一维整型数组,共有 8 个元素

B. 声明了一个数组 a,数组 a 共有 9 个元素

C. 说明数组 a 的第 8 个元素为整型变量

D. 以上可选答案都不对

2. 在 C 语言中,引用数组元素时,其数组下标的数据类型允许是________。

A. 整型常量　　B. 整型表达式

C. 整型常量或整型表达式　　D. 任何类型的表达式

3. 以下对一维整型数组 a 的正确说明是________。

A. int a(10);

B. int n= 10,a[n];

C. int n;
scanf("%d"),&n;int a[n];

D. #define SIZE 10
int a[SIZE];

4. 以下能对一维数组 a 进行正确初始化的语句是________。

A. int a[10]=(0,0,0,0,0);

B. int a[10]={ };

C. int a[]={0};

D. int a[10]=(10*1);

5. 以下各组选项中,均能正确声明二维实型数组 a 的选项是________。

A. float a[3][4];
float a[][4];
float a[3][]={{1},{0}};

B. float a(3,4);
float a[3][4];
float a[][]={{0};{0}};

C. float a[3][4]
float a[][4]={{0},{0}};

D. float a[3][4];
float a[3][];

6. 以下能对二维数组 a 进行正确初始化的语句是________。

A. int a[2][]={{1,0,1},{5,2,3}};

B. int a[][3]={{1,2,3},{4,5,6}};

C. int a[2][4]={{1,2,3},{4,5},{6}};

D. int a[][3]={{1,0,1}{ },{1,1}};

7. 声明如下变量和数组:

```
int i;
int x[3][3]={1,2,3,4,5,6,7,8,9};
```

则下面语句的输出结果是________。

```
for(i=0;i<3;i++)
printf("%d",x[i][2- i]);
```

A. 1 5 9　　B. 1 4 7　　C. 3 5 7　　D. 3 6 9

8. 若用数组名作为函数调用的实参,传递给形参的是________。

A. 数组的首地址　　B. 数组第一个元素的值

C. 数组中全部元素的值　　D. 数组元素的个数

9. 设有 char str[10],下列语句正确的是________。

A. scanf("%s",&str);　　B. printf("%c",str);
C. printf("%s",str[0]);　　D. printf("%s",str);

10. 下述对C语言字符数组的描述错误的是________。

A. 字符数组可以存放字符串

B. 字符数组中的字符串可以整体输入、输出

C. 可以在赋值语句中通过赋值运算符“=”对字符数组整体赋值

D. 不可以用关系运算符对字符数组中的字符串进行比较

11. 函数调用strcat(strcpy(str1,str2),str3)的功能是________。

A. 将串str1复制到串str2中后再连接到串str3之后

B. 将串str1连接到串str2之后再复制到串str3之后

C. 将串str2复制到串str1中后再将串str3连接到串str1之后

D. 将串str2复制到串str1中后再将串str1复制到串str3中

12. 对两个数组a和b进行如下初始化：

```
char a[]="ABCDEF";
char b[]={'A','B','C','D','E','F'};
```

则以下叙述正确的是________。

A. 数组a与数组b完全相同　　B. a与b的长度相同

C. a和b中都存放字符串　　D. 数组a比数组b占用的内存大

13. 以下程序输出的结果是________。

```
#include<stdio.h>
#include< string.h>
main()
{
  char w[][10]={"ABCD","EFGH","IJKL","MNOP"},k;
  for(k=1;k< 3;k++)
  printf("%s\n",&w[k][k]);
}
```

A. ABCD
FGH
KL

B. ABC
EFG
IJ
M

C. EFG
JK

D. FGH
KL

14. 库函数strcpy()用于复制字符串。若有以下声明和语句：

```
char str1[]="string",str2[8],*str3,*str4="string";
```

则以下对库函数strcpy的调用不正确的是________。

A. strcpy(str1,"HELLO1");　　B. strcpy(str2,"HELLO4");

C. strcpy(str3,"HELLO3");　　D. strcpy(str4,"HELLO4");

二、填空题

已声明一个含有30个元素的数组s，函数fav1的功能是按顺序分别赋予各元素从2开

始的偶数，函数 fav2 则按顺序每 5 个元素求一个平均值，并将该值存放在数组 w 中。补足程序中所缺语句。

```
#define SIZE 30
fav1(float s[])
{
   int k,i;
     for(k= 2,i=0;i<SIZE;i++)
        {_____(1)_____;
         k+=2;}
        }
   }
   fav2(float s[],float w[])
   {
     float sum;int k,i;
     sum=0.0;
     for(k= 0,i=0;i<SIZE;i++)
        { sum+= s[i];
          if((i+1)%5==0)
              { w[k]=sum/5;
                _____(2)_____;
                k++;}
        }
   }
  main()
  {
    float s[SIZE],w[SIZE/5],sum;int i,k;
    fav1(s);
    fav2(s,w);
}
```

第7章　指针

学习目标

- 了解指针和指针变量的基本概念
- 掌握指针变量的定义和引用方法
- 掌握数组的指针和指向数组的指针变量
- 掌握函数的指针和指向函数的指针变量
- 掌握指针数组和指向指针的指针概念

7.1　指针变量概述

7.1.1　指针的含义

计算机内存是由连续的存储单元(通常称为字节)组成的,不同的数据类型所占用的存储单元数不同,如整型占用 2 个存储单元,字符型占用 1 个存储单元。每个存储单元有一个唯一的编号,这就是存储单元的“地址”,根据一个存储单元的地址可以准确地找到该内存单元。

当在 C 语言程序中声明一个变量时,编译程序便会在内存中分配出合适的存储单元以保存该变量的值。对于变量的处理可以采用以下两种方式。

1) 直接访问方式

编译程序将存储单元地址与变量名联系起来,当程序引用某个变量名时,也就是访问该变量相应的存储单元。例如:

```
int i;
i=10;
```

执行第一条语句后,编译程序首先为整型变量 i 分配 2 B 的存储单元,这里假设编译程序为 i 分配的地址为 1000 和 1001。一旦为变量分配了存储单元,那么,对变量的操作就是针对存储单元的。因此,第二条语句中引用变量名 i,也就是引用变量所在的存储单元地址,将数值 10 送入地址为 1000 的存储单元(通常变量的地址是指该变量所占的第一个存储单元),图 7.1 所示为变量存储的方式,这种按变量地址存取变量值的方法称为直

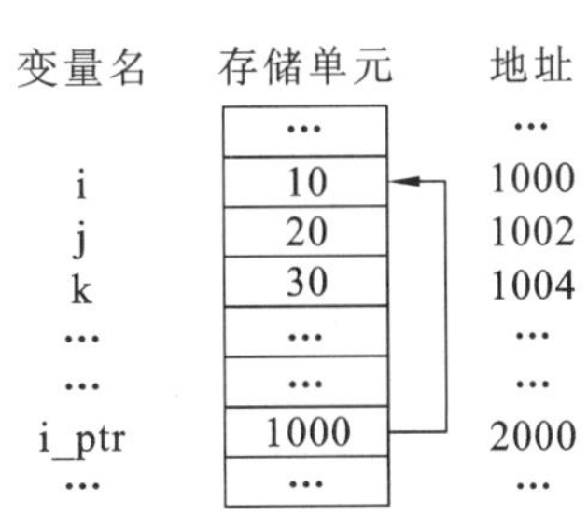

图 7.1　变量、存储单元与地址

接访问方式。

2）间接访问方式

要访问数值 10 时，可以不直接引用变量名 i，而是通过另一个变量 i_ptr 间接访问它。如图 7.1 所示，编译程序为变量 i_ptr 分配了地址为 2000 开始的存储单元，存储内容为 1000，即通过变量 i 所占用存储单元的起始地址就可以访问变量 i 的内容，也就是 1000 单元中的值。这种方式称为间接访问。

间接访问方式中，i_ptr 实际上存放的是 i 的地址，这样就在 i_ptr 和 i 之间建立起一种联系，通过 i_ptr 的值来访问 i 的值。因此，可以说是 i_ptr 指向变量 i。这种存放指向其他变量地址的变量称为指针变量，其中的地址值就是指针。图 7.2 清楚地说明了指针与指针变量间的关系。

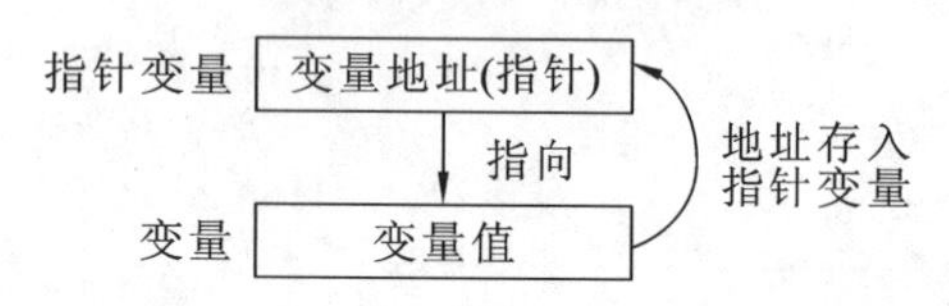

图 7.2　指针与指针变量

在 C 语言中，允许用一个变量来存放指针，这种变量称为指针变量。因此，一个指针变量的值就是某个内存单元的地址或称为某内存单元的指针。指针和指针变量是两个不同的概念，指针是不可改变的，如变量 i 的指针是 1000；而指针变量则是可以改变的，如指针变量 i_ptr 可以指向 i，也可以改变它的值，使它指向其他变量。

7.1.2　指针变量的使用

由上一节可知，一个变量的地址就是该变量的“指针”，存放其他变量指针的变量称为指针变量。与其他变量一样，指针变量在使用前也需要声明和初始化。

1. 指针变量的声明和初始化

在 C 语言中，指针变量在使用之前必须把它声明为指针。其声明格式如下。

类型说明符 * 变量名;

其中：类型说明符表示该指针变量所指向的变量的数据类型；“ * ”为指针说明符，它表示这是一个指针变量；变量名则为声明的指针变量名。

【例 7.1】 声明一个指针变量。

```
int*i_ptr;
```

其中，i_ptr 是一个整型指针变量，它指向某个整型变量，其值是该变量的地址。

【例 7.2】 声明并初始化指针变量，指针变量如图 7.3 所示。

```
① int i=10,*i_ptr;        /*先声明,后进行初始化*/
  i_ptr=&i;
② int i=10,*i_ptr=&i;   /*声明的同时初始化*/
```

以上两种方法是等价的，都可以初始化一个指针变量。

为指针变量声明和初始化时需要注意以下几点。

i_ptr　i
&i → 10

图 7.3　例 7.2 示意图

(1) 声明指针变量时，指针变量名为 i_ptr，而不是 * i_ptr。 * i_ptr 只说明 i_ptr 是一个指针变量。

(2) 必须在声明时规定指针变量所指向变量的数据类型,因为一个指针变量只能指向同一个数据类型的变量,即一个指针变量的数据类型就是其指向某个变量的数据类型。

(3) 指针变量与普通变量一样,使用之前不仅要声明,而且必须赋予其具体的值。未经初始化的指针变量不能使用,否则程序会产生错误的结果。

2. 指针变量的引用

C语言为指针变量专门设置了两个运算符。

(1) "&":取地址运算符,表示取出变量的地址。

(2) "*":指针运算符,表示指针变量所指向的变量。需要注意的是,指针运算符"*"和指针变量声明中的指针说明符"*"不一样。在指针变量声明中,"*"是类型说明符,表示其后的变量是指针类型;而表达式中出现的"*"则是一个运算符,用于表示指针变量所指的变量。

【例7.3】 修改例7.2中变量i的值。

```
int i=10,*i_ptr=&i;          /*声明并初始化指针变量*/
*i_ptr=20;                   /*相当于i=20,间接访问i*/
```

需要注意的是:如果将上一条语句改为i_ptr=20;是错误的,因为指针变量中只能存放地址,不能将一个非地址类型的数据(如常数等)赋给一个指针变量。

【例7.4】 指针变量之间的相互初始化,如图7.4所示。

```
int i=10,*i_ptr,*j_ptr;
*i_ptr=&i;
*j_ptr=*i_ptr;          /*相当于*j_ptr=&i*/
```

在引用指针变量时,需要注意以下几点。

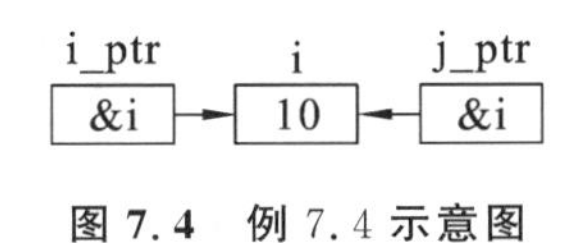

图7.4 例7.4示意图

(1) 在声明指针变量时,如未规定它指向哪一个变量,则此时不能用"*"运算符访问指针。只有在程序中用赋值语句确定后,才能用"*"运算符访问所指向的变量。例如:

```
int i,*i_ptr;
*i_ptr=10;        /*错误,这种错误称为悬挂指针(suspeded pointer)问题*/
```

(2) 根据"*"运算符在不同场合中的作用,编译器能够根据上下文环境判别"*"的作用。

```
int i,j,k,*i_ptr;          /*表示声明指针*/
i_ptr=&i;
*i_ptr=100;                /*表示指针运算符*/
i=j*b;                     /*表示乘法运算符*/
```

(3) & 和 * 都是单目运算符,优先级相同,结合性都是自右向左的。例如:例7.4中先执行"*i_ptr=&i;"则有"i_ptr=& *i_ptr=&i;"。因为上述语句先进行*i_ptr的运算,则其结果为变量i。同样,有"* &i=* i_pt=i;"。

由上还可得出,(*i_ptr)++ = i++,即变量i的值进行自增1的操作。注意这里括号是必需的。

【例 7.5】 输入 a 和 b 两个整数，按先小后大的顺序输出 a 和 b。

```
#include<stdio.h>
main()
{
  int a,b,*a_ptr,*b_ptr,*p_ptr;     /*声明指针变量*/
  printf("Please input two integer:");
  scanf("%d%d",&a,&b);              /*输入两个整数*/
  a_ptr=&a;                         /*指针变量初始化,a_pt 指向 a,b_ptr 指向 b*/
  b_ptr=&b;
  if(a> b)
    {
      p_ptr=a_ptr;
      a_ptr=b_ptr;                  /*a_pt 指向 b*/
      b_ptr=p_ptr;                  /*b_ptr 指向 a*/
    }
  printf("a= %d,b= %d\n",a,b);      /*输出变量 a、b 值*/
  printf("After the sort:%d,%d\n",*a_ptr,*b_ptr); /*输出指针变量所指向变量的值*/
}
```

程序运行结果：

```
Please input two integer:12  11↙
a=12,b=11
After the sort:11,12
```

程序提示

本例在比较两个数的大小时，通过交换指针的值，改变两个指针变量的指向，在输出 *a_ptr 和 *b_ptr 的同时，也就是按 b、a 的大小顺序输出结果，如图 7.5 所示。

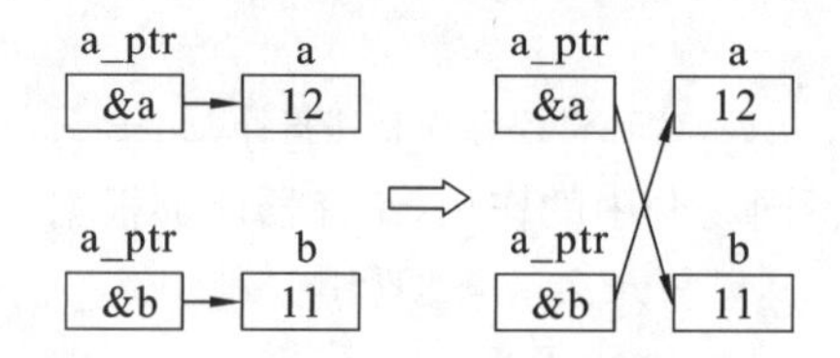

图 7.5 指针变量交换过程示意图

7.1.3 指针变量作为函数参数

函数的参数既可以是整型、实型、字符型等数据，也可以是指针类型。C 语言中规定，主函数和被调函数之间是以单向值传递的方式进行参数传递的，被调函数不能直接修改主函数中变量的值。引入指针概念后，我们就可以利用指针实现在被调函数中改变主调函数中变量的值。使用指针变量作为函数参数的机制是：在主调函数中将变量的指针（地址）作为参数传递给被调函数,在被调函数的函数体内通过指针来访问参数,此时主函数和被调函数共享同一块数据区。被调函数可以通过指针来修改参数的值,在其执行完后修改结果仍然能够得到保留,对应主函数中的变量的指针也同时发生变更。

使用指针做函数参数时需注意以下几点。

(1) 指针变量既可以作为函数的形参,也可以作为函数的实参。作形参时被调函数必须指出参数类型是指针而不是数值。

(2) 指针变量作实参时与普通变量一样,也是单向值传递,即将主调函数中实参指针变量的值(地址)传递给被调函数的形参指针变量。

(3) 被调函数不能改变实参指针变量的值,但可以通过形参指针变量改变它们共同所指向的变量的值。

【例 7.6】 通过指针变量作为函数参数实现交换 a 和 b 的值。

```
#include<stdio.h>
void sort(int*p1_ptr,int*p2_ptr)              /*函数的功能是把 a 和 b 中较小的值存
                                                入 a,较大的值存入 b*/
{
  int temp;
  temp=*p1_ptr;                               /*引用指针变量交换两个数*/
  *p1_ptr=*p2_ptr;
  *p2_ptr=temp;
}
main()
{
  int a,b,*a_ptr,*b_ptr;
  printf("Please input two integer:");
  scanf("%d%d",&a,&b);
  printf("Before the sort:a= %d,b= %d\n",a,b);/*输出变量 a、b 的值*/
  a_ptr=&a;                                   /*初始化指针变量,如图 7.6(a)所示*/
  b_ptr=&b;
  if(a> b)  sort(a_ptr,b_ptr);        /*调用函数 sort(),参数传递如图 7.6(b)所示*/
  printf("After the sort:a= %d,b= %d\n",a,b);  /*输出变量的值*/
}
```

程序运行结果:

```
Please input two integer:12 11↙
Before the sort:a=12,b=11
After the sort:a=11,b=12
```

程序提示

① 函数 swap()的形参是指针变量,可采用以下两种调用方式。

```
swap(a_ptr,b_ptr);          /*指针变量作实参*/
swap(&a,&b);                /*变量地址作实参*/
```

上面两个语句都是传递 a 和 b 的地址值。此时，a_ptr 和 p1_ptr 指向变量 a，b_ptr 和 p2_ptr 指向变量 b，传递后情况如图 7.6(b)所示。

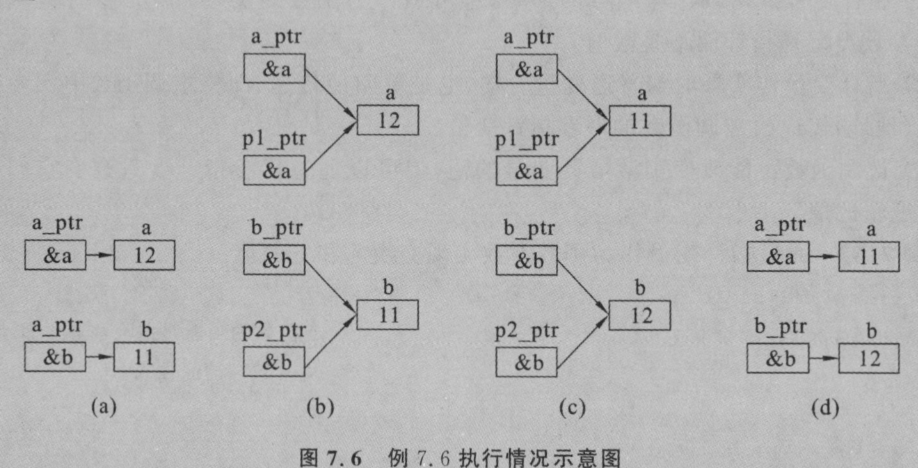

图 7.6　例 7.6 执行情况示意图

② 执行函数时，使 *p1_ptr 和 *p2_ptr 的值互换，也就是使变量 a 和 b 的值互换，互换后的状态如图 7.6(c)所示。函数调用结束后，形参被释放，main 函数中得到的 a 和 b 的值是已经交换后的值，如图 7.6(d)所示。

只有函数 sort()得到变量 a 和 b 的地址，才能交换其值。如果把 sort()设计为下面的形式，是不能实现 a 和 b 的值的交换的。

【例 7.7】 不使用指针变量作函数参数实现交换 a 和 b 的值。

```
#include<stdio.h>
void sort(int x,int y)           /*函数的功能是交换 x 和 y 的值*/
{
  int t;
  t=x;
  x=y;
  y=t;
}
main()
{
  …
  if(a<b)  sort(a,b);            /*调用函数 sort()*/
  …
}
```

程序提示

函数只能交换形参的值，不能实现实参值的交换。因为在C语言中，实参和形参之间使用单向值传递，数据只能由实参传到形参，实参不受形参值变化的影响。

以指针变量作为函数的参数，实参和形参之间仍然遵循单向值传递的原则，也不能改变指针变量本身的值，只可以改变指针变量所指向的变量的值。因此，下面的函数即使使用指针变量作函数参数也不能达到交换的目的。

【例7.8】 将例7.6中的函数改为以下形式。

```
#include<stdio.h>
void int sort(int*p1_ptr,int*p2_ptr)        /*交换形参的值*/
{
  int* temp_ptr;
  temp_ptr=p1_ptr;
  p1_ptr=p2_ptr;
  p2_ptr=temp_ptr;
}
```

程序提示

本例不能完成交换的原因是：sort ()函数交换的是形参指针变量本身，而不是交换它们指向变量的值。

7.2 指针与数组

7.2.1 指针与数组间的关系

指针是C语言中的重要概念，也是C语言的特色之一。使用指针，可以使程序更加简洁、紧凑和高效，而对于数组则更为有用。第6章介绍过数组可以用于表示复杂的、有规律的数据结构，并且数组中的元素在内存中都是按顺序存储的，通过借助数组名和每个元素的下标就可以访问该数组元素。实际上，前面使用数组下标，是在不知道指针概念的情况下使用了指针。

C语言中数组和指针关系密切，几乎可以互换使用，使用指针来进行数组相关的操作显得特别方便。指针变量可以像指向简单变量一样指向数组或数组元素。数组元素的指针就是数组元素在内存中的地址；数组的指针是数组在内存中的起始地址，也是数组中第一个元素的地址。数组中的每个元素都可通过下标确定，称为下标方式。凡可通过下标方式来完成的操作，均可以通过指针方式实现。因此，数组本身可作为指针来处理，数组名本质上是常量指针，它总是指向数组的开头。因此，将指向数组的指针称为数组指针。

7.2.2 一维数组指针

1. 指针与一维数组的关系

假设已经声明整型数组 a[10]（见图 7.7），数组名 a 表示该数组在内存的起始地址，也就是第一个元素 a[0]的地址 &a[0]。声明一个指向数组元素的指针变量的方法如下。

```
int a[10],*a_ptr;         /*声明 a_ptr 指向数组 a 中第一个元素*/
a_ptr=a;
```

或

```
int a[10],*a_ptr=a;
```

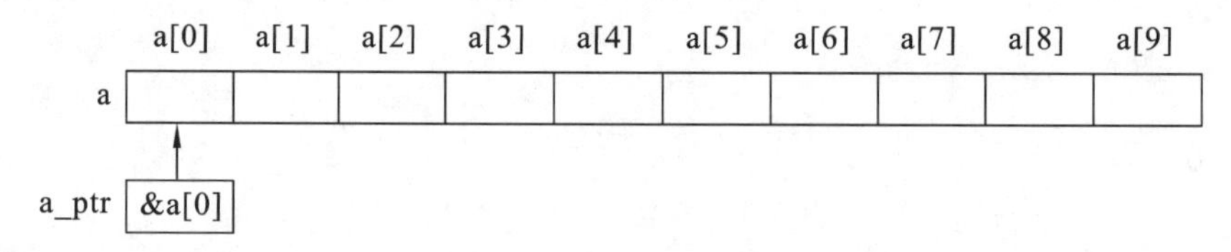

图 7.7 指针与一维数组

指向数组元素的指针变量在实际操作中应注意以下几点。

(1) 因为数组为 int 类型，所以指向 int 类型的指针变量也应该为 int 类型。

(2) 数组 a 不代表整个数组，所以 a_ptr＝a 的作用是把数组的首地址赋给指针变量，使 a_ptr 指向数组中的第 1 个元素，而不是把数组中所有元素的值赋给 a_ptr。

(3) C 语言规定，数组名代表数组的首地址，即第 1 个元素的地址。上述声明变量的语句分别等价于以下形式。

```
int a[10],*a_ptr;
a_ptr=&a[0];         /*将第一个元素地址赋给 a_ptr*/
```

及

```
int a[10],*  a_ptr=&a[0];
```

2. 用指针访问一维数组

一维数组的存储结构是线性的，在内存中占用一片连续的存储单元。若声明了指向数组的指针，该指针也就指向数组的第一个元素，可以通过移动指针来存取数组的每一个元素。

C 语言规定，如果指针变量 a_ptr 已指向数组中的一个元素，则 a_ptr＋1 指向该数组中的下一个元素。注意这里不是将 a_ptr 的值简单加 1，其实际变化为 a_ptr＋1 * size(size 为一个数组元素占用的字节数)，目的是使 a_ptr 指向下一个元素。如果数组元素是整型，则 a_ptr＋1表示 a_ptr 的地址加 2；如果数组元素是实型，a_ptr＋1 表示 a_ptr 的地址加 4；如果数组元素是字符型，a_ptr＋1 表示 a_ptr 的地址加 1。

例如，数组 a 的首地址为 1000，假设指针变量 a_ptr 指向数组中第一个元素 a[0]，则 a_ptr＋1表示指向数组中第二个元素 a[1]，其值为 1000＋1 * 2＝1002，而不是 1001。

引入指向数组的指针变量后，就可以用下面方法来访问数组元素了。

定义如下指针变量：

```
int a[10],*a_ptr=a;
```

则有：

(1) a_ptr+i 和 a+i 都是数组元素 a[i]的地址，或者说它们指向 a 数组的第 i 个元素，如图 7.8 所示。

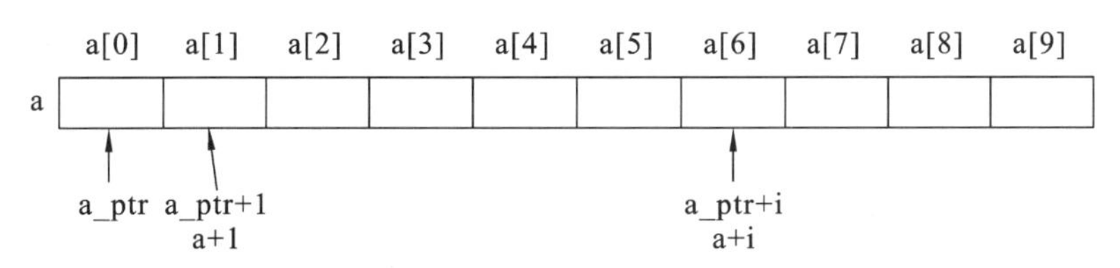

图 7.8 指向数组的指针

(2) *(a_ptr+i)和 *(a+i)都是指数组元素 a[i]的值。

(3) 指向数组的指针变量，也可以看作是数组名，因而 a_ptr [i]等价于 *(a_ptr+i)。

这里的 i 是指数组指针的偏移量。当指针指向数组开头时，偏移量说明了应该引用数组的第 i 个元素，偏移量的值就是数组下标。所以对于下标为 i 的数组元素来说，下面的引用是等价的：

①数组下标法：a[i]；②数组偏移量法：*(a+i)；③指针下标法：a_ptr [i]；④指针偏移量法：*(a_ptr+i)。

【例 7.9】 使用不同方法求某位学生的总成绩和平均成绩。

可以采用以下四种方法来编写程序。

(1) 数组下标法。在第 6 章例 6.2 中有详细的解答。使用这种方法比较直观，根据 i 的当前值，就可以知道现在 a[i]是数组中的第几个元素，这也是引用数组元素常用的一种方法。

(2) 数组偏移量法。

```
#include<stdio.h>
main()
{
 int i,sum=0,a[5];
 float average;
 printf("input 5 grades:\n");
 for(i=0;i<5;i++)
 {
  printf("Subject%d:",i+1);
  scanf("%d",&a[i]);
  sum=sum+*(a+ i);                    /*使用数组名遍历数组*/
 }
 average=(float)sum/5;
 printf("Sum=%d,Average=%0.2f\n",sum,average);
}
```

程序提示

这种方法和数组下标法执行的效率是相同的。C语言的编译系统都是将 a[i]转换为 *(a+i)处理的，即先通过数组名来计算出元素的地址，然后再找到相应数组元素的值。因此，这两种方法的效率都相对较低。

（3）指针下标法。

```
#include<stdio.h>
main()
{
  int i,sum=0,a[5];
  int*a_ptr=a;                    /*声明并初始化指针变量*/
  float average;
  printf("input 5 grades:\n");
  for(i=0;i<5;i++ ,a_ptr++)
  {
   printf("Subject%d:",i+1);
   scanf("%d",a_ptr);         /*使用指针遍历数组*/
   sum=sum+*a_ptr;
  }
  average=(float)sum/5;
  printf("Sum=%d,Average=%0.2f\n",sum,average);
}
```

程序提示

使用指针变量直接指向数组元素，从而不必每次都计算数组元素的地址。a_ptr++是指针变量进行自加操作，可以顺序遍历数组中的元素（顺序改变 a_ptr 的指向）。这种有规律地改变指针变量的指向操作能大大提高程序的执行效率，也体现了使用指针引用数组元素的灵活性。

（4）指针偏移量法。

```
#include<stdio.h>
main()
{
  int i,sum=0,a[5];
  int*a_ptr=a;
  float average;
  printf("input 5 grades:\n");
  for(i=0;i<5;i++)
```

```
  {
    printf("Subject%d:",i+1);
    scanf("%d",a_ptr+ i);
    sum=sum+* (a_ptr+ i);     /*因为* 的优先级比+高,故需要加括号*/
  }
  average=(float)sum/5;
  printf("Sum=%d,Average=%0.2f\n",sum,average);
}
```

程序提示

① 这种方法没有改变指针变量的指向,而是通过指针运算找到相应的数组元素。

② 使用指针下标法、指针偏移法都不直观,难以很快判断当前处理的是哪一个元素。

使用数组指针,应注意以下问题。

(1) 若指针变量a_ptr指向数组a,虽然a_ptr+i与a+i、*(a_ptr+i)及*(a+i)的意义相同,但a_ptr与a还是有区别的。a代表数组的首地址是一个常量指针,在程序运行期间是不变的;a_ptr是一个指针变量,可以指向数组中的任何元素。所以,在例7.9的第(3)种方法中可以使用a_ptr++,而不能使用a++。

(2) 指针变量的值是可以改变的,所以必须注意其当前值,否则容易出错。

(3) 使用指针变量指向数组元素时,应注意保证指向数组中的有效元素,避免出现指针访问越界的错误。

【例7.10】 使用指针变量初始化数组并输出数组的元素。

```
int a[10],*  a_ptr=a;            /*声明数组a和指向该数组的指针变量a_ptr*/
for(i=0;i<10;a_ptr++)            /*使用a_ptr++ 顺序指向数组的下一个元素*/
  scanf("%d",a_ptr);
printf("\n");
for(i=0;i<10;i++ ,a_ptr++)       /*输出数组元素*/
  printf("%d,",*a_ptr);
```

程序提示

① 第一次for循环中使用指针变量初始化数组元素后,a_ptr指向数组以后的内存单元,如图7.9所示。因此,第二次for循环中a_ptr的初始值是a+10,已经超出了数组的范围,但编译程序并不认为其是非法的,它会按*(a+10)来处理。故这样程序得不到预期的结果。

② 解决方法:在第二次for循环前增加如下语句。

```
a_ptr=a;
```

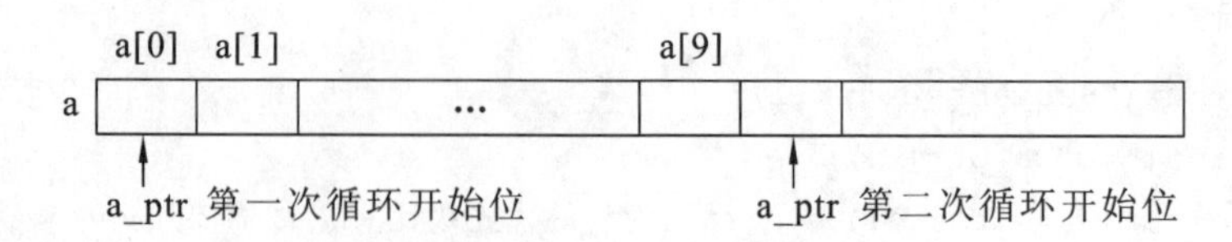

图 7.9 例 7.10 指针示意图

(4) 几种常见的指针变量的运算。设指针 a_ptr 指向数组 a(即 a_ptr＝a)。

① a_ptr＋＋(或 a_ptr＋＝1),a_ptr 指向下一个元素。例如,这里为指向 a[1]。

② * a_ptr＋＋等同于 * (a_ptr＋＋)。因为运算符 * 和＋＋的优先级相同,＋＋是右结合运算符。其作用是先进行 * a_ptr 运算,得到 a_ptr 指向的变量值(即 a[0]),然后再令 a_ptr＝a_ptr＋1,使指针指向 a[1]。

③ * (a_ptr＋＋)与 * (＋＋a_ptr)的作用不同。前者是先进行 * a_ptr 运算,再使 a_ptr 加 1;而后者是先使 a_ptr 加 1,再进行 * a_ptr 运算。若 a_ptr 的初值为 a,则执行 * (＋＋a_ptr),得到的是 a[1]的值。

④ (* a_ptr)＋＋表示 a_ptr 指向的元素值加 1,即(a[0])＋＋,其表示的是数组元素值加 1,而不是指针值加 1。

⑤ 如果 a_ptr 当前指向数组 a 的第 i 个元素,则:

● * (a_ptr－－)相当于 a[i－－],先进行 * a_ptr 运算,再使 a_ptr 自减 1;

● * (＋＋a_ptr)相当于 a[＋＋i],先使 a_ptr 自加 1,再进行 * a_ptr 运算;

● * (－－a_ptr)相当于 a[－－i],先使 a_ptr 自减 1,再进行 * a_ptr 运算。

3. 向函数传递数组

在第 6 章中介绍过可以使用数组元素或数组名作函数参数。数组名代表数组首地址,因此在函数调用时,它作为实参是把数组首地址传送给形参。这样,实参数组和形参数组共占用同一段内存区域,从而在函数调用后,实参数组的元素值可能会发生变化。

用数组名作为函数的参数,在实参和形参之间传递数组的首地址,则首地址可以用数组名表示,也可以用指针变量表示。因为指针变量的值也是地址,所以也可作为函数的参数使用。这并不违反函数参数传递过程遵循的单向值传递方式,只不过这里无论是用数组名还是指针变量作为函数参数传递的“值”都是数组的首地址。

引入指向数组的指针变量后,使用数组及指向数组的指针变量作函数参数时,可以有以下 4 种等价形式。

(1) 形参、实参都用数组名。

(2) 形参、实参都用指针变量。

(3) 形参用指针变量、实参用数组名。

(4) 形参用数组名、实参用指针变量。

实际上,C 语言的编译程序都是将形参数组作为指针变量来处理的。因此,这几种形式本质上是一种,即指针变量作函数参数。

【例 7.11】 将第 6 章中例 6.8 改为使用指针变量作函数参数实现,要求运行结果相同。

```
#define SIZE 5
#include<stdio.h>
int total(int*a_ptr,int n)      /*求数组中所有元素的和*/
{
 int i,sum=0;
 for(i=0;i<n;i++)
     sum=sum+*a_ptr++;          /*指针变量顺序引用实参数组中的数组元素*/
 return sum;                    /*返回值*/
 }
 main()
 {
  int i,sum,a[SIZE];
  float average;
  printf("input 5 grades:\n");
  for(i=0;i<SIZE;i++)
  {
   printf("Subject%d:",i+1);
   scanf("%d",&a[i]);
  }
  sum=total(a,SIZE);            /*数组名作实参调用函数*/
  average=(float)sum/5;
  printf("Sum=%d,Average=%0.2f\n",sum,average);
}
```

程序提示

本例中使用指针变量作函数形参来接收传递的数组，此时 a_ptr 指向 a[0]。因此，指针变量 a_ptr 可用于访问数组元素，但 a_ptr 在函数中并没有改变原实参数组中的元素。

在第 6 章的例 6.9 中，使用函数给整型数组逆序排列，其实参和形参都用数组名，实参与形参共用一段内存单元，可以实现在函数中改变实参数组的元素的值。使用指针作函数参数时也能实现改变实参的目的，下面通过几个实例详细介绍。

【例 7.12】 重新修改例 6.9 中的 sort 函数，实参用数组名，形参用指针变量。

```
#define N 10
#include<stdio.h>
void sort(int*a_ptr,int n)                /*将数组元素逆序排列*/
{
 int*i_ptr,*p_ptr,*j_ptr,temp;
 i_ptr=a_ptr;                             /*指针 i_ptr 指向数组第一个元素*/
 j_ptr=a_ptr+n-1;                         /*指针 j_ptr 指向数组最后一个元素*/
```

```
    p_ptr=i_ptr+ (n- 1)/2;                          /*指针 p_ptr 指向数组中间一个元素*/
    for(;i_ptr< p_ptr;i_ptr+ + ,j_ptr- - )          /*交换数组元素*/
    {
      temp=*i_ptr;
      *i_ptr=* j_ptr;
      *j_ptr=temp;
    }
  }
```

程序提示

主函数仍使用例 6.9 中已经定义的主函数，调用函数 sort 时实参为数组名，形参为指向整型变量的指针 a_ptr。设 i_ptr、j_ptrp 和_ptr 都是指针变量，用它们指向数组中的有关元素，如图 7.10 所示。使用 * i_ptr 和 * j_ptr 进行交换实际就是使数组元素a[i]和 a[N－1－i]交换。

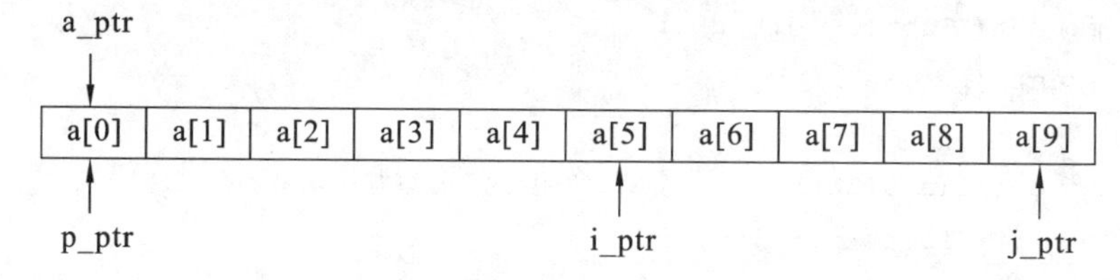

图 7.10　例 7.12 示意图

【例 7.13】 实参和形参都用指针变量实例。

```
#define N 10
#include<stdio.h>
void sort(int*a_ptr,int n)
{…}                                      /*sort()函数与例 7.12 相同*/
main()
{
  int i,a[N],*p_ptr;
  printf("Numbers before sorting\n");
  for(i=0;i<N;i++)
  {
    a[i]=i+1;
    printf("%-3d",a[i]);
  }
  printf("\n");
  p_ptr=a;                               /*初始化实参指针变量*/
  sort(p_ptr,N);                         /*调用 sort()函数*/
  printf("Numbers after sorting\n");
```

```
    for(i=0;i<N;i++ ,p_ptr++)
        printf("%-3d",* p_ptr);/*使用指针形式输出数组元素*/
    printf("\n");
}
```

程序提示

① 在主函数中先让实参指针变量 p_ptr 指向数组 a，然后将 p_ptr 的值传递给形参指针变量 a_ptr，实参和形参两个指针变量指向同一个数组，形参就可以改变实参的值。

② 需要注意的是，指针变量作实参时，必须先使其有确定的值，否则编译时会出错。

还可以让实参为指针变量，形参为数组名完成例 7.13，也能够实现在函数中改变数组元素值，具体程序请参考上面几个例题自己完成。

```
#define N 10
#include<stdio.h>
void sort(int v[],int n)                    /*将数组元素逆序排列*/
{…}
main()
{
  int i,a[N],*p_ptr;
  …
  p_ptr=a;                                  /*初始化实参指针变量*/
  sort(p_ptr,N);                            /*调用 sort()函数*/
…
}
```

7.2.3 二维数组指针

1. 指针与二维数组的关系

二维数组在逻辑上是二维空间结构，但是在内存中则是以行为主顺序占用一片存储空间，二维数组的存储结构是一维线性空间的。因此，可以把二维数组做一维数组的特殊情况来处理。假设有如下数组声明语句。

```
int a[3][4]={{1,2,3,4},{5,6,7,8},{9,10,11,12}};
```

根据二维数组存储结构，可以将其变成一维数组。然后依照一维数组声明一个指针变量 a_ptr，并使其指向二维数组 a 的第一元素 a[0][0]，那么就可能通过移动指针，使其指向各个数组元素，指针和二维数组元素的一一对应关系如图 7.11 所示。

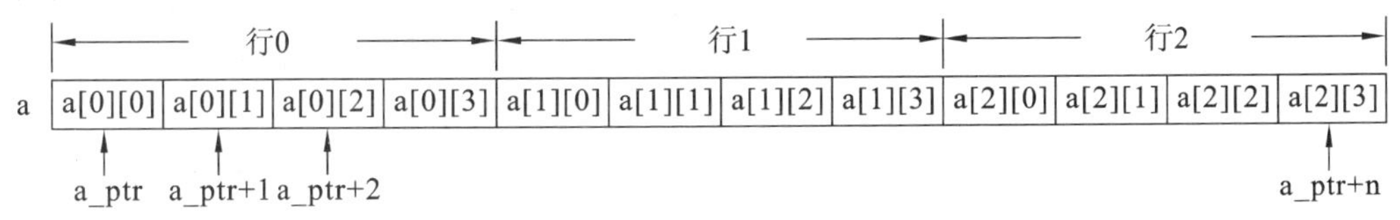

图 7.11 指针与二维数组

例如，第 6 章使用数组下标法输出数组 a 中的元素可使用如下程序语句代替。

```
for(i=0;i<3;i++)
  {
   for(j= 0;j< 4;j++)
      printf("%3d",a[i][j]);
   printf("\n");
  }
```

由于，二维数组是按行顺序存储的，a 表示 a[0]的地址，a[0]中存放 a[0][0]的地址，所以数组 int a[m][n]中 a[i][j]的存储地址可以表示为 &a[0][0]+i＊n+j 或 a[0]+i＊n+j。采用数组名下标法引用数组元素时，则需要进行两次访问地址操作，然后才能引用数组元素，这样就降低了程序效率。在了解了指针变量与二维数组的关系后，使用指针变量，只要进行一次访问地址运算就可以访问数组元素的值，这时数组中元素的地址可以表示为 a_ptr+(i＊n+j)。

【例 7.14】 使用指向二维数组的指针变量输出数组元素的值。

```
#include<stdio.h>
main()
{
  int a[3][4]={{1,2,3,4},{5,6,7,8},{9,10,11,12}};
  int*a_ptr;
  for(a_ptr=a[0];a_ptr<a[0]+ 12;a_ptr++)
   {
    if((a_ptr- a[0])%4==0)
      printf("\n");
     printf("%4d  ",*a_ptr);
   }
}
```

程序提示

从程序中可以看出，这样用 p 指针表示二维数组很不直观，指向数组元素时不知道指的是哪一行、哪一列的数组元素。在明确了二维数组地址后，就可以采用一维数组指针访问二维数组方法引用二维数组元素。

2. 二维数组及其数组元素的地址表示

C 语言允许把一个二维数组分解为多个一维数组来处理，因此数组 a 可分解为三个一维数组，即 a[0]、a[1]和 a[2]，每一个一维数组又分别含有四个元素。例如，a[0]数组，含有 a[0][0]、a[0][1]、a[0][2]和 a[0][3]四个元素，如图 7.12 所示。

从二维数组的角度来看，二维数组名 a 代表整个二维数组的首地址指向 0 行，也即代表二维数组 0 行的首地址(即该行第一个元素 a[0][0]的地址)。那么，a+1 代表 1 行的首地

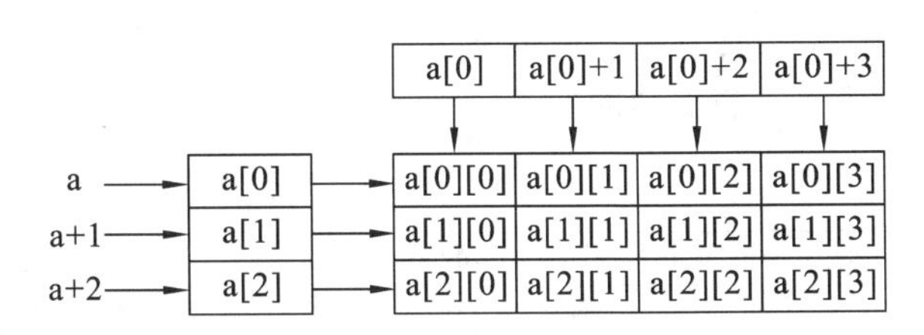

图 7.12 二维数组的地址表示

址，a+2 代表 2 行的首地址。

由于 a[0]是第一个一维数组的数组名，也就是该数组的首地址。由图 7.12 得知，a[0]同时也是二维数组 0 行的首地址。所以，*(a+0)、*a、a[0]、a 四者的意义相同，即它们都有表示一维数组 a[0]中 0 行 0 列元素的地址，即 &a[0][0] 号元素的首地址。

同理，a+1 是二维数组 1 行的首地址。a[1]是第二个一维数组的数组名和首地址，&a[1][0]是二维数组 a 的 1 行 0 列元素地址。因此，a+1、a[1]、*(a+1)与 &a[1][0]的意义相同。

另外，&a[i]和 a[i]也是等同的。因为在二维数组中不能把 &a[i]理解为元素 a[i]的地址，不存在元素 a[i]。C 语言规定，它是一种地址计算方法，表示数组 a 第 i 行首地址。

通过以上用地址方法的描述，可以得出：a+i、*(a+i)、&a[i][0]、a[i]和 &a[i]都等同，它们在二维数组中都是指向行的。

进一步分析，由于 a[0]也可以看成是 a[0]+0，是一维数组 a[0]的 0 号元素的首地址，而 a[0]+1 则是 a[0]的 1 号元素的首地址，由此可得出 a[i]+j 则是一维数组 a[i]的 j 号元素的首地址，它等于 &a[i][j]。

由 a[i]=*(a+i)可得 a[i]+j 等同于 *(a+i)+j，*(a+i)+j 代表二维数组 a 的 i 行 j 列元素的首地址，所以，该元素的值等于 *(*(a+i)+j)。

通过以上的分析可知，表示二维数组元素可以使用 *(*(a+i)+j)、*(a[i]+j)和 a[i][j]这三种方式。

3. 用一维数组指针访问二维数组

二维数组的逻辑结果是一张二维表，横向为行，纵向为列。如果声明一个指针指向二维数组的一行，该指针加 1 则可以移动至指向二维数组的下一行，这样的指针就称为行指针。二维数组指针通常就是指行指针，其声明的一般格式如下。

[数据类型]（*指针变量名）[n]

其中："数据类型"为指针所指向数组的数据类型；"*"表示其后的变量是指针类型；n 表示二维数组分解为多个一维数组时每个一维数组的长度，也就是二维数组的列数。应注意，指针变量名两边的括号不可少，如缺少括号则表示是指针数组，意义就完全不同了。例如：

```
    int   a[3][4];
    int   (*a_ptr)[4];a_ptr=a[0];
```

把二维数组 a 分解为一维数组 a[0]、a[1]与 a[2]之后，设 a_ptr 为指向二维数组的指针变量。它表示 a_ptr 是一个指针变量，它指向包含 4 个元素的一维数组。若指向第一个一维数组 a[0],则其值等于 a、a[0]或 &a[0][0],而 p+i 则指向一维数组 a[i]。从前面的分析可得出 *(p+i)+j 是二维数组 i 行 j 列的元素的地址,而 *(*(p+i)+j)则是 i 行 j 列元素的值,如图 7.13 所示。

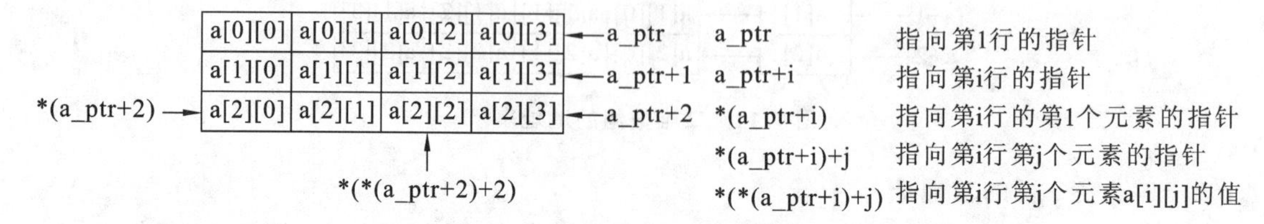

图 7.13 指向二维数组的行指针

【例 7.15】 用一维数组指针访问二维数组,输出数组元素的值。

```
#include<stdio.h>
main()
{
  int a[3][4]={1,2,3,4,5,6,7,8,9,10,11,12};
  int(*a_ptr)[4];                                          /*声明行指针变量*/
  int i,j;
  a_ptr=a;
  for(i=0;i<3;i++)
    {
     for(j= 0;j< 4;j++)
       printf("a[%1d][%1d]=%d",i,j,*(*(a_ptr+ i)+ j)); /*使用行指针引用二维数
                                                          组元素*/
     printf("\n");
    }
}
```

程序提示

a_ptr 实际上是一个二级指针,必须对它施加两次 * 运算,才能得到相应的数组元素值。

4. 向函数传递二维数组指针

二维数组指针也可以作函数参数传递,在用指针变量作形参来接收实参二维数组名传递来的地址时,可以使用相应形式的指针变量。例如,用指向数组元素的指针变量或用指向一维数组的指针变量。

【例 7.16】 一组学生有 3 人,每人有 4 门课程的考试成绩。编写程序求全组人平均成绩及每个人的平均成绩。

```
#include<stdio.h>
```

```
float ave(float*p_ptr,int n)                          /*求所有学生全部课程平均成绩函数*/
{
 float*end_ptr;
 float sum=0;
 end_ptr=p_ptr+ n- 1;
 for(;p_ptr<=end_ptr;p_ptr++)
     sum=sum+(*p_ptr);                                /*累计所有分数*/
 return sum/n;                                        /*返回平均值*/
 }
 void pave(float (*p_ptr)[4],float*a_ptr)             /*求每个学生的平均成绩函数*/
 {
  int i,j;
  float sum;
  for(i=0;i<3;i++ ,a_ptr++)
  {
   sum=0.0;
   for(j=0;j< 4;j++)
        sum=sum+(* (* (p_ptr+ i)+ j));                /*累计每个学生的各科成绩*/
   *a_ptr=sum/4;                                /*指针作形参,改变主调函数中实参数组的值*/
  }
 }
 main()
 {
  int i,j;
  float score[3][4],aver[3],*paver_ptr;
  /*score[3][3]用于存放 3 个学生 4 门课程成绩,aver[3]用于存放 3 个学生的总平均成绩
  */
  printf("input score\n");
  for(i=0;i<3;i++)
     for(j= 0;j< 4;j++)
         scanf("%f",&score[i][j]);
  printf("Average score:%0.2f\n",ave(score,12));   /*数组名作实参调用函数*/
  pave(score,aver);                                    /*调用函数参数*/
  paver_ptr=aver;                                      /*指针变量指向一维数组 aver*/
  printf("Student\tAverage\n");
  for(i=0;i<3;i++)                                     /*使用指针变量输出每个学生的平均分*/
     printf("%d\t%0.2f\n",i+1,*paver_ptr++);
}
```

程序运行结果：

```
Input score
81  76  61  56↙
```

```
75  80  65  62↙
92  85  71  70↙
Average score:72.83
Student Average
1  68.50
2  70.50
3  79.50
```

程序提示

① 函数ave()中的形参p_ptr被声明为指向一个实型二维数组元素的指针变量，其值每加1就转而指向下一个数组元素。函数pave()中的形参p_ptr被声明为指向包含3个元素的一维数组的指针变量，而每一个一维数组元素又是包含一个学生4门课程成绩的一维数组。所以，p_ptr值每加1就转而指向下一个学生的成绩。

② 用一维数组名aver作为实参传递给函数pave()，被调函数通过指针变量a_ptr接收该实参的值，因而后面对指针变量a_ptr的操作实际上就是对数组aver的操作。因此，函数pave()虽无返回值，但在主函数中仍可得到其执行的结果。

7.2.4 指针与字符串

由于字符串可以看作为字符数组，因此在进行声明和初始化时，编译程序自动在字符串的末尾加上字符串结束符'\0 '，如char str[8]="program"。另外，C语言还支持另一种表示字符串的方法，即使用字符类型的指针变量。在C语言中，字符串总是用指向该字符串的指针来表示。

1. 字符指针表示字符串

声明并初始化字符指针str，可使用下面几种方式。

(1) 方式一。

```
char*p_ptr="program";
```

上述语句表示p_ptr是一个指向字符串的指针变量，把字符串"program"的首地址赋予p_ptr，这样指针p_ptr就指向字符串"program"的第一个字符的地址，如图7.14所示。

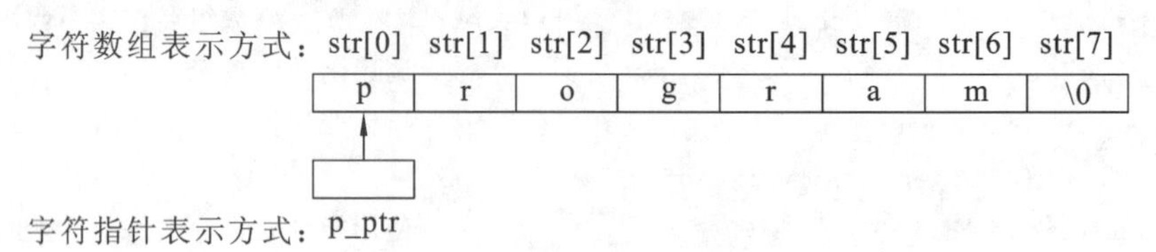

图7.14 字符串的表示方式

(2) 方式二。

```
char*p_ptr;
p_ptr="program";          /*赋值语句*/
```

也可以通过在运行时使用赋值语句给字符串指针赋值。

需要注意的是,这里的赋值语句不是字符串复制(C语言本身也并不支持直接把一个字符串复制给另一个字符的操作)。因为变量 p_ptr 是一个指针,而不是字符串,所以它得到的是字符串的首地址。另外,在字符指针变量 p_ptr 中,仅存储字符串常量的地址,而字符串常量的内容(即字符串本身),是存储在由系统开辟的内存块中的,并在串尾添加一个结束标志'\0'。

(3) 方式三。

```
char str[8],*p_ptr=str;
p_ptr=" program ";
```

(4) 方式四。

```
char c[]="program",*p_ptr;
p_ptr=c;
```

将字符指针和字符数组联合使用,可以克服字符数组不能被整体赋值的缺点,并能显式地指定字符指针的指向。

【例 7.17】 使用字符指针变量逐个引用字符串。

```
#include<stdio.h>
main()
{
  char a[]="c program",*p_ptr;
  int i;
  p_ptr=a;                              /*初始化字符指针*/
  printf("The string is:");
  for(;*p_ptr!='\0';p_ptr++)            /*使用字符指针变量p_ptr在数组中移动,逐个输出字
                                        符,直到遇到'\0'*/
     printf("%c",*p_ptr);
  printf("\n");
  for(i=0;*(a+i)!='\0';i++)             /*通过地址访问数组逐个输出其中字符*/
     printf("a[%d]=%c ",i,*(a+i));
  printf("\n");
}
```

程序运行结果:

```
The string is:C Program
a[0]=C  a[1]=   a[2]=P  a[3]=r  a[4]=o  a[5]=g  a[6]=r  a[7]=a  a[8]=m
```

程序提示

在C语言中,字符串是以数组的方式进行存储和处理的,并且字符指针指向字符串,因此字符数组和字符指针的访问方式相同,均可以使用%s格式控制符进行整体输入/输出。

【例 7.18】 采取整体引用的方法重新编写例 7.17 的程序。

```
#include<stdio.h>
main()
{
 char,*p _ptr="c program";
 printf("The string is:");
 printf("%s\n"p_ptr);
}
```

程序提示

通过整体引用指向字符串的指针变量 p_ptr 来指向字符串，其具体过程为：系统首先输出 p_ptr 指向的第一个字符，然后使 p_ptr 自动加 1，使之指向下一个字符；重复上述过程，直至遇到字符串结束标志'\0 '。

【例 7.19】 在输入的字符串中查找指定的字符。

```
main()
{
 char st[20],*p_ptr;
 int i;
 printf("input a string:\n");
 p_ptr=st;
 scanf("%s",p_ptr);          /*使用%s格式整体输入字符串*/
 for(i=0;p_ptr[i]!='\0';i++)
  if(p_ptr[i]=='c')          /*在字符串中查找与'c'相同的字符*/
  {
    printf("there is a 'c' in the string\n");
    break;                   /*第一次找即退出查询过程*/
  }
 if(p_ptr[i]=='\0')
  printf("There is no 'c' in the string\n");
}
```

2. 字符指针作为函数参数

将一个字符串从一个函数传递到另一个函数，参数传递的值是字符串的首地址，即用字符数组名或指向字符串的字符指针变量作实参或形参。在被调函数中可以改变字符串的内容，在主调函数中可以得到改变了的字符串。

【例 7.20】 连接一个字符串到另一个字符串。

```
#include<stdio.h>
#include< string.h>                    /*引入库函数*/
```

```
str_con(char*s_str,char* t_str)        /*实现两个字符串连接*/
{
 while (*s_str! = '\0') s_str+ + ;     /*将指针 s_str 移至第 1 个字符串结束处*/
 while (* t_str! = '\0')           /*将 t_str 所指向的字符串复制到第 1 个字符串'\0'开始
                                   地方,结果放在 s_str 所指向的存储空间中*/
 {
  *s_str=* t_str;
  s_str+ + ;
  t_str+ + ;
 }
 *s_str='\0';                      /*字符串连接结束后,还应复制'\0'作为字符串结束标志*/
 }
 main()
 {
  char a1[50],a2[50];
  printf("Input a string:");
  gets(a1);                            /*输入第 1 个字符串*/
  printf("Input other string:");
  gets(a2);                            /*输入第 2 个字符串*/
  str_con(a1,a2);                      /*调用函数*/
  puts(a1);
}
```

程序运行结果:

```
Input a string:abcde↙
Input other string:123↙
abcde123
```

程序提示

前面介绍过的字符串处理函数如 puts()、strcat()、strlen()等的参数都是以字符串指针作为参数的。在 C 语言中有关字符串的处理全部要依赖指针来完成。

还可以将 str_con()函数改写为如下形式,这样程序会显得更简洁。

```
str_con(char*s_str,char*t_str)
{
 while (*s_str!='\0') s_str++;
 while ((*s_str++=*t_str++)!='\0')
 ;
}
```

3. 字符指针与字符数组的区别

虽然用字符指针变量和字符数组都能实现字符串的存储和处理，但二者还是有区别的，主要区别如下。

(1) 存储内容不同。字符指针变量中存储的是字符串的首地址，不是整个字符串；而字符数组中存储的是字符串本身，数组的每个元素存放一个字符。

(2) 赋值方式不同。对字符指针变量，可采用下面的赋值语句赋值。例如：

```
char  *p_ptr;
p_ptr="C Program";
```

而字符数组，虽然可以在声明时初始化(如：char a[]=" C Program ";)，但不能用赋值语句整体赋值。例如，下面的用法是非法的。例如：

```
char  a[20];
a=" C Program ";
```

(3) 指针变量的值是可以改变的，字符指针变量也不例外；而数组名代表数组的起始地址，它是一个常量，不能被改变。

(4) 字符数组在声明时就分配了内存单元，它有确定的地址，可使用输入函数直接赋值。例如：

```
char  a[20];
scanf(" %s",a);
```

而字符指针变量声明时，说明它可以指向一个字符型数组，即能够存放一个地址值。但如果未对它赋予一个地址值，则它就不能指向一个确定的字符。例如：

```
char  *p_ptr;
scanf(" %s",p_ptr);          /*一般也能运行*/
```

这里执行输入函数的目的是将一个字符串输入到以 p_ptr 值开始的一段内存单元(即 p_ptr 指向的内存单元)。而 p_ptr 值此时是不可预料的，它可能指向内存中的空白区，也可能指向已经存放了指令或数据的存储区域，这就可能破坏程序，甚至可能会造成更严重的后果。

7.3 指针数组

1. 指针数组的概念

若一个数组的所有元素均为指针类型数据，则它是指针数组。指针数组的声明格式如下。

数据类型 * 数组名[数组长度]；

例如：

```
int*p_ptr[3];
```

上面语句表示 p_ptr 是一个一维指针数组，有 3 个元素 p_ptr[0]、p_ptr[1]和 p_ptr[2]，每个元素都是一个指向整型数据的指针。

需要注意上述声明语句与“int (* p_ptr)[3];”声明语句的区别。由于运算符 * 比运算符[]的优先级低，* p_ptr[3]表示的是把 p_ptr 声明为含有 3 个指针的数组，而(*p_ptr)[3]则表示把 p_ptr 声明为指向含有 3 个元素的数组的指针。

指针数组全部元素都是地址值，可以把每个元素都当成单个指针看待。因此，指针数组比较适合用于处理多个字符串，使字符串的处理更加方便、灵活。

下面就分别用字符数组和指针数组表示一组相同字符串。

(1) 用字符数组来表示。

```
char str[][6]={ "C ","BASIC","JAVA"};
```

使用二维字符数组 str 储存多个字符串，其内存占用情况如图 7.15 所示。字符数组中的每列必须等于最长的字符串的长度(包括字符串结束符'\0 ')，因此，二维数组 str 要占用 18 个字符空间。

C	\0	\0	\0	\0	\0
B	A	S	I	C	\0
J	A	V	A	\0	\0

图 7.15　二维数组表示多个字符串

(2) 用指针数组来表示。

```
char*p_ptr[3]={ "C ","BASIC","JAVA"};
```

使用指针数组存储同样的 3 个字符串，其内存占用情况如图 7.16 所示。每个字符串长度不同，所以将它们单个存放，再用指针数组 p_ptr 的每个数组元素分别记录它们的首地址。需要访问这些字符串时，只要根据数组元素的指向就可以找到该字符串。上面语句只需要 13 个字符空间就可以保存所有字符了。

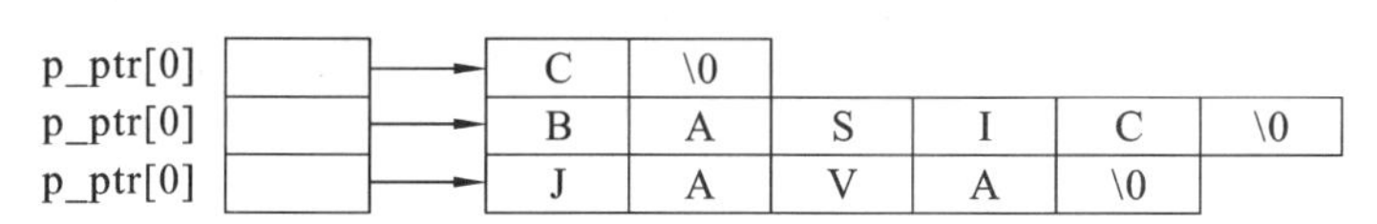

图 7.16　指针数组表示多个字符串

这两者虽然都可用来表示二维数组，但是其表示方法和意义是不同的。用二维字符数组处理多个字符串，会浪费许多内存单元。而用指针数组处理多个字符串，不仅不会浪费内存，还可以节省程序运行时间。

2. 指针数组的应用

【例 7.21】 对指针数组存储字符串排序(使用冒泡排序法由小到大排序)。

```
#include<stdio.h>
#include<string.h>
```

```
void sort(char*p_ptr[],int n)  /*冒泡排序法*/
{
  char*temp_ptr;                /*临时指针,用于交换时存放字符串*/
  int i,j;
  for(i=0;i<n-1;i++)            /*找出第i个小的字符串并交换到正确位置,n个字符串循环n-1次*/
  {
    for(j=i+1;j<n;j++)          /*第i个字符串与后面所有字符比较,前面已经完成排序*/
      if(strcmp(p_ptr[i],p_ptr[j])>0)  /*比较两字符串大小*/
      {
        temp_ptr=p_ptr[i];
        p_ptr[i]=p_ptr[j];
        p_ptr[j]=temp_ptr;
      }
  }
}
void print(char*p_ptr[],int n)
{
  int i;
  for(i=0;i<n;i++)
     printf("NO%d:%s\n",i+1,p_ptr[i]);  /*通过指针输出字符串*/
}
main()
{
  char* day_ptr[]={"ONE","TWO","THREE","FOUR","FIVE","SIX"};
                                            /*声明指针数组并赋初值*/
  int n=6;
  sort(day_ptr,n);                          /*调用排序函数,指针数组传递参数*/
  printf("After sort:\n");
  print(day_ptr,n);                         /*调用输出函数*/
}
```

程序提示

① 指针数组作参数传递的是一个指向指针数组的指针(即数组名)。sort()函数的形参p_ptr也是指针数组名,用于接收实参day_ptr传递过来的数组名。因此,形参和实参数组指的是同一个数组,形参的改变必会影响实参。函数调用前后指针数组的情况如图7.17和图7.18所示。

② 使用指针数组交换两个字符串,每个数组元素只记录一个字符串的地址值,所以交换时只简单地交换两个元素的地址值。整个过程并没有实际交换数据,而只是改变了指针的指向。这比使用数组逐个字符串地交换位置要节省时间。

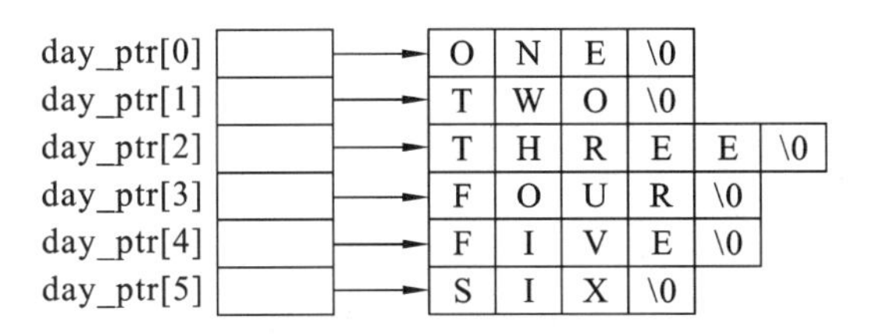

图 7.17 排序前，指针指向

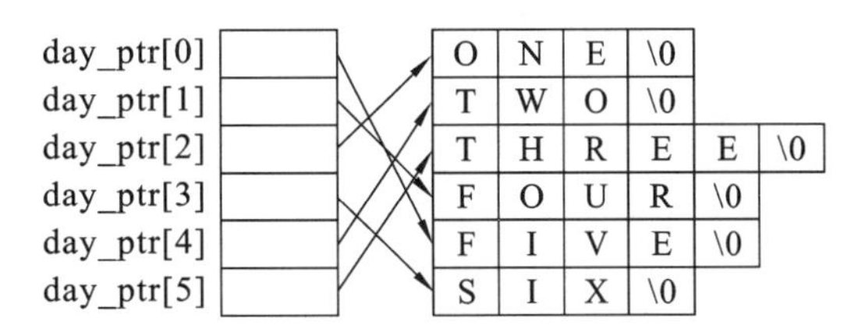

图 7.18 排序后，指针指向

7.4 指向指针的指针

如果一个指针变量存放的又是另一个指针变量的地址，则称这个指针变量为指向指针的指针变量。声明指向指针的指针变量的一般格式如下。

数据类型 * * 指针名；

例如：

```
int i=5,*p1_ptr,* *p2_ptr;
i=3;
p1_ptr=&i;
p2_ptr=&p1_ptr;
```

这里，p1_ptr 是一个指向整型变量 x 的指针，其结构如图 7.19(a)所示。而 p2_ptr 前面有两个 * 号，相当于 *(* p)，如果没有最前面的 *，那就相当于声明了一个指向字符数据的指针变量。现在它前面又有一个 * 号，表示 p2_ptr 是一个指向整型类型指针 p1_ptr 的指针，其结构如图 7.19(b)所示。需要注意的是，指向指针的指针变量的数据类型应与其最终目标变量的数据类型一致。

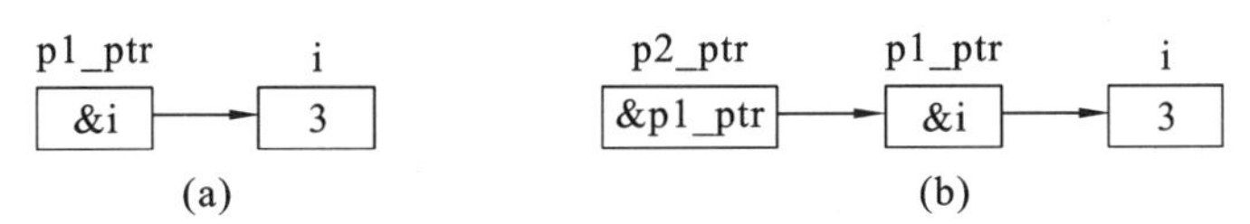

图 7.19 指针变量和指向指针的指针变量结构

指针变量的值是某变量的地址，故可以称指针变量为一级指针；而在指向指针的指针里存放的是第一个指针的地址，其实际值是由第一个指针指出的，因此，指向指针的指针变量也可以称为二级指针。

本章已经介绍过，通过指针访问变量称为间接访问。由于指针变量直接指向变量，故称为单级间址。而如果通过指向指针的指针变量来访问变量则构成二级间址。从理论上说，间址方法可以延伸到更多级，但实际上在程序中很少有使用超过二级间址的。这是因为，级数愈多愈容易混乱，程序也愈容易出错。

【例 7.22】 使用指向指针的指针处理字符串。

```
#include<stdio.h>
main()
{
  char*day_ptr[]={"ONE","TWO","THREE","FOUR","FIVE","SIX"};
                                    /*声明指针数组并赋初值*/
  char**p_ptr;                      /*声明指向指针的指针变量*/
  int i;
  p_ptr=day_ptr;
  for(i=0;i<6;i++)
   printf("String%d:%s\n",i+1,*p_ptr++); /*%s格式输出字符串,%d或%o格式输出
                                    字符串的起始地址*/
}
```

程序提示

① day_str 是一个指针数组,它的每一个元素是一个指针型数据,其值为指向字符串的首地址。同时声明了一个指针变量 p_ptr,它指向指针数组 day_str 的元素,如图 7.20 所示,p_ptr 就是指向指针型数据的指针变量。

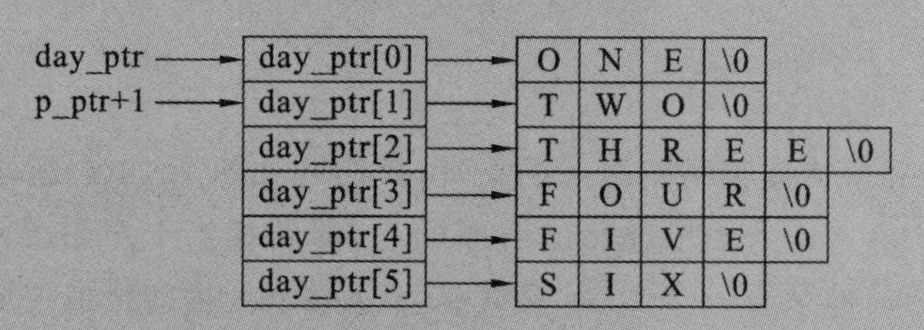

图 7.20 指向指针数组的指针

② 数组名 day_str 代表该指针数组的首地址。day_str+i 是 day_str[i]地址,所以 day_str+i 也是指向指针型数据的指针。

③ 执行语句"p_ptr=day_ptr",使 p_ptr 指向指针数组的 0 号元素 day_ptr[0],*p_ptr 就是 day_ptr[0]的值,即第 1 个字符串的起始地址。

④ 每输出一个字符串后,需移动指针 p_ptr 才能够进行下一个字符串的引用,这里使用"p_ptr++"等同于"p_ptr=day_ptr+i"。

7.5 程序实例

【例 7.23】 编写向有序数组中插入数据的程序。

```
#include<stdio.h>
#include<string.h>
void insert(int* q_ptr,int x,int n)                     /*向有序数组中插入指定数据*/
{
 int i,k= 0;
 while(x> q_ptr[k])  k++;                               /*查询插入位置*/
 for(i=n;i> = k;i- - )  q_ptr[i]=q_ptr[i- 1];           /*调整原数组*/
 q_ptr[k]=x;                                            /*插入数据*/
 }
 main()
 {
  int i,j,x,a[8]={2,16,17,29,45,58,63},*p_ptr;
  printf("Input number:");
  scanf("%d",&x);
  p_ptr=a;
  printf("Before insert:");
  for(i=0;i<8;i++)
     printf("%d ",*p_ptr++);                            /*以指针形式输出数据元素*/
  printf("\n");
  insert(a,x,8);                                        /*调用 insert 函数*/
  p_ptr=a;
  printf("After insert:");
  for(i=0;i<8;i++)
     printf("%d ",*p_ptr++);
  printf("\n");
}
```

程序运行结果：

```
Input number:22↙
Before insert:2  16  17  29  45  58  63  0
After insert:2  16  17  22  29  45  58  63
```

程序提示

程序中函数的实参和形参都为指针形式，它们指向同一数组。函数中使用指针偏移量引用数组元素，其中 q_ptr[i]与 a[i]、*(q_ptr+i)是等价的。

【例 7.24】 编写统计字符串中某单词出现次数的程序。

```
#include<stdio.h>
#include<string.h>
int match(char*s_ptr,char*t_ptr)     /*形参是字符指针，返回值是整数*/
{
```

```
    int count=0;
    char* temp_ptr;
    temp_ptr=t_ptr;                /*临时指针指向单词开始处*/
    while(*s_ptr!='\0')            /*遇到字符串结束符则停止匹配处理*/
    {
      if(*s_ptr==*temp_ptr)        /*本次字符匹配成功,继续匹配下一个字符*/
         temp_ptr++;
      else                         /*本次字符匹配不成功,将临时指针重新指向单词开始处*/
         temp_ptr=t_ptr;
      s_ptr++ ;                    /*测试字符串中下一个字符*/
      if(* temp_ptr=='\0')         /*单词匹配成功,计数器累加*/
      {
        count++;
        temp_ptr=t_ptr;
      }
    }
    return(count);                 /*返回统计结果*/
    }
    main()
    {
     char a[100],b[10];
     printf("Please Input a string:");
     gets(a);
     printf("Please Input a word:");
     gets(b);
     printf("The word %s appeared %d times! \n",b,match(a,b));
                                                        /*数组名作实参调用函数*/
  }
```

程序运行结果：

```
Please Input a string:input a string and input a word↙
Please Input a word:input↙
The word input appeared 2 times!
```

程序提示

① 本程序将字符串指针作为函数参数，使被调函数能够访问主程序中的字符串。在字符串中匹配指定的单词成功后，继续将该单词与字符串中剩余字符逐个进行匹配，以统计出现次数。

② 一个指向字符串的指针必须保证字符串末尾存在字符串结束符'\0'，否则使用这个指针进行字符串操作就会出错。如本例中的二维数组中每一行存储的都是以'\0'结束的字符串。

【例 7.25】 求一组字符串的最小串问题。

```
#include<stdio.h>
#include<string.h>
main()
{
 char s[3][50],*s_ptr[5],**p1_ptr,**p2_ptr;  /*声明1个二维数组,1个指针数组,
                                              2个指向指针的指针变量*/
 int i;
 for(i=0;i<3;i++)
 {
  s_ptr[i]=&s[i][0];
  gets(s_ptr[i]);
 }
 p1_ptr=p2_ptr=s_ptr;
 for(i=0;i<3;i++ ,p1_ptr++)
     if(strcmp(*p2_ptr,*p1_ptr)>0)
         p2_ptr=p1_ptr;
 puts(*p2_ptr);
}
```

程序运行结果：

```
one↙
two↙
three↙
The smallest string is:one
```

程序提示

p1_ptr 和 p_ptr 都是指向指针的指针变量，它们的初值等于指针数组 s_ptr 的数组名，即这两个二级指针变量是指向指针数组元素 s_str[0]的，即 * p1_ptr 和 * p2_ptr 都等于 s_str[0]，而 s_str[0]是指针数组元素，其中存放的地址是字符型二维数组 s 中 0 行 0 列元素的地址，即 s[0][0]的地址。因此，s_str[0]是指向从 s[0][0]开始存放的字符串。

7.6 实训项目七：使用指针编写程序

实训目标

（1）掌握指针和指针变量的基本概念。

（2）掌握指针变量的声明和引用方法。

(3) 熟练掌握用指针访问一维数组的方法。

(4) 熟练掌握用指针访问二维数组的方法。

(5) 熟练掌握用指针处理字符串的方法。

(6) 了解指针数组和指向指针的指针概念。

实训内容

(1) 找出一维数组中的最大数和最小数。

(2) 交换数组 a 和数组 b 中的对应元素。

(3) 使用指针实现将字符串中字符的逆序存放。要求:字符串的输入和输出在主函数中完成,逆序存放由函数 str_reverse 实现,如输入的实参为字符串"abcdefg",则返回时字符串改为"gfedcba"。

提示:逆序算法可参考例 7.11 至例 7.13,但要注意字符串中有字符串结束符的问题,不能将'\0 '作为有效字符进行转置。

(4) 使用选择法将输入的 3 个字符串按由小到大的顺序输出。

(5) 编写程序,分别统计输入字符串中所包含的各个不同的字符及其各自字符的数量。例如,输入字符串 abcedabcdcd,则输出 a=2 b=2 c=3 d=3 e=1。

(6) 编写一个程序,实现将一个字符串追加到另一个字符串中(不用字符串函数)。

(7) 编写一个函数 str_insert(s1,s2,ch),实现在字符串 s1 中的指定字符 ch 位置处插入字符串 s2。

提示:字符串 s1 如以字符数组的形式表示,则需将字符设计得足够大,以便能容纳 s1 和 s2。

(8) 编写程序,读入一个英文句子,检查其是否为回文字符串。

提示:回文字符串是正读和反读都是一样的字符串(本题中不考虑空格和标点符号)。例如,读入句子 abcdedcba,要求由函数实现回文字符串的判别,如果字符串是回文,函数返回 1,否则返回 0。

(9) 编写程序,实现删除字符串 s 中的空格。

(10) 用指向指针的指针方法对输入的 5 个字符串按从小到大排序并输出。

(11) 将给定的一个 n×n 矩阵转置,然后输出。

(12) 编写一个函数实现将字符串 str1 和字符串 str2 合并,合并后的字符串按其 ASCII 码值从小到大进行排序,相同的字符在新字符串中只出现一次。

(13) 编写程序将输入的两行字符串 s1 和 s2 连接后,将串中的全部空格移到字符串首部,然后输出整个字符串。

提示:首先将两个字符串连接,存入 s1 中。然后对 s1 进行整串扫描,找出空格字符与其前面的非空格字符进行交换。注意连续空格的情况,应将最后一个空格与前面的字符交换。例如“C Program”,将第二个空格与' C '交换。

7.7 错误提示

错误 1:要声明指针变量,没有在指针名称前面加 * 。

错误 2:对指针变量赋予非指针值,例如:

```
int i,*i_ptr;
i_ptr=10;
```

错误分析:由于 i 是整型变量,而 i_ptr 是整型变量指针,只能存放一个变量地址,故应改为 i_ptr=&i;。

错误 3:指针变量与指向的变量的数据类型不同,即不能把一种类型变量的地址存储到另一种类型的指针变量中。

错误 4:对于一个已经声明的指针,如果没有被正确初始化或没有指向内存中具体位置的指针,便使用 * 进行引用,这很有可能产生严重的运行期错误,或者可能会无意中修改重要的数据。虽然程序能继续运行,但却得不到正确结果。

错误 5:除非主调函数明确要求被调函数来修改主调函数环境中变量的值,否则不使用指针作函数参数,以防止发生无意中修改的错误。

错误 6:在没有指向数组的指针上进行指针运算,例如:

```
int a[10],*i_ptr;
i_ptr++;
```

错误 7:指向数组的指针移动后没有重新指向数组头部,出现指针超越数组范围的错误。

错误 8:随意修改数组名,例如:

```
int a[10];
…
for(i=0,i<10,a++)
```

错误 9:数组名是常量,不能进行赋值,a++等价于 a=a+1,数组名不能出现在赋值符号的左边。

错误 10:不同类型的指针赋值,例如:

```
int*a_ptr;
char*b_ptr;
…
a_ptr=b_ptr;
```

习 题 7

一、选择题

1. 下列说法中不正确的是________。

A. 指针是一个变量　　B. 指针中存放的是地址值

C. 指针可以进行加、减等算术运算　　D. 指针变量不占用存储空间

2. 若有以下语句：

```
int*p,a[10];
p= a;
```

则下列写法不正确的是________。

A. p=a+2　　B. a++　　C. *(a+1)　　D. p++

3. 分析下面程序：

```
#include<stdio.h>
main()
{
  int i;
  int*int_ptr;
  int_ptr=&i;
  *int_ptr=5;
  printf("i=%d",i);
}
```

该程序的执行结果是________。

A. i=0　　B. i 为不定值　　C. 程序有错误　　D. i=5

4. 执行以下程序段后，m 的值是________。

```
int a[]={7,4,6,3,10};
int m,k,*ptr;
m=10;
ptr=&a[0];
for(k=0;k<5;k++)
  m=(*(ptr+k)<m)?*(ptr+ k):m;
```

A. 10　　B. 7　　C. 4　　D. 3

5. 执行以下程序段后，m 的值为________。

```
int a[2][3]={1,2,3,4,5,6};
int m,*ptr;
ptr=&a[0][0];
m=(*ptr)*(*(ptr+2))*(*(ptr+4));
```

A. 15　　B. 48　　C. 24　　D. 无定值

6. 设有以下声明语句：

```
int a[4][3]={1,2,3,4,5,6,7,8,9,10,11,12};
int (*ptr)[3]=a,*p=a[0];
```

则下列能正确表示数组元素 a[1][2]的表达式是________。

A. *((*ptr+1)[2])　　B. *(*(p+5))

C. (*ptr+1)+2　　D. *(*(a+1)+2)

7. 以下能正确进行字符串赋值、赋初值的语句组是________。

A. char s[5]={'a','b','c','d','e'};　　B. char *s="abcde";

C. char s[5]="abcde";　　D. char s[5];s="abcd";

8. 下列程序的输出结果是________。

```
main()
{
 char*p1,*p2,str[50]="xyz";
 p1="abcd";
 p2="ABCD";
 strcpy(str+2,strcat(p1+2,p2+1));
 printf("%s",str);
}
```

A. xyabcAB　　B. abcABz　　C. Ababcz　　D. xycdBCD

9. 以下程序段的输出为________。

```
char a[]="language",b[]="progratne";
char*ptr1,*ptr2;
int k;
ptr1=a;ptr2=b;
for(k=0;k<7;k++)
  if(*(ptr1+ k)==*(ptr2+ k))
    printf("%c",*(ptr1+k));
```

A. gae　　B. ga　　C. language　　D. 有语法错误

10. 已知下列函数的定义语句：

```
setw(int*b,int m,int n,int dat)
{
 int k;
 for(k=0;k<m*n;k++)
 {
   *b=dat;
   b++;
 }
}
```

则调用此函数的正确写法是(假设变量 a 的说明为 int a[50]) ________。

A. setw(* a,5,8,1);　　B. setw(&a,5,8,1);

C. setw((int *)a,5,8,1);　　D. setw(a,5,8,1);

11. 若有如下声明和语句,则输出结果是________。

```
int a[3]={10,20,30};
int**pp,*p;
p=a;
pp=&p;
(pp[0]++)[1]+=5;
printf("%d,%d,%d\n",**pp,*p,a[0]);
```

A. 25,25,10　　B. 10,25,10　　C. 25,25,15　　D. 输出结果不确定

12. 有如下语句：

```
char*aa[2]={"abcd","ABCD"};
```

则以下说法正确的是________。

A. aa 数组元素的值分别是"abcd"和"ABCD"

B. aa 是指针变量，它指向含有两个数组元素的字符型一维数组

C. aa 数组的两个元素分别存放的是含有 4 个字符的一维字符数组的首地址

D. aa 数组的两个元素中各自存放了字符'a'和'A'的地址

13. 下列程序的输出结果是________。

```
{
 char ch[2][5]={"6934","8254"},*p[2];
 int i,j,s=0;
 for(i=0;i<2;i++)
    p[i]=ch[i];
 for(i=0;i<2;i++)
    for(j= 0;p[i][j]> '0'&&p[i][j]<='9';j+ = 2)
       s=10*s+ p[i][j]- '0';
 printf("%d\n",s);
}
```

A. 6385　　B. 69825　　C. 63825　　D. 693825

二、思考题

1. 程序的运行结果是________。

```
#include<stdio.h>
void fun(char*a1,char*a2,int n)
{
 int k;
 for(k= 0;k<n;k++)
  a2[k]=(a1[k]- 'A'- 3+ 26)%26+ 'A';
 a2[n]='\0';
 }
 main()
 {
  char s1[5]="ABCD",s2[5];
  fun(s1,s2,4);
  puts(s2);
 }
```

2. 以下程序的运行结果是________。

```
main()
{
 int i,*p;
 int a[4]={1,2,3,4};
 p=a;
 for(i=0;i<3;i++)
     printf("%d",* ++p);
}
```

第8章　结构体与共用体

学习目标

- 熟练掌握结构体类型数据的定义和引用
- 能够正确使用 typedef 定义类型
- 熟悉动态分配数据函数
- 掌握使用结构体类型指针处理链表的方法
- 理解共用体的概念并掌握其定义和使用的方法
- 了解编译预处理的有关命令

8.1　结构体的应用场合

C 语言中的数据类型非常丰富，到目前为止，已经介绍过的数据类型有简单变量、数组和指针。简单变量是一个独立的变量，它与其他变量之间不存在固定的联系；数组则是同一类型数据的组合；指针类型数据主要用于动态存储分配。可以说它们各有各的用途，但是在实际问题中，一组相互联系的数据往往具有不同的数据类型，而又需要将它们组合为一个整体，以方便引用。

例如，对一个学生的档案进行管理，需要将每个学生的学号、姓名、性别、年龄、成绩、居住地等类型不同的数据列在一起，虽然这些数据均面向同一个处理对象——学生的属性，但它们却都属于同一类型。

对于这个实际问题，前面掌握的数据类型显然还难以处理这种复杂的数据结构。如果用简单的变量来分别代表个别属性，不仅不能反映它们的内在联系，而且使程序冗长难读；用数组则无法容纳不同类型的元素。这样的一组数据应如何存放呢？

为了解决这个问题，C 语言给出了另一种构造数据类型——“结构”(structure)或称为“结构体”。将不同类型的数据组合在一起，如图 8.1 所示的学生信息结构。这种结构体数据类型相当于其他高级语言中的记录。

num	name	sex	score
10010	张三	男	90.5

图 8.1　学生信息结构

此结构体可写成如下形式。

```
struct stu
{
    int num;
    char name[20];
    char sex;
    float score;
}
```

8.2 结构体类型与结构体变量

8.2.1 结构体类型的声明

结构是一种构造类型，它是由若干成员组成的。每一个成员可以是一个基本数据类型，或者又是一个构造类型。结构既然是一种“构造”而成的数据类型，那么在说明和使用之前必须先定义它，也就是构造它，如同在说明和调用函数之前要先定义函数一样。

定义一个结构体的一般形式如下。

struct 结构体名

　{**成员表列**}；

成员表列由若干个成员组成，每个成员都是该结构的一个组成部分。对每个成员也必须作类型说明，其形式如下。

类型说明符 成员名；

成员名的命名应符合标识符的书写规定。例如：

```
struct stu
{
    int num;
    char name[20];
    char sex;
    float score;
};
```

在这个结构体定义中，结构名为 stu。该结构由 4 个成员组成。第一个成员为 num，为整型变量；第二个成员为 name，为字符数组；第三个成员为 sex，为字符变量；第四个成员为 score，为浮点型变量。应注意的是，括号后的分号是不可缺少的。结构体定义完之后，即可进行结构体变量定义，凡定义为结构体 stu 的变量都由上述 4 个成员组成。由此可见，结构体是一种复杂的数据类型，是数目固定但类型不同的若干有序变量的集合。

8.2.2 结构体变量的定义

定义结构变量有以下三种方法，下面以上面定义的 stu 为例来加以说明。

(1) 先定义结构体，再定义结构体变量。其定义形式如下。

struct　结构体名　结构体变量名

例如：

```
struct stu
    {
        int num;
        char name[20];
        char sex;
        float score;
    };
    struct stu boy1,boy2;
```

上述程序在定义了结构体类型 stu 后，再定义两个变量 boy1 和 boy2 为 stu 结构类型。在实际中，定义了一个结构体类型后，可以多次用其来定义变量。

(2) 在定义结构类型的同时，定义结构体变量。其定义形式如下。

struct 结构体名

{

　成员表列

} **变量名表列；**

例如：

```
struct stu
{
        int num;
        char name[20];
        char sex;
        float score;
}boy1,boy2;
```

(3) 没有结构体类型名，直接定义结构体变量。其定义形式如下。

struct

{

　成员表列

} **变量名表列；**

例如：

```
struct
    {
        int num;
        char name[20];
```

```
        char sex;
        float score;
    }boy1,boy2;
```

第三种方法与第二种方法的区别在于第三种方法中省去了结构体名,而直接给出了结构体变量。用三种方法定义的 boy1、boy2 变量都具有结构体 stu 所拥有的四个成员,其结构如图 8.2 所示。

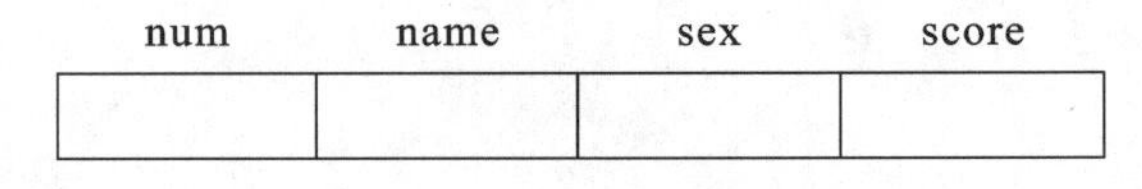

图 8.2　stu 结构体结构

定义 boy1、boy2 变量为 stu 结构体类型后,即可向这两个变量中的各个成员赋值。在上述 stu 结构体定义中,所有的成员都是基本数据类型或数组类型。当然,成员也可以又是一个结构,即构成嵌套的结构。

8.2.3　结构体变量的引用

由于一个结构体变量就是一个整体,要访问它其中的一个成员,必须要先找到这个结构体变量,然后从中找出它其中的一个成员。其引用格式如下。

结构变量名.成员名

其中,“.”为成员运算符。

例如:

```
boy1.num          /*即第一个人的学号*/
boy2.sex          /*即第二个人的性别*/
```

如果某成员本身又是一个结构体类型,则只能通过多级的分量运算,对最低一级的成员进行引用。此时的引用格式可扩展为如下形式。

结构体变量.成员.子成员…最低一级子成员

例如:

```
boy1.birthday.month
```

即第一个人出生的月份成员可以在程序中单独使用,与普通变量完全相同。

结构变量的赋值就是给各成员赋值,可用输入语句或赋值语句来完成。

【例 8.1】 给结构体变量赋值并输出其值。

```
main()
{
    struct stu
    {
      int num;
      char*name;
      char sex;
      float score;
```

```
    } boy1,boy2;                         /*定义结构体及其两个变量*/
    boy1.num=102;
    boy1.name="Zhang ping";
    printf("input sex and score\n");
    scanf("%c%f",&boy1.sex,&boy1.score);  /*给boy1变量中的各成员赋值*/
    boy2= boy1;                           /*boy1的所有成员的值整体赋予boy2*/
    printf("Number=%d\nName=%s\n",boy2.num,boy2.name);
    printf("Sex=%c\nScore= %f\n",boy2.sex,boy2.score);/*输出boy2各成员值*/
}
```

程序运行结果：

```
input sex and score
m  94.5
Number=102
Name=Zhangping
Sex=m
Score=94.500000
```

程序提示

本程序中用赋值语句给 num 和 name 两个成员赋值，name 是一个字符串指针变量。用 scanf 函数动态地输入 sex 和 score 成员值，然后把 boy1 的所有成员的值整体赋予 boy2，最后分别输出 boy2 的各个成员值。本例介绍了结构体变量的引用和赋值方法。

8.2.4 结构体变量的初始化

与其他类型的变量一样，对结构体变量可以在定义时进行初始化赋值。其一般形式如下。

结构体变量={初值表列}

【例 8.2】 对结构体变量的初始化。

```
main()
{
    struct stu                      /*定义结构体*/
    {
      int num;
      char*name;
      char sex;
      float score;
    }boy2,boy1={102,"Zhang ping",'M',78.5};  /*定义结构体变量同时给boy1各成员
                                              赋初值*/
  boy2=boy1;                        /*boy1整体赋给boy2*/
```

```
    printf("Number=%d\nName= %s\n",boy2.num,boy2.name);
    printf("Sex=%c\nScore= %f\n",boy2.sex,boy2.score);
}
```

程序运行结果：

```
Number=102
Name=Zhangping
Sex=M
Score=78.500000
```

程序提示

本例中，boy2 和 boy1 均被定义为外部结构变量，并对 boy1 作了初始化赋值。在 main 函数中，把 boy1 的值整体赋予 boy2，然后用两个 printf 语句输出 boy2 各成员的值。

值得注意的是，如果定义变量时没有赋初值，之后再赋值，则必须逐个给成员赋值，或者用某一同一结构体类型的变量整体赋值。不能写成形如 boy2={102,"Zhang ping",'M',78.5}的形式。

8.2.5 使用 typedef

C 语言中，可以用 typedef 关键字来为系统已有的数据类型定义别名，该别名与标准类型名一样，可以用来定义相应的变量。typedef 定义的一般形式如下。

typedef 原类型名 新类型名

例如：

```
typedef int INTEGER      /*指定别名 INTEGER 代表 int*/
```

声明后，“INTEGER x,y;”就等价于“int x,y;”。

同样，可以声明一个新的别名来代表一个结构体类型，例如：

```
typedef struct stu
{
  char name[20];
  int age;
  char sex;
  } STU;
```

定义 STU 表示 stu 的结构类型，然后可用 STU 来定义结构变量，例如：

```
STU body1,body2;
```

8.3 结构体数组

8.3.1 结构体数组的定义

1. 结构体数组的引入

一个结构体变量只能存放一个对象(如一个学生)的一组数据,如果存放多个对象(如一个班 30 人)的有关数据,就要设多个结构体变量。例如:

```
struct stu boy1,boy2,boy3,…,boy30
```

显然,这样很不方便,因此 C 语言中可以使用结构体数组来解决这个问题,即数组中的每一个元素都是一个结构体变量。

2. 结构体数组的定义

定义结构体数组的方法和定义结构体变量的方法基本类似,也可以采用三种方法。

(1) 先定义结构体类型,再定义结构体数组。例如:

```
struct stu
{
 int num;
 char* name;
 char sex;
 float score;
 };
strcut  stu  boy[30];
```

以上程序定义了一个结构体数组 boy,它有 30 个元素,每一个元素都是 struct stu 类型的。这个数组在内存中占用连续的一段存储单元,数组中各元素值如图 8.3 所示。

	num	name	sex	score
boy[0]				
boy[1]				
⋮	⋮	⋮	⋮	⋮
boy[29]				

图 8.3 结构体数组中各元素在内存中的存储

(2) 可以在定义结构体类型的同时定义结构体数组。

```
struct stu
{
 int num;
```

```
    char* name;
    char sex;
    float score;
    }boy[30];
```

(3) 可以直接定义结构体变量而不定义类型名。

```
  struct
  {
    int num;
    char* name;
    char sex;
    float score;
  } boy[30];
```

8.3.2 结构体数组的引用与初始化

1. 结构体数组的引用

1) 结构体数组的引用形式

一个结构体数组的元素相当于一个结构体变量，因此引用结构体变量的规则也适用于结构体数组元素。例如，对于上面定义的结构体数组 boy，可以如下形式引用。

```
boy[i].num
```

上述语句表示序号 i 为数组元素中的 num 成员。

2) 结构体数组引用时应注意的问题

(1) 可以将一个结构体数组元素赋值给同一结构体类型的数组中的另一个元素，也可以赋值给同一类型的变量。例如：

```
struct  stu boy[3],boy1;
```

下面的赋值都是合法的。

```
boy1=boy[0];
boy[0]=boy[1];
boy[1]=boy1;
```

(2) 不能把结构体数组元素作为一个整体进行输入输出，只能以单个成员为对象进行输入输出。下面的语句都是不合法的。

```
printf("%d",boy[0]);
scanf("%d",&boy[0]);
```

只能按以下形式输入输出。

```
scanf("%s",boy[0].name);
printf("%s",boy[0].name);
```

2. 结构体数组的初始化

结构体数组初始化的一般形式是在定义数组的后面加上“={初始值表列};”。例如：

```
struct stu boy[3]={
                    {101,"Li ping","M",45},
                    {102,"Zhang ping","M",62.5},
                    {103,"He fang","F",92.5}
                    };
```

结构体数组初始化应注意,如果赋初值的数组的个数与所定义的数组元素相等,则数组元素个数可以省略。如上面的赋值可写为如下形式。

```
struct stu boy[]={
                   {101,"Li ping","M",45},
                   {102,"Zhang ping","M",62.5},
                   {103,"He fang","F",92.5}
                   };
```

8.3.3 结构体数组应用举例

【例 8.3】 计算学生的平均成绩和不及格的人数。

```
struct stu                    /*创建结构体及变量并赋初值*/
{
    int num;
    char*name;
    char sex;
    float score;
}boy[5]={
          {101,"Li ping",'M',45},
          {102,"Zhang ping",'M',62.5},
          {103,"He fang",'F',92.5},
          {104,"Cheng ling",'F',87},
          {105,"Wang ming",'M',58},
         };
main()
{
    int i,c=0;
    float ave,s=0;
    for(i=0;i<5;i++)          /*求总分*/
    {
      s+ = boy[i].score;
      if(boy[i].score< 60) c+ = 1;
    }
    printf("s=%f\n",s);
    ave= s/5;                 /*求平均分*/
    printf("average=%f\ncount=%d\n",ave,c);
}
```

程序运行结果:

```
s=345.000000
average=69.000000
count=2
```

程序提示

本例的程序中定义了一个外部结构数组 boy，共 5 个元素，并作了初始化赋值。在 main 函数中用 for 语句逐个累加各元素的 score 成员值的结果存于 s 之中，如 score 的值小于 60（不及格）则计数器 c 加 1，循环完毕后计算平均成绩，并输出全班总分、平均分及不及格人数。

【例 8.4】 建立同学通讯录。

```
#include"stdio.h"
#define NUM 3
struct mem                        /*定义结构体*/
{
    char name[20];
    char phone[10];
};
main()
{
    struct mem man[NUM];          /*定义结构体变量*/
    int i;
    for(i=0;i<NUM;i++)            /*从键盘给各变量成员赋值*/
     {
      printf("input name:\n");
      gets(man[i].name);
      printf("input phone:\n");
      gets(man[i].phone);
     }
    printf("name\t\t\tphone\n\n");
    for(i=0;i<NUM;i++)            /*输出*/
      printf("%s\t\t\t%s\n",man[i].name,man[i].phone);
}
```

程序运行结果：

```
input name:
zhangsan
input phone:
18978934567
input name:
lisi
```

```
input phone:
18978933456
input name:
wangwu
input phone:
18978933557
```

程序提示

本例的程序中定义了一个结构 mem，它的两个成员 name 和 phone 用于表示姓名和电话号码。在主函数中定义 man 为具有 mem 类型的结构数组。在 for 语句中，用 gets 函数分别输入各个元素中两个成员的值。然后又在 for 语句中用 printf 语句输出各元素中两个成员值。

8.4 结构体与指针

8.4.1 结构体指针

一个指针当用于指向一个结构体变量时，则称其为结构体指针。结构体指针的值是所指向的结构体变量的首地址。通过结构体指针即可访问该结构体变量，这与数组指针和函数指针的情况是相同的。

结构体指针定义的一般形式如下。

struct 结构名 * 结构指针变量名

例如，如果要定义一个指向 stu 的指针变量 pstu，可写为如下形式。

```
struct stu*pstu;
```

当然也可在定义 stu 结构体的同时定义 pstu。

与前面讨论的各类指针相同，结构体指针也必须要先赋值后才能使用。赋值是把结构体变量的首地址赋予该指针变量，而不能把结构体名赋予该指针变量。如果 boy 是被定义为 stu 类型的结构体变量，则 pstu=&boy 是正确的，而 pstu=&stu 是错误的。

结构体名和结构体变量是两个不同的概念，不能混淆。结构体名只能表示一个结构形式，编译系统并不对它分配内存空间。只有当某变量被定义为这种类型的结构时，才对该变量分配存储空间。因此上面 &stu 这种写法是错误的，不可能去取一个结构体名的首地址。有了结构体指针，就能更方便地引用结构变量的各个成员。其引用的一般形式如下。

(* 结构体指针).成员名

或

结构体指针->成员名

例如：

```
(*pstu).num
```

或

```
pstu->num
```

应该注意(* pstu)两侧的括号不可少，因为成员符"."的优先级高于"*"。如果去掉括号写作* pstu.num，则等效于* (pstu.num)，这样其意义就完全不对了。

【例 8.5】 结构体指针的使用。

```
struct stu
    {
      int num;
      char* name;
      char sex;
      float score;
    } boy1={102,"Zhang ping",'M',78.5},*pstu;   /*定义结构体指针*/
main()
{
    pstu=&boy1;                                 /*指针指向 boy1 首地址*/
    printf("Number=%d\nName= %s\n",boy1.num,boy1.name);
    printf("Sex=%c\nScore=%f\n\n",boy1.sex,boy1.score);
    printf("Number=%d\nName=%s\n",(*pstu).num,(*pstu).name);/*用指针引用成员*/
    printf("Sex=%c\nScore=%f\n\n",(*pstu).sex,(*pstu).score);
    printf("Number=%d\nName=%s\n",pstu->num,pstu->name);
    printf("Sex=%c\nScore=%f\n\n",pstu->sex,pstu->score);
}
```

程序运行结果：

```
Number=102
Name=Zhangping
Sex=M
Score=78.500000

Number=102
Name=Zhangping
Sex=M
Score=78.500000

Number=102
Name=Zhangping
Sex=M
Score=78.500000
```

程序提示

本例的程序定义了一个指向 stu 类型结构体指针 pstu。在 main()函数中，pstu 被赋予 boy1 的地址，因此 pstu 指向 boy1。然后在 printf 语句内用三种形式输出 boy1 的各个成员值。可以看出：结构体变量. 成员名，(＊结构体指针). 成员名，结构体指针－＞成员名，这三种用于表示结构体成员的形式是完全等效的。

8.4.2 指向结构体数组的指针

由于数组名可以代表数组的起始地址，故结构体数组的数组名也可以代表结构体数组的起始地址。一个指针变量可以指向一个结构体数组，也就是将该数组的起始地址赋给此指针变量。例如：

```
struct
{
  int a;
  float b;
}arr[3],*p;
p=arr;
```

此时，p 指向 arr 数组的第一个元素(见图 8.4)。若执行 p＋＋，则指针的状况如图 8.4 中 p2 所示，即指针变量 p 此时指向 arr[1]。

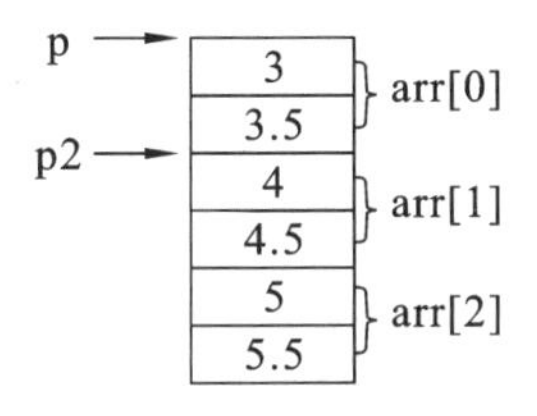

图 8.4 指向结构体数组的指针

【例 8.6】 用指针变量输出结构体数组。

```
struct stu
{
    int num;
    char* name;
    char sex;
    float score;
}boy[3]={
        {101,"Zhou ping",'M',45},
        {102,"Zhang ping",'M',62.5},
        {103,"Liu fang",'F',92.5}
      };
```

```
main()
{
struct stu*ps;                    /*定义结构体指针*/
printf("No\tName\t\t\tSex\tScore\t\n");
for(ps=boy;ps< boy+ 3;ps++)    /*将结构体指针指向数组 boy 首地址*/
printf("%d\t%s\t\t%c\t%f\t\n",ps->num,ps->name,ps->sex,ps->score);
/*将数组各元素成员依次输出*/
}
```

程序运行结果：

```
No    Name          Sex          score
101   Zhou ping     M            45.000000
102   Zhang ping    M            62.500000
103   Liu fang      F            92.500000
```

程序提示

在本例的程序中，定义了 stu 结构类型的外部数组 boy，并对其作了初始化赋值。在 main()函数内定义 ps 为指向 stu 类型的指针。在循环语句 for 的表达式 1 中，ps 被赋予 boy 的首地址，然后循环 3 次，输出 boy 数组中各成员值。

应该注意的是，一个结构体指针虽然可以用于访问结构体变量或结构体数组元素的成员，但是不能使它指向一个成员。因此，下面的写法是错误的。

```
ps=&boy[1].sex;
```

正确的写法为

```
ps=boy;  /*赋予数组首地址*/
```

或

```
ps=&boy[0];    /*赋予 0 号元素首地址*/
```

8.5 结构体与函数

8.5.1 结构体变量作为函数的参数

C 语言允许用结构体变量作为函数参数，即直接将实参结构体变量的各个成员的值全部传递给形参的结构体变量。因此实参和形参类型应当完全一致。

【例 8.7】 有一个结构体变量 stu，内含学生学号、姓名和 3 门课程的成绩。要求在 main()函数中对其赋值，在另一个函数 list 中将它们输出。

```
#include<stdio.h>
#include<string.h>
struct student
{
 int num;
 char name[20];
 float score[3];
};
void list(struct student);
void main()
{
 struct student stu;                /*定义结构体变量*/
 stu.num=12345;                     /*给结构体变量各成员赋值*/
 strcpy(stu.name,"Li Li");
 stu.score[0]=67.5;
 stu.score[1]=89;
 stu.score[2]=78.6;
 list (stu);                        /*调用 list 函数*/
}
void list(struct student stu)      /*注意:stu 是按值传递的*/
{
 printf("num\t\t%d\nname\t\t%s\nscore1\t\t%f\nscore2\t\t%f\nscore3\t\t%f\n",
 stu.num,stu.name,stu.score[0],stu.score[1],stu.score[2]);
 printf("\n");
}
```

程序运行结果:

```
num        12345
name       lili
sore1      67.500000
score2     89.000000
score3     78.599998
```

在本例的程序中,list 函数的参数为结构体 student 的结构体变量。在调用函数时,将已经赋值的结构体变量 stu 作为实参传递给形参,这时,此结构体的所有成员变量的值也就传递给了形参的成员变量。

8.5.2 结构体指针作为函数的参数

前面介绍了将整个结构体变量直接传给函数参数,但是这种方式占用的内存较多,传递速度较慢,故可以用结构体指针作为函数的参数,这样可以不额外占用内存,提高传递速度。

【例 8.8】 用结构体指针做函数参数重编写例 8.7 的程序。

```
#include< string.h>
struct student
{
 int num;
 char name[20];
 float score[3];
}stu={12345,"Li Li",67.5,89,78.6};
 void list(struct student* );         /*参数为结构体指针*/
 void main()
 {
  list(&stu);                         /*调用 list 函数时结构体变量首地址为实参*/
  }
  void list(struct student*p)
  {
  printf("num\t\t%d\nname\t\t%s\nscore1\t\t%f\nscore2\t\t%f\nscore3\t\t%f\n",
  p->num,p->name,p->score[0],p->score[1],p->score[2]);
  printf("\n");
}
```

程序提示

本例中的程序运行结果与例 8.7 完全相同。当 main()函数调用 list 函数时,程序把实参 stu 的地址传给了形参变量 p,也就是使指针 p 指向结构体变量 stu,此时 p 占有存储单元以存放地址。故而没有如例 8.7 那样开辟新的结构体变量,从而节省了内存。

8.6 链　表

8.6.1 链表的概念

1. 动态存储分配

在数组一章中,曾介绍过数组的长度是预先定义好的,在整个程序中都固定不变。C 语言中不允许动态数组类型。例如:

```
int n;
scanf("%d",&n);
int a[n];
```

上述语句中,用变量表示长度,想对数组的大小作动态定义,这是错误的。但是在实际的编程中,往往会发生这种情况,即所需的内存空间取决于实际输入的数据,而无法预先确定。对于这种问题,用数组的方法很难解决。为了解决上述问题,C 语言提供了一些内存管理函数,这些内存管理函数可以按需要动态地分配内存空间,也可把不再使用的空间回收待用,为有效地利用内存资源提供了手段。

常用的内存管理函数有以下三个。

(1) 分配内存空间函数 malloc。

调用形式:(类型说明符 *)malloc(size)

功能:在内存的动态存储区中分配一块长度为"size"字节的连续区域,函数的返回值为该区域的首地址。

说明:"类型说明符"表示把该区域用于何种数据类型,(类型说明符 *)表示把返回值强制转换为该类型指针,"size"是一个无符号数。例如:

```
pc=(char*)malloc(100);
```

上述语句表示分配 100 个字节的内存空间,并强制转换为字符数组类型,函数的返回值为指向该字符数组的指针,把该指针赋予指针变量 pc。

(2) 分配内存空间函数 calloc。calloc 也可用于分配内存空间。

调用形式:(类型说明符 *)calloc(n,size)

功能:在内存动态存储区中分配 n 块长度为"size"字节的连续区域,函数的返回值为该区域的首地址。

说明:(类型说明符 *)用于强制类型转换。calloc 函数与 malloc 函数的区别仅在于一次可以分配 n 块区域。例如:

```
ps=(struet stu* )calloc(2,sizeof(struct stu));
```

其中,sizeof(struct stu)是求 stu 的结构长度。因此该语句的意思为:按 stu 的长度分配 2 块连续区域,将其强制转换为 stu 类型,并把其首地址赋予指针变量 ps。

(3) 释放内存空间函数 free。

调用形式:free(void * ptr);

功能:释放 ptr 所指向的一块内存空间,ptr 是一个任意类型的指针变量,它指向被释放区域的首地址。被释放区域应是由 malloc 函数或 calloc 函数所分配的区域。

【例 8.9】 分配一块区域,输入一个学生数据。

```
main()
{
    struct stu
    {
      int num;
      char*name;
      char sex;
      float score;
```

```
    }  *ps;                                            /*定义结构体及指针 ps*/
    ps=(struct stu*)malloc(sizeof(struct stu));        /*申请内存空间*/
    ps->num=102;                                       /*使用内存空间赋值*/
    ps->name="Zhang ping";
    ps->sex='M';
    ps->score=62.5;
    printf("Number=%d\nName=%s\n",ps->num,ps->name);
    printf("Sex=%c\nScore=%f\n",ps->sex,ps->score);
    free(ps);                                          /*释放内存空间*/
}
```

程序运行结果：

```
num=102;
name=Zhang ping
sex=M
score=62.500000
```

程序提示

本例程序中，分配了一块 stu 内存区，并把首地址赋予 ps，使 ps 指向该区域。再以 ps 为结构体指针对各成员赋值，并输出各成员值。最后用 free 函数释放 ps 指向的内存空间。整个程序包含了申请内存空间、使用内存空间、释放内存空间三个步骤，实现存储空间的动态分配。

2. 链表的概念

在例 8.9 中采用了动态分配的办法为一个结构体分配内存空间。每分配一块空间即可用于存放一个学生的数据，称其为一个结点。有多少个学生就应该申请分配多少块内存空间，也就是说要建立多少个结点。当然用结构体数组也可以完成上述工作，但如果预先不能准确把握学生人数，也就无法确定数组的大小。而且当学生留级、退学之后也不能把该元素占用的空间从数组中释放出来。

使用动态存储的方法可以很好地解决这些问题。有一个学生就分配一个结点，无须预先确定学生的准确人数，如果某学生退学，即可删去该结点，并释放该结点占用的存储空间，从而节约了宝贵的内存资源。另一方面，用数组的方法必须占用一块连续的内存区域，而使用动态分配时，每个结点之间可以是不连续的(结点内是连续的)。结点之间的联系可以用指针实现，即在结点结构中定义一个成员项用于存放下一个结点的首地址，这个用于存放地址的成员，常称为指针域。

可在第一个结点的指针域内存入第二个结点的首地址，在第二个结点的指针域内又存放第三个结点的首地址，如此串连下去直到最后一个结点。最后一个结点因其无后续结点连接，其指针域可赋为 NULL(空)。这样一种连接方式，在数据结构中称为“链表”。图 8.5 所示为单链表的示意图。

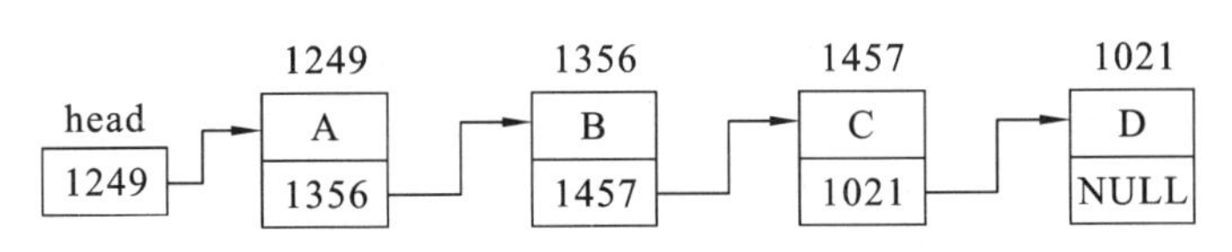

图 8.5 单链表示意图

图 8.5 中,第 0 个结点称为头结点,它存放有第一个结点的首地址,它没有数据,只是一个指针变量。以下的每个结点都分为两个域:一个是数据域,用于存放各种实际的数据,如学号 num、姓名 name、性别 sex 和成绩 score 等;另一个域为指针域,用于存放下一结点的首地址。链表中的每一个结点都是同一种结构类型。

【例 8.10】 建立一个简单的链表,如图 8.6 所示,它由 3 个存放学生数据(包括学生学号和成绩)的结点组成,然后输出各结点数据。

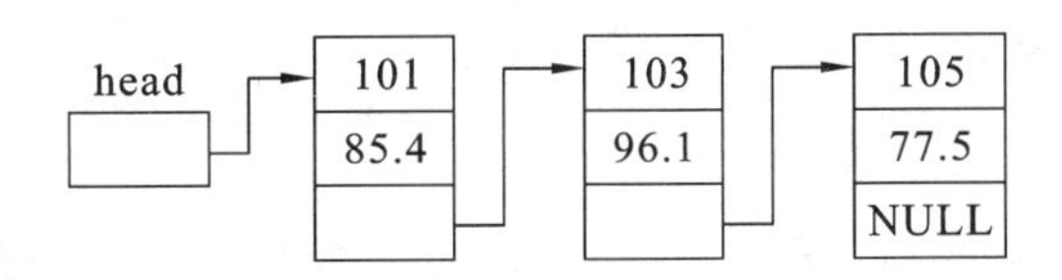

图 8.6 简单链表

```
#define NULL 0
struct node              /*定义结构体类型*/
{
 int num;                /*学号*/
 float score;            /*成绩*/
 struct node* next;      /*指向 struct node 类型的指针*/
}
main()
{
 struct node a,b,c,* head,*p;
 a.num=101;
 a.score=85.4;
 b.num=103;
 b.score=96.1;
 c.num=105;
 c.score=77.5;
 head=&a;                /*头结点*/
 a.next=&b;
 b.next=&c;
 c.next=NULL;            /*尾结点为空*/
 p=head;
 do
 {
```

```
        printf("num:%d\tscore:%5.2f\n",p->num,p->score);
        p=p->next;
    }while(p!=NULL);
    }
```

程序运行结果：

```
    num:101          score:85.40
    num:103          score:96.10
    num:105          score:77.50
```

程序提示

在本例的主函数中定义了3个结构体变量a、b、c，对每一个变量的前两个成员赋值，头指针head中存放第一个变量的地址，第一个变量的next成员存放第二个变量的地址，第二个变量的next成员存放第三个变量的地址，最后一个变量的next成员存放NULL。本程序链表的结点是在程序中定义的，不是临时开辟的，故这种方法称为静态链表，还可以通过前面所述的动态存储分配函数来建立更有意义的动态链表。

8.6.2 创建动态链表

创建动态链表是指在程序执行中，建立起一个一个结点，并将它们连接成一串，形成一个链表。

【例8.11】 编写一个create函数，建立一个如图8.7所示的三个结点的链表，用于存放学生数据。

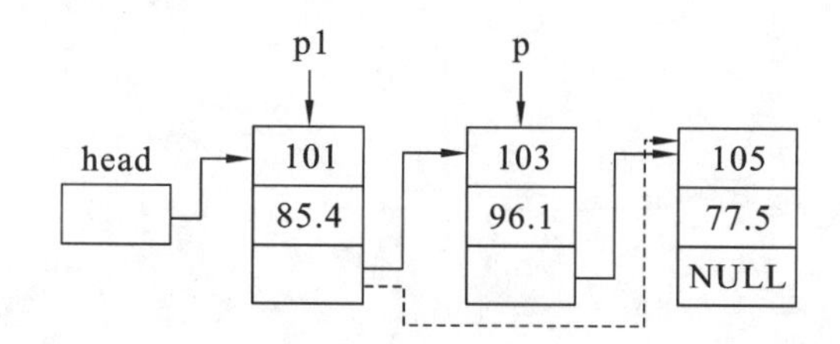

图8.7 结点删除示意图

基本思路：首先向系统申请一个结点空间，然后输入结点数据域中的数据项，并将指针域置为空（即链尾标志）。接下来，继续申请空间，创建新结点，并将新结点插入到链表尾，对于链表的第一个结点，还要设置头指针变量。本例中可设置3个指针变量head、new1和tail。

- head：头指针，指向链表的第一个结点，用于函数的返回值。
- new1：指向新申请的结点。
- tail：指向链表的尾结点，使用语句tail－＞next＝new1实现将新申请的结点插入到链表尾，使之成为新的尾结点。

```
#define NULL 0
#define LEN sizeof(struct student)                /*定义结点长度*/
struct student                                    /*定义结点结构*/
{
int num;
float score;
struct student* next;
};
struct student* create()                          /*create()函数创建单链表*/
{
struct student* head=NULL,*new1,*tail;
int count=0;                                      /*链表中结点个数*/
new1=tail=(struct student*)malloc(LEN);  /*向系统申请一新结点空间*/
scanf("%d%f",&new1->num,&new1->score);
while((new1->num)!=0)                             /*如果输入的学号为零则退出*/
{
  count++;
  if(count==1)                                    /*如果新申请的结点是第一个结点*/
  head=tail=new1;                                 /*head 和 tail 都要指向该结点(因为该
                                                  结点也是当前状态中的尾结点)*/
      else tail->next=new1;                       /*非首结点,将新结点插入到链表尾*/
  tail=new1;                                      /*设置新的尾结点*/
  new1=(struct student*)malloc(LEN);
   scanf("%d%f",&new1->num,&new1->score);
   }
tail->next=NULL;
return(head);                                     /*返回链表头指针*/
}
```

程序提示

在输入学号时,可以输入 0 来结束链表的建立操作。所以 create 函数可以建立一个数目不定的单向链表。

8.6.3 输出动态链表

在例 8.11 中讲解了建立单向链表的方法,到底所建立的链表是否正确,该如何验证呢?在实际中要验证建立的链表是否正确,可以直接输出链表的内容,看看输出的内容是否与输入的内容一致。

链表的输出相对比较简单,只要知道了链表第一个结点的地址(即头指针 head 的值),设一个指针变量 p,先指向第一个结点,输出 p 所指向的结点,然后使 p 后移一个结点再输出，直到尾结点，这样就可以按顺序输出每个结点的数据域的值了。

【例 8.12】 创建一函数，将例 8.11 中所建的链表输出。

```
void output (struct student* head)
{
 struct student*p;
 p=head;
 if(head!=NULL)              /*链表非空*/
      do
      {
         printf("num:%d\tscore:%5.1f\n",p->num,p->score);
         p=p->next;        /*p指向下一个结点*/
      }while(p!=NULL);    /*当p!=NULL时,表明p指向了一个具体的结点*/
}
```

【例 8.13】 创建 main 函数，调用例题 8.10 和例题 8.11 中的两个函数，建立和输出一个链表。

```
void main()
{
  struct student* head;         /*定义指针变量head*/
  head= create();               /*调用create函数,建立链表,并使head指向建立的
                                链表*/
  output(head);                 /*调用output函数输出所建立的链表*/
}
```

程序运行结果：

```
101      85.4
103      96.1
105      77.5
0        78
num:101          score:85.4
num:103          score:96.1
num:105          score:77.5
```

8.6.4 动态链表的删除

相对于数组来说，在链表中删除一个结点就容易多了。假设删除结点 103（指学号 103 所占的结点），在删除前，结点 103 在结点 105 的前面，称结点 103 是结点 105 的前驱结点，结点 103 在 101 的后面，称结点 103 是 101 的后继结点，如图 8.7 中实线所示。删除后将结点 101 和 105 直接连接起来，也就是说，结点 101 成为结点 105 的前驱结点，结点 105 成为结点 101 的后继结点，如图 8.7 中虚线所示。

其具体操作步骤如下。

(1) 找到要删除的结点，并使指针变量 p 指向要删除的那个结点，p1 指向要删除结点的

前一个结点。

(2) 让 p1 的指针域存放 p 指针域的内容,然后释放 p 所指向结点的空间,即 p1 的指针域指向 p 的指针域所指的结点(见图 8.7 中的虚线部分),则 p 所指的结点就从链表中分离出来,并把所占空间还给了系统,所执行的代码如下。

```
p1->next=p->next;          /*删除当前指针 p 指向的要删除的结点 103*/
free(p);                   /*释放结点 103 所占的空间*/
```

由此可见,只要找到要删除的结点和它前面的结点,则删除操作就可以很容易完成。并且不用像数组那样通过大量移动数组元素来完成删除。

【例 8.14】 编写一个 dele 函数,删除链表中学号为 num 的指定结点。

```
struct student*dele(struct student*head,int num)
{
struct student*p1,*p;
if(head==NULL)
{
    printf("空链表\n");
    return head;
}
p= head;
while(p->num! = num&&p->next! = NULL)
                    /*当前结点如果不是要删除的结点,也不是最后一个结点时,继续循环*/
{
    p1=p;
    p=p->next;
}                   /*p1 指向当前结点,p 指向下一个结点*/
if(p->num==num)
{
    if(p==head)
        head= p->next;
                  /*如果找到要删除的结点,并且是第一个结点,则 head 指向第二个结点*/
    else
        p1->next= p->next;
    free(p);
    printf("结点已经被删除\n");
}
else
    printf("没找到要删除的结点\n");
return head;
}
```

结合前面例题中所做的函数,创建主函数验证 dele()函数。

```
void main()
{
  struct student* head;   /*定义指针变量 head*/
  head= create();         /*调用 create 函数,建立链表,并使 head 指向建立的链表*/
  output(head);           /*调用 output 函数输出所建立的链表*/
  dele(head,103);         /*调用 dele 函数删除学号为 103 的结点*/
  output(head);           /*调用 output 函数输出删除 103 结点后的链表*/
}
```

程序运行结果:

```
101    76.8
103    78.9
105    69.3
0      0
num:101          score  76.8
num:103          score: 78.9
num:105          score: 69.3
结点已经被删除
num:101          score  76.8
num:105          score:  69.3
```

8.6.5 动态链表的插入

结点的插入是在一个已有链表中的指定位置插入一个新结点。以原来的链表为例,插入结点的原理如图 8.8 所示(虚线所标示的功能是把 p 所指的结点连接到 p1 所指的结点之后)。从图 8.8 中可以看出,假定要在某个结点之后(比如 101 结点)插入一个新的结点(p 所指向的结点即 102 结点),则可以进行下面的操作(实现虚线所标识的功能)。

```
p->next= p1->next;
```

该命令把 p 的指针域存放 p1 指针域的内容,即 p 的指针域指向图 8.8 所示链表中的 103 结点。

```
p1->next= p;
```

该命令使 p1 的指针域存放 p 的值,即 p1 的指针域指向 p 所指的那个结点,即 102 结点。

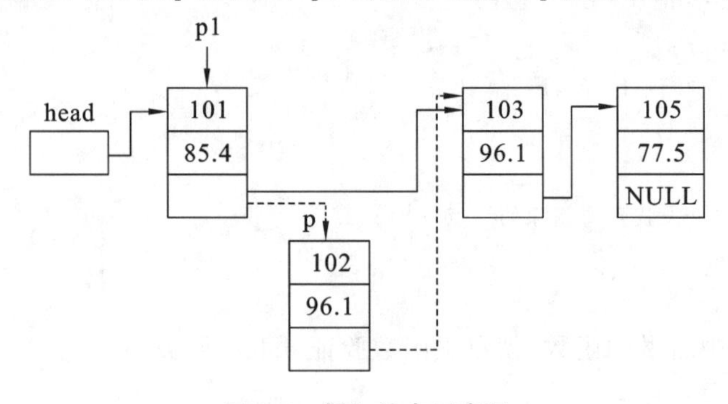

图 8.8　插入结点示意图

【例 8.15】 编写一个 insert 函数，完成在指定学号的结点后面插入一个新结点的操作。

```
int  *insert (struct student* head,int num,struct student*p)
{
struct student*p1=head;         /*p1 用于指向当前结点,p1 的初值为链表中第一个数据
                                结点*/
      while(p1! = NULL)         /*当 p1 指向具体结点时*/
{
     if(p1->num==num)           /*如果当前结点是要找的结点*/
     {
      p->next= p1->next;        /*把 p 的指针域存放找到的结点后面结点的地址*/
      p1->next= p;              /*把找到的结点的指针域存放 p 所指结点的地址*/
      return 1;                 /*结束本函数,并返回成功标志 1*/
     }
      p1=p1->next;              /*如果当前结点不是要找的结点,则 p1 指向下一个结点*/
  }
  return 0;                     /*结束本函数,并返回失败标志 0*/
 }
```

主函数程序如下。

```
void main()
{
  struct student* head,*p;   /*定义指针变量 head*/
  head= create();            /*调用 create 函数,建立链表,并使 head 指向建立的链表*/
  output(head);              /*调用 output 函数输出所建立的链表*/
   p= (struct student* )malloc(sizeof(struct student));
                                            /*为要插入的结点申请空间,并使 p 指向它*/
   printf("请输入插入结点的学号和成绩:\n");
   scanf("%d%f",&p->num,&p->score);
  if(insert(head,102,p)==0) /*如果函数值为 0,则没有成功*/
    {
    printf("没有 102 这个结点,新结点没有插入到链表中\n");
    }
  else                       /*插入成功的情况*/
    {
      printf("新结点插入成功,新的链表为:\n");
      output(head);          /*调用函数,输出新的链表*/
    }
}
```

程序运行结果：

```
101  98.3
102  89.3
105  78.3
0    0
num:101         score   98.3
num:102         score:  89.3
num:105         score:  78.3
请输入插入结点的学号和成绩：
103  89.5
新结点插入成功,新的链表为：
num:101         score   76.8
num:102         score:  89.3
num:103         score:  89.5
num:105         score:  69.3
```

程序提示

在本例程序中,首先将指针指向 head,然后顺着结点指针找到 num 为 102 结点,然后将新结点插入到此结点后面即可。

8.7 共用体

8.7.1 共用体的定义

有时需要将几种不同类型的变量存放在同一段内存单元中,如图 8.9 所示。如可以把一个整型变量、一个字符型变量、一个实型变量放在同一个内存中,这 3 个变量所占的内存字节数不同,但都从同一地址开始(设地址为 1000)存放,然后使用覆盖技术,使几个变量相互覆盖,从而达到使几个不同的变量共同占用同一段内存的目的。这种结构类型称为共用体。

1000地址

整型	变量		
字符型变量			
实	型	变	量

图 8.9　共用体示意图

共用体类型的定义与结构体类型的定义类似,其格式如下。

```
union 共用体名
{
  成员列表;
} 变量表列;
```

例如:

```
union data
{
  int i;
  char ch;
  float f;
  }a,b,c;/*定义共用体类型 data 的同时定义了三个共用体变量 a,b,c*/
```

也可以将类型声明和变量定义分开。

例如：

```
union data
{
  int i;
  char ch;
  float f;
  };
  union data a,b,c;
```

可以看出，共用体与结构体的定义形式相似，但它们的含义不同，结构体变量所占内存长度是各成员的内存长度之和，每个成员分别占自己的内存单元，而共用体变量所占的内存长度等于最长成员的长度。例如，上面定义的共用体变量 a、b、c 各占 4 个字节（1 个实型变量的长度），而不是各占 2+1+4=7 个字节。

8.7.2 共用体变量的使用

只有先定义了共用体变量才能使用，而且必须引用共用体变量中的成员，不能只引用共用体变量。例如，前面定义了 a、b、c 为共用体变量，下面的使用方式是错误的。

```
printf("%d",a);
```

a 的存储区有好几种类型，分别占有不同长度的存储区，仅写共用体变量名 a，难以使系统确定究竟输出的是哪一个成员的值，应该写成 printf("%d",a.i)。

使用共用体变量应该注意以下几个方面的问题。

(1) 共用体变量在定义时，不能进行初始化。例如：union data a={24,'A',56.78}；是错误的。

(2) 一个共用体变量占用的内存空间，取决于共用体成员中占用内存空间最大的成员。例如，前面定义的 data 共用体占用的内存空间大小为其成员 f 所占的空间。

(3) 同一个共用体变量可以存储不同类型的成员，但每一时刻只能有一个成员起作用，其他成员不起作用。起作用的成员是最后一次赋值的成员，在存储一个新的成员后，原有成员将失去作用。

(4) 共用体变量不能做函数参数，函数返回值也不能是共用体类型。但其指针可做函数参数和返回值，其成员也可做函数参数和返回值。

【例 8.16】 设有一个教师与学生通用的表格，教师数据有姓名、年龄、职业和教研室四项。学生有姓名、年龄、职业、班级四项。编程输入人员数据，再以表格输出。

程序分析：在通用表格中，教师和学生的四项数据中有三项（姓名、年龄、职业）的数据类型是一样的，只有一项（教研室或班级）是不同的，不同的这一项我们可以定义成一个共用体类型 data，它包含两个共用体成员：office 和 classno。然后，我们可以设定一个结构体 Stu_Tea，包括姓名、年龄、职业和共用体 data 四个成员项。

```
#include<stdio.h>
struct Stu_Tea
{
  char  name[10];                              /*姓名*/
  int   age;                                   /*年龄*/
  char  job;                                   /*工作变量为 s 表示学生,为 t 表示教师*/
  union data                                   /*定义共用体类型*/
  {
    int  classno;                              /*学生班级号*/
    char office[10];                           /*教师教研室名*/
  } depart;
};
void main ()
{
  struct Stu_Tea body[2];
  int  i;
  for (i=0;i<2;i++)                            /*输入学生或教师信息*/
  {
    printf ("input name,age,job and department\n");
    scanf ("%s %d %c",body[i].name,
            &body[i].age,&body[i].job);
    if (body[i].job=='s')                      /*是学生,输入班级号*/
      scanf ("%d",&body[i].depart.classno);
    else                                       /*是教师,输入教研室名*/
      scanf ("%s",body[i].depart.office);
  }
    printf ("name\tage job class/office\n");  /*显示输入的学生、教师信息*/
    for (i=0;i<2;i++)
    {
      if (body[i].job=='s')
        printf ("%s\t%3d%3c%d\n",body[i].name,body[i].age,body[i].job,
body[i].depart.classno);
      else
        printf ("%s\t%3d %3c %s\n",body[i].name,body[i].age,body[i].job,
body[i].depart.office);
    }
}
```

程序运行结果：

```
input name,age,job and department
张三  22  s  102
input name,age,job and department
李四  34  4  计算机教研室
name  age  job  class/office
张三  22  s  102
李四  34  4  计算机教研室
```

8.8 预 处 理

在前面各章中,已多次使用过以“#”号开头的预处理命令,如包含命令#include、宏定义命令#define等。在源程序中这些命令都放在函数之外,而且一般都放在源文件的前面,它们称为预处理部分。

所谓预处理是指在进行编译的第一遍扫描(词法扫描和语法分析)之前所做的工作。预处理是C语言的一项重要功能,它由预处理程序负责完成。当对一个源文件进行编译时,系统将自动引用预处理程序对源程序中的预处理部分进行处理,处理完毕则自动进入对源程序的编译。C语言提供了多种预处理功能,如宏定义、文件包含等。合理地使用预处理功能编写的程序便于阅读、修改、移植和调试,也有利于模块化程序设计。下面介绍常用的两种预处理功能。

8.8.1 宏定义

在C语言源程序中允许用一个标识符来表示一个字符串,称为宏。被定义为宏的标识符称为宏名。在编译预处理时,对程序中所有出现的宏名,都用宏定义中的字符串去代换,这称为宏代换或宏展开。宏定义是由源程序中的宏定义命令完成的,宏代换是由预处理程序自动完成的。

在C语言中,宏分为无参宏和有参宏两种。

1. *无参宏*

无参宏的宏名后不带参数。其定义的一般形式如下。

#define 标识符 字符串

其中:“#”表示这是一条预处理命令,凡是以“#”开头的均为预处理命令;“define”为宏定义命令;“标识符”为所定义的宏名;“字符串”可以是常数、表达式、格式串等。

在前面介绍过的符号常量的定义就是一种无参宏定义。此外,常对程序中反复使用的表达式进行宏定义。例如:

```
#define M (y*y+3*y)
```

上述语句的作用是指定标识符M来代替表达式(y*y+3*y)。在编写源程序时,所有的(y*y+3*y)都可由M代替。而对源程序作编译时,将先由预处理程序进行宏代换,即用(y * y+3 * y)表达式去置换所有的宏名 M，然后再进行编译。例如：

```
#define M (y*y+3*y)
main()
{
  int s,y;
  printf("input a number:");
  scanf("%d",&y);
  s=3*M+4*M+5*M;
  printf("s=%d\n",s);
}
```

上例的程序中首先进行宏定义，定义 M 来替代表达式(y * y+3 * y)，在 s=3 * M+4 * M+5 * M 中作了宏调用。在预处理时，经宏展开后该语句变为如下形式。

```
s=3*(y*y+3*y)+4*(y*y+3*y)+5*(y*y+3*y);
```

但要注意的是，在宏定义中表达式(y * y+3 * y)两边的括号不能少，否则会发生错误。

对于宏定义还要注意以下几点。

(1) 宏定义是用宏名来表示一个字符串，在宏展开时又以该字符串取代宏名，这只是一种简单的代换，字符串中可以包含任何字符，可以是常数，也可以是表达式，预处理程序对它不作任何检查。如其中有错误，只能在编译已被宏展开后的源程序时发现。

(2) 宏定义不是说明或语句，在行末不必加分号，如加上分号则连分号也一起置换。

(3) 宏定义必须写在函数之外，其作用域为从宏定义命令起到源程序结束。

(4) 宏名在源程序中若用引号括起来，则预处理程序不对其作宏代换。

(5) 习惯上宏名用大写字母表示，以便于与变量区别，但也允许用小写字母。

2. 带参宏

C 语言中允许宏带有参数。在宏定义中的参数称为形式参数，在宏调用中的参数称为实际参数。对带参数的宏，在调用中，不仅要宏展开，而且要用实参去代换形参。带参宏定义的一般形式如下。

#define　宏名(形参表)　字符串

带参宏调用的一般形式如下。

宏名(实参表)；

例如：

```
#define M(y)y*y+3*y          /*宏定义*/
k=M(5);                      /*宏调用*/
```

在宏调用时，用实参 5 去代替形参 y，经预处理宏展开后的语句如下。

```
k=5*5+3*5
```

对于带参宏的定义有以下问题需要注意。

(1) 带参宏定义中，宏名和形参表之间不能有空格出现。例如：

```
#define MAX(a,b)(a>b)?a:b
```

写为如下形式：

```
#define MAX  (a,b)  (a>b)?a:b
```

将被认为是无参宏定义，宏名 MAX 代表字符串 (a,b)(a>b)? a:b。宏展开时，宏调用语句 max=MAX(x,y);将变为 max=(a,b)(a>b)? a:b(x,y);，这显然是错误的。

(2) 在宏定义中，字符串内的形参通常要用括号括起来以避免出错。如果去掉括号，可能会出现一些意想不到的错误。例如：

```
#define SQ(y)y*y
main()
{
  int a,sq;
  printf("input a number:");
  scanf("%d",&a);
  sq=SQ(a+1);
  printf("sq=%d\n",sq);
}
```

当输入 3，输出结果为 7，而不是 16。问题在哪里呢？这是由于代换只作符号代换而不作其他处理造成的。宏代换后将得到以下语句：

```
sq=a+ 1*a+1;
```

由于 a 为 3，故 sq 的值为 7。这显然与题意相违，因此参数两边的括号是不能少的。

(3) 带参数的宏定义也可以由函数来实现。由于程序中每使用一次宏都要进行一次替代操作，如果在程序中多次使用宏，程序的目标代码可能比使用函数要长，所以一般用宏来表示一些简单的表达式。

8.8.2 文件包含

文件包含命令行的一般形式如下。

#include"文件名"

在之前已多次用此命令包含过库函数的头文件。例如：

```
#include"stdio.h"
#include"math.h"
```

文件包含命令的功能是把指定的文件插入该命令行位置取代该命令行，从而把指定的文件和当前的源程序文件连成一个源文件。

在程序设计中，文件包含是很有用的。一个大的程序可以分为多个模块，由多个程序员分别编程。有些公用的符号常量或宏定义等可单独组成一个文件，在其他文件的开头用包含命令包含该文件即可使用。这样，可避免在每个文件开头都书写那些公用量，从而节省时间，并减少出错。使用文件包含命令还应注意以下几点。

(1) 包含命令中的文件名可以用双引号引起来，也可以用角括号括起来。例如，以下写法都是允许的。

```
#include"stdio.h"
#include<math.h>
```

但是这两种形式是有区别的:使用角括号表示在包含文件目录中去查找(包含文件目录是由用户在设置环境时设置的),而不在源文件目录中去查找;使用双引号则表示首先在当前的源文件目录中查找,若未找到才到包含文件目录中去查找。用户编程时可根据自己文件所在的目录来选择某一种命令形式。

(2) 一个 include 命令只能指定一个被包含文件,若有多个文件要包含,则需使用多个 include 命令。

(3) 文件包含允许嵌套,即在一个被包含的文件中又可以包含另一个文件。

(4) 文件包含是预处理的一个重要功能,它可用于把多个源文件连接成一个源文件进行编译,结果将生成一个目标文件。

8.9 程序实例

【例 8.17】 利用结构体编写程序以实现以下功能。某大学要选一名学生会主席,假定有三个候选人:Limei,Zhangsan,Sunqi。参加选举的人总共有 20 人,编程统计这三个人各得票多少张。

程序分析:首先定义结构体包含两个结构体成员,name 和 count 分别表示姓名和对应的票数,将三个候选人的票数的初始值设为 0,然后根据输入的名单统计票数,最后输出。

```
#include< string.h>
struct person                   /*定义结构体*/
{
char name[20];
int count;
};
main()
{
  struct person leader[3]={
  {"limei",0},{"zhangsan",0},{"sunqi",0}
  };                            /*定义结构体变量,并赋初值*/
  int i,j;
  char xm[20];
  printf("请输入投票人名:\n");
  for (i=0;i<20;i++)           /*统计票数*/
  {
    gets(xm);
    for(j= 0;j< 3;j++)
        if (strcmp(xm,leader[j].name)==0)
```

```
      leader[j].count++;
    }
    for (i=0;i<3;i++)          /*输出票数*/
    printf("\n%s:%d\n",leader[i].name,leader[i].count);
  }
```

程序运行结果：

```
请输入投票人名：
limei
zhangsan
suqi
suqi
limei
…
limei:4
zhangsan:5
suqi:4
```

【例 8.18】 可以将上述例题设计得更加复杂一些，在投票中不设候选人。参加选举的同学可以选举学校内的任何一个学生来做学生会主席，编写程序统计选票，并按票数从高到低输出每个被选举者的姓名和得票数。

程序分析：本程序由三个步骤组成：①录入选票，并统计数量；②根据每个人的得票数量排序；③输出每个人的姓名和得票数。

本例程序使用链表实现最合适，链表对选票的数量没有限制，其结点数据类型的定义如下。

```
typedef struct lnode                /*定义结构体数据类型*/
{
  char name[30];                    /*代表被选举人的姓名*/
  int num;                          /*代表被选举人的得票数量*/
  struct lnode* next;
}LNODE;
```

下面对每个步骤进行分析，并给出相关函数的程序代码。

(1) 录入选票并统计数量。

录入选票并统计数量的过程实质上是一个链表建立的过程，所不同的是本例在输入一个名字时，必须在链表中查找这个名字的结点是否存在。如果存在，则为该结点的票数增加1票，如果不存在，则新申请结点，使该结点的票数为1，并把该结点链到链表中。

以下是录入选票的函数 inputballot，代码中使用了两层循环的嵌套，最外层的循环是用于每张选票名字的录入，而内循环是在已有的链表中查找和刚录入的名字一致的结点。

下列程序中的 p 指针变量承担着两个任务：一是作为循环变量用，循环指向链表中的每个结点，以便比较新输入的名字的结点是否存在；二是当新输入名字的结点不存在时，p 指向新建立的结点。

```
LNODE*inputballot()
                    /*采用把新结点链到链表尾部的建立方法,建立一个带头结点的链表*/
{
    LNODE*head,*p,*tail;/*tail用来指向链表中的尾部结点*/
    char name[30];
    tail=head=(LNODE*)malloc(sizeof(LNODE));
                                       /*申请表头结点,使tail和head都指向它*/
    head->next= NULL;
    printf("请输入选票的名字(按回车结束统计):");
    gets(name);                        /*此处输入第一张选票的名字*/
    while(strcmp(name,"")! = 0)        /*外层循环,当输入的选票名字不为空时*/
    {
      p= head->next;                   /*p指向链表中的首个候选人结点*/
      while(p! = NULL)                 /*内层循环,当p指向的结点存在时*/
      {
        if(strcmp(p->name,name)==0)    /*对结点的名字和新输入的名字进行相等比较*/
        {
        p->num+ + ;                    /*名字相等,则该人增加1票*/
            break;                     /*跳出内层循环*/
        }
        p= p->next;                    /*结点的名字和新输入的名字不等,则p指向
                                       下一个结点,以便继续比较*/
    }                                  /*内循环体结束处*/
    if(p==NULL)                        /*当内循环不满足循环条件结束,则说明新输
                                       入的名字在链表中不存在*/
    {
      p= (LNODE* )malloc(sizeof(LNODE));/*为新输入的名字申请结点*/
      strcpy(p->name,name);            /*把名字放到结点的name域*/
      p->num=1;                        /*把得票数置1*/
      p->next= NULL;                   /*把结点的指针域置NULL,因为该结点可能是
                                       最后的结点*/
      tail->next= p;                   /*尾指针变量tail的指针域指向新输入的结
                                       点(新结点链到尾部)*/
      tail= p;                         /*尾指针tail指向链表的新结点(尾结点)*/
    }
    printf("请输入选票的名字(按回车结束统计):");
    gets(name);                        /*重复回到外循环开始处,重复上述过程*/
    }
    return  head;
}
```

(2) 根据每个人的得票数量排序。

排序的原理在第 6 章已经介绍过，但第 6 章的排序是对数组进行排序，而此处的排序则是对链表进行排序，其目的是把得票数最高的结点的数据作为第一个数据结点的数据，得票数次高的结点数据作为第二个数据结点的数据，依此类推，即按得票数降序排列链表的结点。此处的排序并不是重新连接结点，而只是交换结点数据。

用选择法对链表结点排序的原理：从第一个数据结点开始，依次拿出每个结点和其后的所有结点进行比较，并把得票数较高的结点数据域内容逐个换到前面。

下面是排序函数 sortballot，该函数采用选择法的排序原理，按得票数升序排列各个结点。具体程序如下。

```
void sortballot(LNODE* head)
{
  LNODE*p1,*p2;
  char name[30];          /*定义变量，用于交换结点中的姓名*/
  int num;                /*定义变量，用于交换结点中的得票数*/
  for(p1= head->next;p1->next! = NULL;p1= p1->next)
  {
    for(p2= p1->next;p2! = NULL;p2= p2->next)
    {/*下面的 if 语句判断 p1 所指的结点票数是否小于 p2 所指的结点票数，如果小于，则交
     换两个结点数据域的内容*/
      if(p1->num< p2->num)
      {
        strcpy(name,p1->name);
          strcpy(p1->name,p2->name);
          strcpy(p2->name,name);
          num=p1->num;
          p1->num=p2->num;
          p2->num=num;
      }
    }
  }
}
```

(3) 输出每个人的姓名和得票数。

该功能就是输出链表的数据，和前面相关例题的输出相同，具体程序如下。

```
void outputballot(LNODE* head)
{
  LNODE*p;
  p=head->next;
  if(p==NULL)
  {
      printf("你还没有统计选票\n");
      return;
```

```
}
   printf("姓名        得票数\n");
   while(p!=NULL)
     {
        printf("%-10s%d\n",p->name,p->num);
        p=p->next;
     }
}
```

主函数调用有关函数的具体程序如下。

```
void main()
{
   LNODE*head;
   head=inputballot();   /*调用函数 inputballot 以便建立选票链表,并使 head 指向它*/
   sortballot(head);     /*调用函数 sortballot 对选票链表进行排序*/
   outputballot(head);   /*调用函数 outputballot,输出选票数据*/
}
```

程序运行结果：

```
请输入选票的名字(按回车结束统计):张三
请输入选票的名字(按回车结束统计):李四
请输入选票的名字(按回车结束统计):王五
…
姓名          得票数
王五          4
张三          2
李四          1
```

8.10 实训项目八:复杂数据类型的使用

实训目标

(1) 熟练掌握结构体的定义和使用。

(2) 熟练掌握结构体数组、结构体指针的应用。

(3) 掌握用结构体类型指针处理链表的方法。

(4) 掌握共用体的定义和使用。

实训内容

(1) 计算一年中的某一天是该年的第几天。

提示：定义一个结构体(包括年、月、日)，在主函数里定义结构体变量代表某一天，计算该日是本年的第几天(注意闰年)。

(2) 编写一个程序,为幼儿园的宝宝建立档案,每个宝宝的信息包括姓名、身高和体重,并实现以下操作。

① 录入宝宝的上述信息,并找到身高最高的宝宝,输出该宝宝的信息。

② 用结构体指针实现①的操作。

③ 创建一个函数实现对宝宝身高的排序,并编写主函数调用该函数,将宝宝的信息按身高由高到低输出。

(3) 利用结构体与链表的有关知识,编写手机电话簿管理程序,要求实现下列功能。

① 手机电话簿中含有姓名、宅电、手机 3 项内容,建立含有上述信息的电话簿。

② 输入姓名,查找此人的号码。

③ 插入某人的号码。

④ 输入姓名,删除某人的号码。

提示:参照链表的建立、删除、插入等操作例题。

(4) 某学校体育课百米考核规定,男生为考试课,记录时间精确到 0.1s。女生为考察课,按通过和不通过记分,成绩在同一栏目中表示,试编写程序处理。

习 题 8

一、选择题

1. 定义结构类型时,下列叙述正确的是________。

A. 系统会按成员大小分配每个空间　　　B. 系统会按最大成员大小分配空间

C. 系统不会分配空间　　　D. 以上说法均不正确

2. 若程序中定义以下结构体:

```
struct abc{
int x;
char y;
};abc s1,s2;
```

则会发生的情况是________。

A. 编译时会有错误　　　B. 链接时会有错误

C. 运行时会有错误　　　D. 运行时没有错误

3. 以下对结构体变量 stu1 中成员 age 的非法引用是________。

```
struct  student
     {
      int age;
      int num;
     }stu1,*p;
     p=&stu1;
```

A. stu1. age　　　B. student. age　　　C. p－>age　　　D. (* p). age

4. 下面对 typedef 的叙述中不正确的是________。

A. 用 typedef 可以定义各种类型名，但不能用于定义变量

B. 用 typedef 可以增加新类型

C. 用 typedef 只是将已存在的类型用一个新的标识符来代表

D. 使用 typedef 有利于程序的通用和移植

5. 以下 scanf 函数调用语句中对结构体变量成员的不正确引用是________。

```
struct  pupil
  {
    char name[20];
    int age;
    int sex;
    }pup[5],*p;
    p= pup;
```

A. scanf("%s",pup[0].name);

B. scanf("%d",&pup[0].age);

C. scanf("%d",&(p->sex));

D. scanf("%d",p->age);

6. 以下程序的运行结果是________。

```
#include "stdio.h"
main()
{
struct data
{
int year,month,day;
}today;
printf("%d\n",sizeof(struct data));}
```

A. 6　　　　B. 8　　　　C. 10　　　　D. 12

7. C 语言结构体类型变量在程序执行期间________。

A. 所有成员一直驻留在内存中

B. 只有一个成员驻留在内存中

C. 部分成员驻留在内存中

D. 没有成员驻留在内存中

8. 若定义了如下共用体变量 x，则 x 所占用的内存字节数为________。

```
union data
{
  int i;
  char ch;
  double f;
}x;
```

A. 7　　　　B. 11　　　　C. 8　　　　D. 10

9. 下面对宏定义的描述,不正确的是________。

A. 宏不存在类型问题,宏名无类型,它的参数也无类型

B. 宏替换不占用运行时间

C. 宏替换时先求出实参表达式的值,然后代入形参运算求值

D. 宏替换只不过是字符替代而已

10. 以下结构体定义中,不能正确输入结构体成员值的是________。

```
struct
{
    char name[15],sex;
    int age;float score;
}stu,*p=&stu;
```

A. scanf("%c",&p->sex);　　B. scanf("%s",stu.name);

C. scanf("%d",&stu.age);　　D. scanf("%f",p->score);

11. 若要利用下面的程序片段使指针变量 p 指向一个存储整型变量的存储单元,则[　]中应填入的内容是________。

```
int*p;
P= []malloc(sizeof(int));
```

A. int　　B. int *　　C. (* int)　　D. (int *)

12. 以下说法中正确的是________。

A. 一个结构体只能包含一种数据类型

B. 不同结构体中的成员不能有相同的成员名

C. 两个结构体变量不可以进行比较

D. 关键字 typedef 用于定义新的数据类型

13. 当定义一个结构体变量时,系统分配给它的内存是________。

A. 各成员所需内存量的总和

B. 结构体中第一个成员所需内存量

C. 成员中占内存量最大者所需的容量

D. 结构体中最后一个成员所需内存量

14. 把一些属于不同类型的数据作为一个整体来处理时,常用________。

A. 简单变量　　B. 数组类型数据

C. 指针类型数据　　D. 结构体类型数据

15. 在说明一个共用体变量时,系统分配给它的存储空间是________。

A. 该共用体中第一个成员所需的存储空间

B. 该共用体中占用最大存储空间的成员所需的存储空间

C. 该共用体中最后一个成员所需的存储空间

D. 该共用体中所有成员所需存储空间的总和

二、填空题

1. 以下程序的运行结果是________。

```
struct n            main()                          func(struct n b)
{                   {                               {
  int x;              struct n a={10,'x'};            b.x= 20;
  char c;             func(a);                        b.c='y';
};                    printf("%d,%c",a.x,a.c);      }
                    }
```

2. 结构数组中存有三个人的姓名和年龄，以下程序用于输出三个人中最年长者的姓名和年龄。请在________内填入正确内容。

```
static struct man                  main()
{                                  {
  char name[20];                     struct man*p,* q;
  int age;                           int old=0
}person[]={                          p=person;
     "li=ming",18,                   for( ;_______;p++)
     "wang-hua",19,                  if(old<p->age)
     "zhang-ping",20                 {q=p;_______;}
     };                              printf("%s %d",_______);
                                   }
```

3. 若定义以下结构体：

```
struct  num
{
  int a;
  int b;
  float f;
}n={1,3,5.0};
struct num*pn=&n;
```

则表达式 `pn->b/n.a* + + pn->b` 的值是________，表达式 `(*pn).a+ pn->f` 的值是________。

4. 以下程序的运行结果是________。

```
struct ks            main()
{                    {
  int a;               int n= 1,i;
  int*b;               printf("\n");
}s[4],*p;              for(i=0;i<4;i++)
                       {
                       s[i].a=n;
                       s[i].b=&s[i].a;
                       n=n+2;
                       }
                       p=&s[0];
                       p++;
                       printf("%d,%d\n",(++p)->a,(p++)->a);
                     }
```

5. 以下程序段的功能是统计链表中结点的个数，其中 first 为指向第一个结点的指针（链表不带头结点）。请在________内填入正确内容。

```
struct link
{
   char data;
   struct link* next;
   };
   ⋮
   struct link*p,* first;
   int c=0;
   p=first;
   while(________)
   {________;
   p= ________;
}
```

第9章 文件

学习目标

- 了解文件类型指针
- 掌握文件的打开与关闭
- 掌握文件的读写操作
- 掌握文件的定位
- 掌握文件状态检测函数

9.1 文　　件

9.1.1 存储设备的使用

文件(file)是程序设计中的一个非常重要的概念。所谓文件，是指存储在外部介质上的一组相关数据的有序集合。这个数据集有一个名称，称为文件名。数据是以文件的形式存放在外部介质(如磁盘)上的，而操作系统是以文件为单位对数据进行管理的，也就是说，如果想找到存储在外部介质上的数据，就必须先按文件名找到指定的文件，然后再读取文件中的数据。要向外部介质上存储数据也必须先建立一个文件(以文件名标识)，才能向它输出数据。

文件可以从不同的角度进行不同的分类。从用户的角度看，文件可分为普通文件和设备文件两种；从文件编码的方式来看，文件可分为 ASCII 码文件和二进制文件两种。

普通文件是指存储在磁盘或其他外部介质上的一个有序数据集，可以是源文件、目标文件或可执行文件，也可以是一组待输入处理的原始数据，或者一组输出的结果。源文件、目标文件或可执行文件称为程序文件，输入/输出数据的设备称为设备文件。

设备文件是指与主机相连的输入/输出设备。在操作系统中，可以把输入/输出设备看作一个文件来管理，把它们的输入和输出等同于对磁盘文件的读和写。例如，终端键盘是输入文件，从磁盘上输入就是从标准输入文件上输入数据，前面经常使用的 scanf、getchar 函数就属于这类输入；显示器和打印机是输出文件，在屏幕上显示的有关信息就是要输出的标准输出文件，前面经常使用的 printf、putchar 函数就属于这类输出。

ASCII 码文件也称为文本文件，这种文件在磁盘中存储时一个字符对应一个字节，用于存放对应的 ASCII 码。文件以 ASCII 码形式输出时与字符一一对应,一个字节代表一个字符,因而便于对字符进行逐个处理,也便于输出字符。但一般占用存储空间较多,而且要花费转换时间(二进制形式和 ASCII 码之间的转换)。例如,数 5678 的存储形式如下。

ASCII 码:	00110101	00110110	00110111	00111000
十进制码:	5	6	7	8

由上可知,共占用 4 个字节。

ASCII 码文件可以在屏幕上按字符显示。例如,源程序文件就是 ASCII 码文件,用 DOS 命令 TYPE 可显示文件的内容。由于是按字符显示的,因此可以读懂文件的内容。

二进制文件是把内存中的数据按二进制的编码方式原样输出到磁盘文件上存储。例如,数 5678 在内存中的存储形式为 00010110　00101110。可见只占用两个字节,其在磁盘中也只占两个字节。

二进制文件也可以在屏幕上显示,但一个字节并不对应一个字符,不能直接输出字符形式,其内容无法读懂。一般情况下,中间结果数据需要暂时保存在外存上后又需要输入到内存的,常用二进制文件保存。C 语言系统在处理这些文件时,并不区分类型,将它们都看成是字符流,按字节进行处理。

输入/输出字符流的开始和结束只由程序控制而不受物理符号(如回车符)控制,因此也把这种文件称为流式文件。C 语言允许对文件存取一个字符,这就增加了处理的灵活性。

C 语言对文件的操作主要是对流式文件的打开、关闭、读、写及定位等的操作。

9.1.2 文件格式

文本文件是一种典型的顺序文件,其文件的逻辑结构又属于流式文件。特别要指出的是,文本文件是指以 ASCII 码方式(也称文本方式)存储的文件,更确切地说,英文、数字等字符存储的是 ASCII 码,而汉字存储的是机内码。文本文件中除了存储文件的有效字符信息(包括能用 ASCII 码字符表示的回车、换行等信息)外,不能存储其他任何信息,因此文本文件不能存储声音、动画、图像和视频等信息。假设某个文件的内容是下面一行文字:

```
中华人民共和国 CHINA 1949。
```

如果以文本方式存储,计算机中存储的是下面的代码(以十六进制表示,计算机内部仍以二进制方式存储)。

```
D6D0 BBAA C8CB C3F1 B9B2 BACD B9FA 20 43 48 49 4E 41 20 31 39 34 39 A1A3
```

其中,D6D0、BBAA、C8CB、C3F1、B9B2、BACD、B9FA 分别是"中华人民共和国"7 个汉字的机内码,20 是空格的 ASCII 码,43、48、49、4E、41 分别是 5 个英文字母"CHINA"的 ASCII 码,31、39、34、39 分别是数字"1949" 的 ASCII 码,A1A3 是标点"。"的机内码。可以看出,文本文件中的信息是按单个字符编码存储的。例如:1949 分别存储"1"、"9"、"4"、"9"这四个字符的 ASCII 编码,如果将 1949 存储为 079D(对应二进制为 0000 0111 1001 1101,即十进制 1949 的等值数),则该文件一定不是文本文件。

文件是信息存储的一个基本单位,根据其存储信息的方式不同,分为文本文件(又称 ASCII 文件)和二进制文件。如果将存储的信息采用字符串方式来保存,那么称此类文件为文本文件。如果将存储的信息严格按其在内存中的存储形式来保存,则称此类文件为二进制文件。例如,下面的一段信息。

```
This is 1000
```

在C语言中,将分别采用字符串和整数来表示,具体如下。

```
char  sztext[ ]="This is";
int  a=1000;
```

其中,"This is"为一个字符串,1000为整数。如果这两个数据在内存中是连续存放的,则其在内存中二进制编码的十六进制形式如下。

```
54 68 69 73 20 69 73 20 00 03 E8
```

若按上面这种形式存储,则称此文件为二进制文件。

如果将上述信息全部按对应的ASCII编码来存储,则其二进制编码的十六进制形式如下。

```
54 68 69 73 20 69 73 20 00 31 30 30 30
```

若按这种形式来存储,则称此文件为文本文件。

在C语言中,把文件看作一组字符或二进制数据的集合,也称为数据流。数据流的结束标志为-1,在C语言中,规定文件的结束标志为EOF。EOF为符号常量,它定义在头文件"stdio. h"中,其具体形式如下。

```
#define  EOF  (- 1)    /*End  of  file  indicator*/
```

9.2 文件的打开与关闭

在C语言中用一个指针变量指向一个文件,这个指针称为文件指针。通过文件指针可以对它所指的文件进行各种操作。定义说明文件指针的一般形式如下。

FILE　*指针变量表识符;

其中,"FILE"应为大写,它实际上是由系统定义的一种结构体,该结构体中含有文件号、文件操作模式和文件当前位置等信息。在编写源程序时不必关心FILE结构的细节。例如:

```
FILE  *fp;
```

上述代码表示fp是一个指向FILE类型结构体的指针变量,通过fp即可找到某个文件信息的结构体变量,然后按该结构体变量提供的信息找到该文件,实施对文件的操作。习惯上也笼统地把fp称为指向一个文件的指针。如果有n个文件,一般应定义n个FILE类型的指针变量,使它们分别指向n个文件,从而实现对文件的访问。

在进行文件处理时,首先要打开一个文件,再对文件进行操作,最后在操作完成之后关闭文件。文件的打开操作通过fopen函数来实现,文件的关闭操作通过fclose函数来实现。

9.2.1 文件的打开

如果要将一个文件存储到外存上,那么对于操作系统来说,必须要确定以下几件事情:

①需要打开的文件名，也就是准备访问的文件的名字；②文件的数据结构，也就是让哪一个文件指针变量指向被打开的文件；③文件的打开模式（读还是写等）。

文件名是一个字符串，对于操作系统来说，一个文件必须具有一个合法的文件名。它包含以下两个部分：文件名称和可选择使用的文件扩展名。例如：

```
PROG.C
```

文件的数据结构由 FILE 来定义。所有文件在使用之前，必须先定义。FILE 是标准 I/O 函数库中定义的一个结构体。当要打开一个文件时，必须确定要用什么方式来处理文件。例如，可以写入数据，也可以从文件中读出数据。下面就是定义和打开一个文件的格式。

```
FILE  *fp;
fp=fopen ("filename","mode");
```

其中，filename 和 mode 都是用字符串来表示的。第一条语句是定义一个指向 FILE 类型的文件型指针变量 fp。第二条语句是打开一个以 filename 命名的文件，如果运行成功，fopen 将指向 filename 的文件类型指针赋给 fp，这个指针包含文件 filename 的所有信息，否则 fopen 返回一个空指针值 NULL。同时，第二条语句中的 mode（模式）表示打开文件的模式，根据不同需要，文件的打开方式有以下几种。

（1）只读模式：只能从文件中读取数据，也就是说，只能使用读取数据的文件处理函数，同时要求文件本身已经存在。如果文件不存在，则 fopen 的返回值为 NULL，表示打开文件失败。由于文件类型不同，只读模式有两种不同的参数，“r”用于处理文本文件（如.c 文件和.txt 文件），“rb”用于处理二进制文件（如.exe 文件和.zip 文件）。

（2）只写模式：只能向文件输出数据，也就是说，只能使用写数据的文件处理函数。如果文件存在，则删除文件的全部内容，准备写入新的数据。如果文件不存在，则建立一个以当前文件命名的新文件。如果创建或打开成功，则 fopen 返回文件的地址，否则返回 NULL。同样，只写模式也有两种不同参数，“w”用于处理文本文件，“wb”用于处理二进制文件。

（3）追加模式：一种特殊的写模式。如果文件存在，则准备从文件的末端写入新的数据，文件原有的数据保持不变。如果文件不存在，则建立一个以当前文件命名的新文件。如果创建或打开成功，则 fopen 返回文件的地址，否则返回 NULL。其中，参数“a”用于处理文本文件，“ab”用于处理二进制文件。

（4）读/写模式：可以从文件读取数据，也可以向文件写数据。此模式下有几个参数，分别介绍如下。“r+”和“rb+”参数要求文件已经存在，如果文件不存在，则打开文件失败。“w+”和“wb+”在使用时，如果文件已经存在，则删除当前文件的内容，然后对文件进行读/写操作；如果文件不存在，则建立新文件，开始对文件进行读/写操作。“a+”和“ab+”在使用时，如果文件已经存在，则从当前文件末端开始，对文件进行读/写操作；如果文件不存在，则建立新文件，然后对文件进行读/写操作。

文件的使用方式应注意以下几点。

（1）文件的使用方式由“r”、“w”、“a”、“t”、“b”、“+”6 个字符拼成，各字符具体含义如下：r（read）——读；w（write）——写；a（append）——追加；t（text）——文本文件，可省略不

写;b(banary)——二进制文件;+——读和写。

(2) 当模式为 r 时,打开的文件只能用于向计算机输入而不能用作向该文件输出数据。如果文件已经存在,那么原有内容是安全的,并且不会被清除;如果文件并不存在,则报错。

(3) 当模式为 w 时,只能用于向该文件写数据,而不能用来向计算机输入。若文件事先不存在,则自动创建一个名字为 filename 的新文件;若文件已经存在,则清除文件原有内容。

(4) 当模式为 a 时,如果文件事先不存在,则自动创建一个名字为 filename 的新文件;如果文件已经存在,那么原有的内容是安全的,不会被清除,而以追加方式产生新的内容。

(5) 如果不能实现“打开”的任务,fopen 函数将会带回一个出错信息。出错的原因可能有:用“r”方式打开一个并不存在的文件;磁盘出现故障;磁盘已满无法建立新文件等。此时,fopen 函数将返回一个空指针值 NULL(NULL 在 stdio. h 文件中已被定义为 0)。在程序中可以用这一信息来判断是否完成打开文件的工作,并进行相应的处理。例如,常用下面的方法打开一个文件。

```
if((fp=fopen("file1","r"))==NULL)
 {
   printf("cannot open this file\n");
   exit(0);
 }
```

即先检查打开是否出错,如果出错则在终端上显示“cannot open this file”。

exit 函数用于关闭所有文件,终止正在调用的过程。待程序员检查出错误,修改后再运行。

(6) 把一个文本文件读入内存时,要将 ASCII 码转换成二进制码,把文件以文本方式写入磁盘时,也要将二进制码转换成 ASCII 码。因此,文本文件的读/写要花费较多的转换时间,而对二进制文件的读/写不存在这种转换。

(7) 标准输入文件(键盘)、标准输出文件(显示器)和标准出错输出(出错信息)是由系统打开的,可直接使用。因为系统自动定义了三个文件指针 stdin、stdout 和 stderr,分别指向终端输入、终端输出和标准出错输出(也属于终端输出)。如果程序中指定要从 stdin 所指的文件输入数据,就是指从终端键盘输入数据。

9.2.2 文件的关闭

C 语言中,文件的关闭是通过 fclose 函数来实现的。以文件指针 fp 为例,调用形式如下。

```
fclose(fp);
```

函数返回值为 int 类型。如果返回值为 0,则表示文件关闭成功,否则表示失败。

文件处理完成之后,最后一步的操作是关闭文件,要保证所有数据已经正确读写完毕,并清除与当前文件相关的内存空间。在关闭文件之后,不可以再对文件进行任何操作。

9.3 顺序文件的读/写

打开文件之后，读出或写入数据可使用前面提到的标准I/O函数来完成，下面详细介绍几个文件读/写操作函数。

9.3.1 字符读写

字符读写函数是以字符(字节)为单位的读写函数，每次可以从文件读出或向文件写入一个字符，常用的字符读函数有getc和fgetc，写函数有putc和fputc，下面将分别进行介绍。

1. getc函数和fgetc函数

getc函数和fgetc函数完全相同，两者之间可以完全替换。功能是从指定的文件中读入一个字符。getc函数和fgetc函数的调用形式如下。

```
ch=getc(fp);
```

或

```
ch=fgetc(fp);
```

在使用getc函数和fgetc函数时应注意有以下几点。

(1) ch是字符变量，fp是文件类型指针变量。

(2) 在getc函数和fgetc函数的调用中，读取的文件必须是以读或写方式打开的。

(3) 读取字符的结果也可以不向字符变量赋值，但读出的字符不能保存。例如：

```
fgetc(fp);
```

(4) 在文件内部有一个位置指针，用于指向文件的当前读/写字节。在文件打开时，该指针总指向文件的第一个字节。使用getc函数或fgetc函数后，该位置指针将向后移动一个字节。因此，可以连续多次使用getc函数或fgetc函数来读取多个字符。但应注意，文件指针和文件内部的位置指针不是一回事。文件指针是指向整个文件的，需在程序中定义说明，只要不重新赋值，文件指针的值是不变的。而文件内部的位置指针用于指示文件内部的当前读/写位置，每读一次，该指针均向后移动，它不需要在程序中定义说明，而是由系统自动设置的。

2. putc函数和fputc函数

putc函数和fputc函数的功能是把一个字符写入指定的文件中，它们的调用形式如下。

```
putc(ch,fp);
```

或

```
fputc(ch,fp);
```

其中，ch是要输出的一个字符常量或变量，fp是文件类型指针变量。

getc函数和putc函数每执行一次，文件指针就向下移动一个字符。其中，文件结束符EOF(end of file)位于文件的最后一个字符之后，是整个文件的结束标志，是头文件stdio.h中定义的符号常量，其值为−1。因此，当遇到EOF时，文件读操作结束，并将EOF作为函数的返回值。

【例 9.1】 编写一段程序,从键盘读入数据,并将这些数据写入文件 test 中,之后再将它们从 test 文件中读出并显示在屏幕上。

```
#include  <stdio.h>
#include  <stdlib.h>
void  main ()
{
 FILE  *fp;                              /*定义文件型指针变量 fp*/
   char  ch;                             /*定义字符型变量 ch*/
   printf("Data  Input \n");
   if((fp=fopen("test","w"))==NULL)      /*以只写 w 的方式打开文件 test*/
{
   printf("Cannot  open  file\n");
    exit(0);
    }
   while((ch=getchar())!=EOF)            /*判断文件读取是否结束*/
       fputc(ch,fp);                     /*读取字符写入 fp 指定的文件*/
   fclose(fp);                           /*关闭 fp 指定的文件*/
   printf("\n Data  Output \n");
if((fp=fopen("test","r"))==NULL)         /*以只读 r 的方式打开文件 test*/
{
 printf("Cannot  open  file\n");
 exit(0);
   }
 while((ch=getchar())!=EOF)
   printf("%c",ch);                      /*循环方式单字符输出显示*/
 printf("\n");
 fclose(fp);
}
```

程序运行结果:

```
Data  Input:
this is a program to test the file handling features on this system
Data  Output:
this is a program to test the file handling features on this system
```

程序提示

上面的程序中,文件 test 被打开两次。第一次以写模式打开,使用 putc 函数将字符逐个写入文件 test 中,然后关闭文件;第二次以读模式打开,使用 getc 函数将字符逐个读出并输出到屏幕上,直到遇到 EOF 时读操作结束,然后关闭文件。

注意:大多数的系统中,EOF 的输入可使用组合键 Ctrl+Z,也有些系统是 Ctrl+D。

3. getw 函数和 putw 函数

getw 函数和 putw 函数是对字(整数)操作的函数。它们与 getc 函数和 putc 函数类似,区别在于 getw 函数与 putw 函数是每次读写一个字(整数),并用于待处理数据仅为整型数的情况。其调用形式如下。

```
putw(integer,fp);
getw(fp);
```

如果成功读/写,则函数的返回值为当前读入/写入的信息,为一个整数,否则返回值为 EOF。

【例 9.2】 文件 DATA 包含一组整数。编写程序读出 DATA 中的所有整数,并将所有奇数写入文件 ODD 中,同时将所有偶数写入文件 EVEN 中。

```
#include  <stdio.h>
void  main ()
{
    FILE  *f1,*f2,*f3;                         /*定义三个文件型指针变量*/
    int  number,i;
    printf("Please  input  contents  of  DATA  file  \n");
    f1=fopen("DATA","w");                      /*以只写 w 的方式打开文件 DATA*/
    for(i=1;i<=30;i++)                         /*循环变量设置*/
    {
        scanf("%d",&number);                   /*键盘输入数字赋给变量 number*/
        if(number==-1) break;                  /*键盘输入数字-1 则终止循环*/
        putw(number,f1);                       /*数据写入 f1 指定的文件中*/
    }
     fclose(f1);                               /*关闭 f1*/
    f1=fopen("DATA","r");                      /*以只读 r 的方式打开文件 DATA*/
    f2=fopen("ODD","w");                       /*以只写 w 的方式打开文件 ODD*/
    f3=fopen("EVEN","w");                      /*以只写 w 的方式打开文件 EVEN*/
    while((number=getw(f1))!=EOF)              /*循环判断文件是否结束*/
    {
        if(number %2==0) putw(number,f3);      /*数字为偶数时,写入 f3 指定文件*/
        else putw(number,f2);                  /*数字为奇数时,写入 f2 指定文件*/
    }
     fclose(f1);                               /*关闭文件*/
     fclose(f2);
     fclose(f3);
     f2=fopen("ODD","r");
     f3=fopen("EVEN","r");
     printf("\n Contents  of  ODD  file \n");
     while((number=getw(f2))!=EOF)
```

```
        printf("%4d",number);/*显示文件内容*/
    printf("\n Contents  of  EVEN  file \n");
    while((number=getw(f3))!=EOF)
        printf("%4d",number);
        printf("\n");
        fclose(f2);
        fclose(f3);
}
```

程序运行结果：

```
please input contents of DATA file
1 2 3 4 5 6 7 8 9 10 12 13 55 66 -1
Contents of ODD file
1  3  5  7  9  13  55
Contents of EVEN file
2  4  6  8  10  12  66
```

程序提示

上面的程序中，需要同时打开三个文件，因此需要三个指向文件的指针 f1、f2 和 f3。首先以写模式打开文件 DATA，并使用 putw 函数将从键盘输入的一组整数逐个写入文件 DATA 中，并以 -1 做输入结束，并关闭 DATA；然后重新以读模式打开文件 DATA，用 getw 函数将整数逐个读出，并写入 ODD 文件中或 EVEN 文件中。注意，文件以 EOF 为结束符。

9.3.2 字符串读写

字符串读写函数有 fgets 函数和 fputs 函数，它以字符串为单位进行读写，每次可以从文件中读出或向文件中写入一个字符串。

fgets 函数的功能是从指定文件中读取一个字符串到字符数组中，函数调用的形式如下。

fgets(字符数组名,n,文件指针)；

其中，“n”是一个正整数，表示从文件中读出的字符串不超过 n－1 个字符，如果在读入 n－1 个字符结束之前遇到换行符或 EOF，则读入结束。在读入的最后一个字符后加上串结束标志'\0'，那么该函数返回值为字符数组的首地址。例如，fgets(str,n,fp)；语句的功能是从 fp 所指向的文件中读出 n－1 个字符送入数组 str 中。

fputs 函数的功能是向指定文件写入一个字符串，其调用格式如下。

fputs(字符串，文件指针)；

其中，字符串可以是字符串常量，也可以是字符数组名，或者字符指针变量。如果写入成功，则函数值为 0；写入失败时，函数值为非 0。例如：fputs(“China”,fp)；语句的功能是将字符串“China”写入 fp 所指向的文件。

9.3.3 数据块读写

getc 函数和 putc 函数可以用于读写文件中的一个字符。但是常常要求一次读写一组数据(如一个数组元素、一个结构体变量的值等),因此 ANSI C 标准提出设置两个函数(fread 函数和 fwrite 函数),用于读写一个数据块。它们的一般调用形式如下。

```
fread(buffer,size,count,fp);
fwrite(buffer,size,count,fp);
```

对上述形式中各参数的具体说明如下。

(1) buffer:数据块的指针。对于 fread 函数来说,它是内存块的起始地址,输入的数据存入此内存块中;对于 fwrite 函数来说,它是要输出数据的起始地址。

(2) size:表示每个数据块的字节数。

(3) count:用于指定每读/写一次,输入或输出数据块的个数(每个数据块具有 size 字节)。

(4) fp:文件型指针。

如果文件以二进制形式打开,用 fread 函数和 fwrite 函数就可以读和写任何类型的信息。例如:

```
fread(fname,4,6,fp);
```

其中,fname 是一个实型数组名,一个实型变量占 4 个字节。这个函数从 fp 所指的文件读入 6 次(每次 4 个字节),存储到数组 fname 中。

设有一个如下的结构体类型。

```
struct  st
  {
    char  num[8];           /*学号*/
    char  name[10];         /*姓名*/
    float  mk[5];           /*成绩数组,存放5门课程的成绩*/
  }pers[30];
```

结构体数组 pers 有 30 个元素,每个元素包含有一个学生的数据(包括学号、姓名和 5 门课程的成绩),并假设 pers 数组的 30 个元素都已有数据值,文件指针 fp 所指文件已经正确打开,则可以用下面的 for 语句和 fwrite 函数将这 30 个元素中的数据输出到 fp 所指的磁盘文件中,具体程序如下。

```
for (i=0;i<30;i++)
    fwrite (&pers[i],sizeof(struct st),1,fp);
```

以上 for 循环中,每执行一次 fwrite 函数调用,就从 &pers[i]地址开始输出由第 3 个参数指定的 1 个数据块,每个数据块包含 sizeof(struct st)个字节,也就是一次整体输出一个结构体变量中的值。

同样,也可以用下面的 for 语句和 fread 函数从上面建立的文件中再次将每个学生的数据逐个读入到 pers 数组中。这时,文件必须以读的方式打开。

```
for(i=0;i<30;i++)
    fread(&pers[i],sizeof(struct st),1,fp);
```

如果 fread 或 fwrite 调用成功，则函数返回值为 count 的值，即输入或输出数据项的完整个数。

9.3.4 格式化读写

上面介绍的函数的功能为一次处理一个字符或一个整数。此外，编译器还支持其他格式化读写函数，如 fprintf 函数和 fscanf 函数，这两个函数能够处理一组混合信息。fprintf 函数和 fscanf 函数的功能与前面使用的 printf 函数和 scanf 函数的功能相似，其区别在于 fprintf 函数和 fscanf 函数的读写对象不是键盘和显示器，而是磁盘文件，并且第一个参数是指向文件的指针。fprintf 函数的一般调用格式如下。

fprintf (fp,“格式控制符”,输出表列);

其中，fp 指向一个以写模式打开的文本文件，格式控制符表示输出项目的格式，输出表列中包含待输出的变量、常量或字符串。例如：

```
fprintf (f1,"%s  %d  %f",name,age,7.5);
```

其中，name 是字符数组名，age 是整型变量。

fscanf 函数的一般调用格式如下。

fscanf (fp,“格式控制符”,输入表列);

这条语句将从 fp 所指向的文本文件中按照格式控制符给出格式读出数据。例如：

```
fscanf (f2,"%s  %d",item,&quantity);
```

当遇到文件结束符时，则返回 EOF。

注意：

系统自动定义了 3 个指针文件 stdin、stdout 和 stderr，分别指向终端输入、终端输出和标准出错输出。如果程序中指定要从 stdin 所指的文件输入数据，即为从终端键盘输入数据；如果指定要向 stdout 所指文件写入数据，即为将数据显示到显示屏上。

【例 9.3】 编写一个程序，打开文件 INVENTORY，将下列数据写入文件中。其中，文件名由键盘输入。

```
Item name    Number    Price    Quantity
AAA- 1        111      17.50     115
BBB- 2        125      36.00      75
CCC- 3        247      31.75     104
```

程序分析：使用 fscanf 函数，将上面数据从 stdin 所指文件(键盘)读出并保存在变量中，然后使用 fprintf 函数将其写入 fp 所指文件 INVENTORY，并关闭 INVENTORY。之后，再重新以读模式打开文件 INVENTORY，使用 fscanf 函数将数据从 fp 所指文件读出并保存在变量中，再计算出 value 值，然后再使用 fprintf 函数将其写入 stdout 所指文件，即显示到显示屏上。

```
#include <stdio.h>
void main()
{
   FILE *fp;                              /*定义文件型指针变量*/
   int number,quantity,i;                 /*定义整型变量*/
   float price,value;                     /*定义浮点型变量*/
   char item[10],filename[10];            /*定义字符数组*/
   printf(" Input file name\n ");
   scanf("%s",filename);                  /*键盘输入文件名赋给 filename*/
   fp= fopen(filename,"w");               /*以只写 w 的方式打开文件*/
   printf(" Input inventory data \n\n");
   printf(" Item name    Number    Price    Quantity\n");
   for(i=1;i<=3;i++)                      /*循环输入信息并写入 fp 文件中*/
   {
      fscanf(stdin,"%s%d%f%d",item,&number,&price,&quantity);
      fprintf(fp," %s  %d  %.2f  %d ",item,number,price,quantity);
   }
   fclose(fp);                            /*关闭文件*/
   fprintf(stdout,"\n\n");
   fp=fopen(filename,"r");                /*以只读 r 的方式打开文件*/
   printf(" Item name    Number    Price    Quantity     Value\n");
   for(i=1;i<=3;i++)                      /*循环读取 fp 文件中信息并显示*/
   {
      fscanf(fp,"%s%d%f%d",item,&number,&price,&quantity);
      value=price*quantity;
      fprintf(stdout,"  %-8s  %7d  %8.2f  %8d  %11.2f \n",
                     item,number,price,quantity,value);
   }
   fclose(fp);
}
```

程序运行结果：

```
Input file name
INVENTORY
Input inventory data
Item name    Number    Price    Quantity
AAA- 1        111      17.50      115
BBB- 2        125      36.00       75
CCC- 3        247      31.75      104

Item name    Number    Price    Quantity    Value
AAA- 1        111      17.50     115       2012.50
```

```
BBB- 2          125        36.00        75         2700.00
CCC- 3          247        31.75        104        3302.00
```

9.4 随机文件的读/写

到目前为止，我们讨论的都是对文件的顺序读/写，也就是从文件头逐个读/写至文件尾。但是有些时候，在读/写一个数据之后，并不需要访问下一个数据，而是访问其他位置的数据，这就是文件随机访问。标准I/O库中的fseek函数和ftell函数可以解决这一问题。

下面举个例子来具体说明ftell函数和fseek函数的使用。

【例9.4】 下面的程序使用的是ftell函数和fseek函数。

首先，创建文件RANDOM并写入如下内容。

位置　　0　1　2　…　25

字符　　A　B　C　…　Z

分别进行两次读操作：第一次是读出5的倍数的位置处的内容，并与其位置一起输出至屏幕上；第二次从文件尾向开始处，按字母表逆序逐个读出每个字符并将其显示在屏幕上。

程序分析：第一次读的时候，当读完Z之后，下一个位置将是30，即fseek (fp,n,0)中参数n的值为30，已通过EOF，则读操作结束，返回0，循环停止；第二次读的时候，使用语句

```
fseek (fp,-1L,2);
```

此时，将访问位置定位在最后一个字符，为了可以从后向前依次读取每个字符，则应该使用如下调用语句：

```
fseek (fp,-2L,1);
```

即每次读完一个字符后，要从当前位置移动到下一个字符的位置。之所以是－2L，是因为负号决定了移动方向。下面主要来解决这样一个问题，想要逐个读出字符，那为什么是负的2L而不是负的1L？这是因为读取每个字符时是从高位读向低位，而题目要求的字符访问方向恰恰与之相反。例如，此时的访问位置指向EOF(^Z)的后面，如果读取Z，则必须将访问位置移动到Y的后面，即需要移动2个字节，然后读取Z。但是当Z读取完毕之后，访问位置位于Z后，所以若要继续读取Y，则必须向前移动2个字节，即移动到X后，然后读取Y，依此类推。

A	B	C	…	X	Y	Z	^Z

此外，上面的调用语句也用来检查是否已经通过第一个字符，如果已经通过，则使操作结束，返回0，循环停止。

```
#include  <stdio.h>
void  main()
{
```

```
    FILE  *fp;
    long  n;
    char  ch;
    fp= fopen("RANDOM","w");          /*以写的方式打开文件 RANDOM*/
    while((ch=getchar()) !=EOF)       /*判断输入是否以 Ctrl+ Z 结束*/
       putc(ch,fp);                   /*写入数据到文件*/
    printf(" No. of characters entered= %ld\n",ftell(fp));
                                                /*通过 ftell (fp)获取字符数*/
    fclose(fp);                       /*关闭文件*/
    fp=fopen("RANDOM","r");           /*以读的方式打开文件 RANDOM*/
    n=0L;
    while(feof(fp)==0)                /*文件未结束判别条件*/
    {
       fseek(fp,n,0);                 /*文件定位*/
       printf("Position of %c is %ld \n",getc(fp),ftell(fp));/*显示数据信息*/
       n=n+5L;                        /*间隔 5 个字符定位*/
    }
    putchar('\n');
    fseek(fp,-1L,2);                  /*定位到文件最后一个字符之后*/
    do
    {
    putchar(getc(fp));                /*输出字符*/
      } while(! fseek(fp,-2L,1));     /*指针前移 2 个位置并判断是否超过首位置*/
    printf("\n");
    fclose(fp);
}
```

程序运行结果：

```
please input data
ABCDEFGHIJKLMNOPQRSTUVWXY
No. of characters entered=26
Position of A is 1
Position of F is 6
Position of K is 11
Position of P is 16
Position of U is 21
Position of Z is 26
Position of  is 30
ZYXWVUTSRQPONMLKJIHGHEDCBA
```

9.4.1 fseek 函数

fseek 函数的功能是将文件内当前访问位置移动到需要的位置，其调用格式如下。

fseek（文件指针，偏移量，起始点）；

其中：文件指针用于指向正在被使用的文件；偏移量是一个 int 或 long 型数，如果其为正数，表示向末尾处移动，若为负数，表示向开始处移动；起始点表示从何处开始计算位移量，规定的起始点有文件首、当前位置和文件尾 3 种。这 3 种起始点的表示方法如表 9.1 所示。

表 9.1　3 种起始点的表示方法

相对位置起始点	符号常量	整数值	说　明
文件首	SEEK_SET	0	相对偏移量的参照位置为文件首
文件尾	SEEK_END	2	相对偏移量的参照位置为文件尾
当前位置	SEEK_CUR	1	相对偏移量的参照位置为文件指针的当前位置

表 9.2 列出了 fseek 函数的一些使用实例。

表 9.2　fseek 指令

语　句	含　义
fseek(fp,0L,0)；	使当前位置重置到文件开始处(与 rewind 函数类似)
fseek(fp,0L,1)；	停留在当前位置
fseek(fp,0L,2)；	使当前位置重置到文件末尾处(即指向 EOF)
fseek(fp,m,0)；	从文件开始处向末尾方向移动到第 m+1 个字节处
fseek(fp,m,1)；	从当前位置向末尾方向前进 m 个字节
fseek(fp,－m,1)；	从当前位置向文件开始处方向后退 m 个字节
fseek(fp,－m,2)；	从末尾位置向头方向后退 m 个字节(即指向倒数第 m 个字符，从 1 开始计数)

利用 fseek 函数可以实现随机读写操作。如果定位成功，则 fseek 返回 0；如果定位越界(低于开始处，高于末尾处)，则发生错误，并返回－1。

9.4.2 ftell 函数

ftell 函数用文件指针作参数，并返回一个 long 型整数，表示相对于文件开始处的字节偏移量，如果返回值为－1，则表示出错。这个函数用于保存文件内当前访问位置，其调用形式如下。

```
n=ftell (fp);
```

其中，n 表示相对于文件开始处的字节偏移量，意思是已经读/写了 n 个字节。例如：

```
n=ftell(fp);
if(n==- 1L)  printf("error\n");
```

其中，变量 n 存放文件的当前位置，如果调用出错（如文件不存在），则输出“error”。

9.5 出错的检测

对文件进行读写操作时，可能会出现各种错误，几个比较典型的错误如下。

(1) 越过文件结束标志 EOF 读数据。

(2) 缓冲区溢出。

(3) 要使用的文件未打开。

(4) 同时对同一个文件进行两种操作。

(5) 文件以非法文件名打开。

如果没有注意到这些错误，执行时就会导致提前终止或输出错误。但是，C 语言提供了一组函数用于检查文件的 I/O 错误，这组函数为 feof 函数、ferror 函数和 clearerr 函数。

1. feof 函数

feof 函数用于在文件处理过程中，检测文件指针是否到达文件末尾。其一般调用形式为

```
feof(fp);
```

如果文件指针指到文件末尾（结束字符为 EOF），则返回值为非 0，否则返回值为 0。例如：

```
if (feof (fp))
printf ("End of data . \n");
```

这条语句表示当达到文件结束条件时，显示“End of data .”。

2. ferror 函数

ferror 函数是文件出错检测函数，也只使用文件指针作函数参数。如果检测到对当前文件的操作出错，则返回值为非 0，否则返回值为 0。例如：

```
if (ferror (fp) !=0)
printf ("An error has occurred .\n");
```

这条语句表示如果出现读写错误，则出现提示信息“An error has occurred .”。

在调用 fopen 时，一定会返回一个文件指针，如果文件由于某种原因不能打开则返回一个空指针。这种机制也可以用于判断文件打开是否成功，例如：

```
if (fp==NULL)
printf ("File could not be opened.\n");
```

如果文件打开失败，则输出提示语句“File could not be opened .”。

3. clearerr 函数

当文件操作出错后，文件状态标志为非 0，此后所有的文件操作均无效。如果希望继续对文件进行操作，必须使用 clearerr 函数清除此错误标志后，才可以继续操作。此函数使用

文件指针作函数参数，其一般调用形式如下。

```
clearerr(fp);
```

例如，文件指针到文件末尾时会产生文件结束标志，必须执行此函数后，才可以继续对文件进行操作。因此，在执行完 fseek(fp,0L,SEEK_SET) 和 fseek(fp,0L,SEEK_END)语句后，要注意调用此函数。

9.6 程序实例

【例 9.5】 从键盘输入一个字符串，将其中的小写字母全部转换成大写字母，然后输出到一个磁盘文件"test"中保存。输入的字符串以"!"结束。

```
#include  <stdio.h>
void  main()
{
   FILE  *fp;
   char str[100],filename[10];
   int i=0;
   if((fp=fopen("test","w"))==NULL)
     {
       print("打不开文件  \n");
       exit(0);
     }
    printf("输入一个字符串:\n");
    getchar();
    gets(str);
    while (str[i]! = '!')
      {
       if(str[i]>='a'&&str[i]<='z')
         str[i]=str[i]-32;
       fputc(str[i],fp);
       i++;
      }
      fclose (fp);
      fp=fopen("test","r");
      fgets(str,strlen(str)+ 1,fp);
      printf("%s\n",str);
    }
```

程序运行结果：

```
输入一个字符串:
i love china!
I LOVE CHINA!
```

【例 9.6】 有两个磁盘文件“A”和“B”,各存放一行字母,要求把这两个文件中的信息合并(按字母顺序排列),输出到一个新文件“C”中。

```
/*合并 A,B 文件内容,排序,存入 C*/
#include  <stdio.h>
void  main()
{
    FILE  *fp;
    int i,j,n,ni;
    char c[160],t,ch;
    if ((fp=fopen ("A","r"))==NULL)
    {
       printf("A 文件打不开\n");
       exit(0);
    }
    printf("\n A 文件内容是 \n");
    for (i=0;(ch=fgetc(fp))!=EOF;i++)
    {
       c[i]=ch;
       putchar(c[i]);
    }
    fclose(fp);
    ni=i;
  if ((fp=fopen ("B","r"))==NULL)
    {
       printf("B 文件打不开");
       exit(0);
    }
    printf("\n B 文件内容是 \n");
    for (i=ni;(ch=fgetc (fp))!=EOF;i++)
    {
      c[i]=ch;
      putchar(c[i]);
    }
      fclose (fp);
      n=i;
     for (i=0;i<n;i++)
         for(j=i+1;j<n;j++)
```

```
            if(c[i]> c[j])
            {
                t=c[i];
                c[i]=c[j];
                c[j]=t;
            }
            printf("\n  C文件是\n");
            fp= fopen("C","w");
            for (i=0,i<n;i++)
            {
                  putc[c[i],fp);
                  putchar(c[i]);
            }
           fclose(fp);
  }
```

程序运行结果：

```
A文件内容是
aclkjhgfdmnbv
B文件内容是
qwertyuiop
C文件是
abcdefghijklmnopqrtuvwy
```

9.7 实训项目九：文件的操作

实训目标

(1) 掌握文件的打开与关闭。

(2) 掌握文件的读写操作。

(3) 掌握文件的定位。

(4) 掌握文件状态检测函数。

实训内容

(1) 统计文件 data.txt 中字符的个数。

(2) 从键盘输入一个字符串，将其中的小写字母全部转化成大写字母，然后输出到一个磁盘文件“test”中保存，输入的字符串以“!”结束。

(3) 有5个学生，每个学生有3门课的成绩，从键盘输入以上数据(包括学生号、姓名及三门课成绩)，计算出平均成绩，将原有数据和计算出的平均分数存放在磁盘文件“student”中。

(4) 使用追加形式打开文件 data1.txt，查看文件读写指针的位置，然后向文件中写入“hello”，再查看文件读写指针的位置。

(5) 设文件 student.dat 中存放学生的基本情况，这些信息由以下结构体描述。

```
struct student
{
    char name[10];          /*学生姓名*/
    int num;                /*学生编号*/
    int age;                /*学生年龄*/
    char addr[15];          /*学生住址*/
};
```

请编写程序，从键盘输入五个学生的数据，写入一个文件中，再读出这五个学生的数据显示在屏幕上。

9.8 错误提示

错误1：不能打开文件，例如：常用下面的方法打开一个文件。

```
if((fp= fopen("file1","r"))==NULL)
  {
    printf("cannot  open  this  file\n");
    exit(0);
  }
```

如果文件出错，则在终端上显示“cannot open this file”。

错误分析：用“r”方式打开一个并不存在的文件；磁盘出现故障；磁盘已满无法建立新文件等。

错误2：越过文件结束标志 EOF 读数据。

错误3：缓冲区溢出。

错误4：要使用的文件未打开。

错误5：同时对同一个文件进行两种操作。

错误6：文件以非法文件名打开。

习 题 9

一、选择题

1. 系统的标准输入设备是指________。

A. 键盘　　B. 显示器　　C. 软盘　　D. 硬盘

2. 若执行 fopen 函数时发生错误，则函数的返回值是________。

A. 地址值　　B. 0　　C. 1　　D. EOF

3. 若要用 fopen 函数打开一个新的二进制文件，该文件要既能读也能写，则文件中字符串应是________。

A. "ab+"　　B. "wb+"　　C. "rb+"　　D. "ab"

4. fscanf 函数的正确调用形式是________。

A. fscanf(fp，格式字符串，输出表列)

B. fscanf(格式字符串，输出表列，fp)；

C. fscanf(格式字符串，文件指针，输出表列)；

D. fscanf(文件指针，格式字符串，输入表列)；

5. fgetc 函数的作用是从指定文件读入一个字符，该文件的打开方式必须是________。

A. 只写　　B. 追加　　C. 读或读写　　D. 答案 b 和 c 都正确

6. 以下函数调用语句

```
fseek(fp,- 20L,2);
```

的含义是________。

A. 将文件位置指针移到距离文件头 20 个字节处

B. 将文件位置指针从当前位置向后移动 20 个字节

C. 将文件位置指针从文件末尾处后退 20 个字节

D. 将文件位置指针移到离当前位置 20 个字节处

7. 利用 fseek 函数可实现的操作有________。

A. fseek(文件类型指针，起始点，位移量)；

B. fseek(fp，位移量，起始点)；

C. fseek(位移量，起始点，fp)；

D. fseek(起始点，位移量，文件类型指针)；

8. 在执行 fopen 函数时，ferror 函数的初值是________。

A. TURE　　B. －1　　C. 1　　D. 0

9. 下面程序向文件输出的结果是________。

```
#include<stdio.h>
void  main()
{
FILE  *fp= fopen("TEST","wb");
    fprintf(fp,"%d%5.of%c%d",58,76273.0,'- ',2278);
    fclose(fp);
}
```

A. 58 75273－22278　　B. 5876273.000000－2278

C. 5876273－2278　　D. 因为文件为二进制文件而不可读

二、填空题

1. 下述程序实现文件的复制，文件名来自 main 函数中的参数，请填空。

```
#include<stdio.h>
void fcopy(FILE * out,FILE *in)
{
    char k;
    do {
    k=fgetc(____(1)____);
        if(feof(fin))break;
        fputc(____(2)____);
         }while(1);
  }
void main(int argc,char *argv[])
{
    FILE *fin,*fout;
    if(argc! = 3) return;
    if(fin=fopen(argv[2],"rb")=NULL) return;
    fout=____(3)____;
    fcopy(fout,fin);
    fclose(fin);
    fclose(fout);
    }
```

第10章　综合实训案例

学习目标

- 实例 1——学生成绩管理系统
- 实例 2——电子时钟

10.1 实例 1——学生成绩管理系统

10.1.1 项目实训目的

本实例涉及结构体、单链表、文件等方面的知识。通过该实例，训练学生的基本编程能力，了解管理信息系统的开发流程，熟悉 C 语言中的文件和单链表的各种基本操作，掌握利用单链表存储结构实现对学生成绩管理的基本原理，为进一步开发出高质量的管理信息系统打下坚实的基础。

10.1.2 系统功能描述

如图 10.1 所示，该成绩管理系统主要使用单链表来实现，它包括五大功能模块。

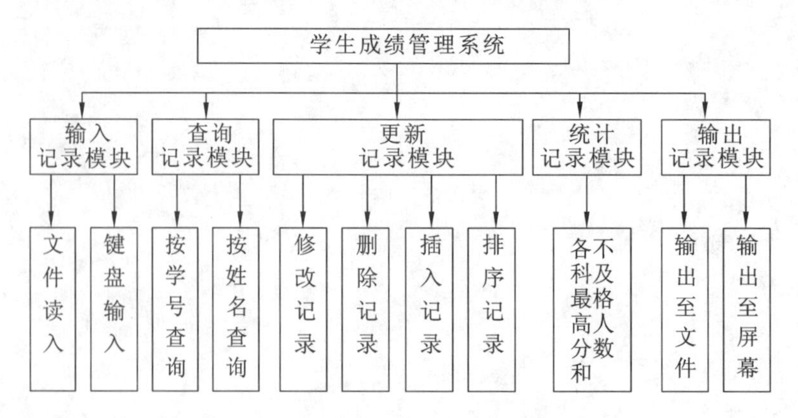

图 10.1　学生成绩管理系统功能模块图

1. 输入记录模块

将数据存入单链表中，可以从以二进制形式存储的数据文件中读入学生记录，也可以从键盘逐个录入学生记录。学生记录由学生的基本信息和成绩信息字段组成。当从数据文件中读入记录时，是在以记录为单位存储的数据文件中，将其逐条复制到单链表中。

2. 查询记录模块

查询记录模块主要完成在单链表中查找满足相关条件的学生记录。用户可以按学生的学号或姓名来查找学生信息。若找到该学生的记录，则返回指向该记录的指针；否则，返回一个值为 NULL 的空指针，并输出未找到该学生记录的提示信息。

3. 更新记录模块

更新记录模块主要完成对数据记录的维护，实现对学生记录的修改、删除、插入和排序等操作。系统进行了上述操作之后，需要将修改的记录重新存入源数据文件中。

4. 统计记录模块

统计记录模块主要完成对各门功课最高分和不及格人数的统计。

5. 输出记录模块

输出记录模块主要完成两项任务：①实现对学生记录的存盘操作，即将单链表中的各结点中存储的学生记录信息写入数据文件；②实现将单链表中存储的学生记录信息以表格的形式在屏幕上打印输出。

10.1.3 系统总体设计

1. 功能模块设计

1）主函数 main 的执行流程

主函数 main 首先以可读写方式打开数据文件，该文件默认为“C:\student”，若文件不存在，则自动创建该文件。当打开文件成功后，则从文件中一次读取一条记录，添加到新建的单链表中，然后执行主菜单和进入主循环操作，进行按键判断。按键判断的处理流程如下。

● 按键的有效值为 0～9，其他数字都视为错误按键。

● 若输入为 0（即变量 select＝0），则会继续判断是否对记录进行了修改后进行存盘操作，若未存盘，则全局变量 selectflag＝1，系统会提示用户是否需要进行数据的存盘操作，这时用户输入 Y 或 y，则系统会进行存盘操作。最后，系统执行退出成绩管理系统的操作。

● 若选择 1，则调用 Add 函数，执行添加学生记录的操作。

● 若选择 2，则调用 Del 函数，执行删除学生记录操作。

● 若选择 3，则调用 Qur 函数，执行查询学生记录操作。

● 若选择 4，则调用 Modify 函数，执行修改学生记录操作。

● 若选择 5，则调用 Insert 函数，执行插入学生记录操作。

● 若选择 6，则调用 Tongji 函数，执行统计学生记录操作。

- 若选择 7,则调用 Sort 函数,执行排序学生记录操作。
- 若选择 8,则调用 Save 函数,执行保存学生记录至数据文件的操作。
- 若选择 9,则调用 Disp 函数,执行将学生记录以表格形式打印输出至屏幕的操作。
- 若输入 0～9 之外的值,则调用 Wrong 函数,给出按键错误的提示。

2) 输入记录模块

输入记录模块的功能是将数据存入单链表中。当从数据文件读出记录时,它调用了 fread(p,sizeof(Node),1,fp)文件读取函数,从文件中读取一条学生成绩信息存入指针变量 p 所指的结点中,并且此操作在 main 函数中执行。若该文件中没有数据,系统会提示单链表为空,没有任何学生记录信息可操作,此时用户应选择 1,调用 Add(1)函数输入新的学生记录,从而完成在单链表中添加结点的操作。注意,这里的字符串和数值的输入分别采用了对应的函数来实现,在函数中完成输入数据的任务,并对数据进行条件判断,直到满足条件为止,这样大大减少了代码的重复和冗余,符合模块化程序设计的特点。

3) 查询记录模块

查询记录模块的功能是在单链表中按学生的学号或姓名查找满足相关条件的记录。在查询函数 Qur(1)中,1 为指向保存了学生成绩信息的单链表的首地址的指针变量。我们将单链表中的指针定位操作设计成一个单独的函数 Node,若找到该记录,则返回指向该结点的指针,否则返回一个空指针。

4) 更新记录模块

更新记录模块主要实现了对学生记录的修改、删除、插入和排序等操作。因为学生的记录是以单链表结构存储的,所以这些操作在单链表中完成。下面分别介绍这 4 个功能模块。

- 修改记录　用于修改系统内已经存在的学生记录信息。
- 删除记录　用于删除系统内已经存在的学生记录信息。
- 插入记录　用于向系统内添加新的学生记录信息。
- 排序记录　用于对系统中的学生记录信息进行排序处理。

C 语言中的排序算法很多,如冒泡排序、插入排序等,本系统使用的是插入排序。单链表中插入排序的基本步骤如下。

(1) 新建一个单链表 1,用于保存排序结果,其初始值为待排序单链表中的头结点。

(2) 从待排序链表中取出下一个结点,将其总分字段值与单链表 1 中的各结点中的总分字段的值进行比较,直到在单链表 1 中找到总分小于它的结点。若找到该结点,系统将待排序链表中取出的结点插入此结点前,作为其前驱结点。否则,将取出的结点放在单链表 1 的尾部。

(3) 重复步骤(2),直到待排序链表取出结点的指针域为 NULL,即此结点为链表的尾部结点。

5) 统计记录模块

统计记录模块主要通过循环读取指针变量 p 所指的当前结点的数据域中的各字段的值,并对各个成绩字段进行逐个判断的形式,完成单科最高分学生的查找和各科不及格人数的统计。

6）输出记录模块

当把记录输出到文件时，调用 fwrite(p,sizeof(Node),1,fp)函数，将 p 指针所指结点的各字段值写入文件指针 fp 所指的文件。当把记录输出到屏幕时，调用 void Disp(Link 1)函数，将单链表 1 中存储的学生记录信息以表格的形式在屏幕上打印出来。

2. 数据结构设计

1）学生成绩信息结构体

学生成绩信息结构体 student 用于存储学生的基本信息，它将作为单链表的数据域。为了简化程序，下面只取了 3 门课程的成绩。

```
typedef  struct  student
{
 char  num[10];           /*保存学号*/
 char  name[15];          /*保存姓名*/
 int  cgrade;             /*保存 C 语言成绩*/
 int  mgrade;             /*保存数学成绩*/
 int  egrade;             /*保存英语成绩*/
 int  total;              /*保存总分*/
 float  ave;              /*保存平均分*/
 int  mingci;             /*保存名次*/
};
```

2）单链表 node 结构体

```
typedef  struct  node
{
  struct  student  data;          /*数据域*/
  struct  student  * next;        /*指针域*/
}Node,* Link;                     /*Node 是 node 类型的结构变量,* Link 是 node 类
                                  型的指针变量*/
```

3. 函数功能描述

1）printheader 函数

函数原型：void printheader()

printheader 函数用于在以表格形式显示学生记录时，打印输出表头。

2）printdata 函数

函数原型：void printdata(Node *pp)

printdata 函数用于在以表格形式显示学生记录时，打印输出单链表 pp 中的学生信息。

3）stringinput 函数

函数原型：void stringinput(char *t, int lens, char * notice) stringinput 函数用于输入字符串,并进行字符串长度验证(长度<lens)。其中,t 用于保存输入的字符串;notice 用于保存 printf 函数中输出的提示信息。

4) numberinput 函数

```
函数原型:int numberinput(char  *notice)
```

numberinput 函数用于输入数值型数据,并对输入的数据进行验证(0≤数据≤100)。

5) Disp 函数

```
函数原型:void  Disp(Link  l)
```

Disp 函数用于显示单链表 l 中存储的学生记录,内容为 student 结构中定义的内容。

6) Locate 函数

```
函数原型:Node  *Locate(Link  l,char  findmess[],char  nameornum[])
```

Locate 函数用于定位链表中符合要求的结点,并返回指向该结点的指针。其中,参数 findmess[]保存要查找的具体内容;nameornum[]保存按什么字段在单链表 l 中查找。

7) Add 函数

```
函数原型:void  Add(Link  l)
```

Add 函数用于在单链表 l 中增加学生记录的结点。

8) Qur 函数

```
函数原型:void  Qur(Link  l)
```

Qur 函数用于在单链表 l 中按学号或姓名查找满足条件的学生记录,并显示出来。

9) Del 函数

```
函数原型:void  Del(Link  l)
```

Del 函数用于在单链表 l 中找到满足条件的学生记录的结点,然后删除该结点。

10) Modify 函数

```
函数原型:void  Modify(Link  l)
```

Modify 函数用于在单链表 l 中修改学生记录。

11) Insert 函数

```
函数原型:void  Insert(Link  l)
```

Insert 函数用于在单链表 l 中插入学生记录。

12) Tongji 函数

```
函数原型:void  Tongji(Link  l)
```

Tongji 函数用于在单链表 l 中完成学生记录的统计工作,统计该班的总分第一名、单科第一名和各科不及格人数。

13) Sort 函数

```
函数原型:void  Sort(Link  l)
```

Sort 函数用于在单链表 l 中完成利用插入排序算法实现单链表的按总分字段降序排序。

14）Save 函数

```
函数原型:void  Save(Link  l)
```

Save 函数用于将单链表 l 中的数据写入磁盘中的数据文件。

15）主函数 main

主函数为整个成绩管理系统的控制部分。

10.1.4 程序实现

经过前面的功能模块分析和系统总体设计后，便可在此基础上进行程序设计了。本节将详细介绍此项目实例的具体实现过程。

1. 程序预处理

程序预处理包括加载头文件，定义结构体、常量和变量，并进行初始化，具体代码如下。

```
#include "stdio.h"                /*标准输入输出函数库*/
#include "stdlib.h"               /*标准函数库*/
#include "string.h"               /*字符串函数库*/
#include "conio.h"                /*屏幕操作函数库*/
#define HEADER1 " --------------------------------STUDENT-------------
------------------------ \n"
#define HEADER2 "|number|name|Comp|Math|Eng|sum|ave|mici|\n"
#define HEADER3 "|---------------|---------------|----|----|----|-
-------|-------|-----| "
#define FORMAT"|%-10s |%-15s|%4d|%4d|%4d| %4d|%.2f |%4d |\n"
#define DATA  p->data.num,p->data.name,p->data.egrade,p->data.mgrade,
p->data.cgrade,p->data.total,p->data.ave,p->data.mingci
#define END    "  ---------------------------------------------------
-------------------------\n"
int saveflag=0;                   /*是否需要存盘的标志变量*/
typedef struct  student           /*定义与学生有关的数据结构,标记为 student*/
{
  char num[10];                   /*学号*/
  char name[15];                  /*姓名*/
  int cgrade;                     /*C 语言成绩*/
  int mgrade;                     /*数学成绩*/
  int egrade;                     /*英语成绩*/
  int total;                      /*总分*/
  float ave;                      /*平均分*/
  int mingci;                     /*名次*/
};
  typedef struct node           /*定义每条记录或结点的数据结构,标记为:node*/
  {
  struct student data;          /*数据域*/
```

```
  struct node* next;     /*指针域*/
}Node,* Link;          /*Node 为 node 类型的结构变量,* Link 为 node 类型的指针变量*/
```

2. 主函数 main

主函数 main 主要实现了对整个系统的控制,以及相关模块函数的调用,具体代码如下。

```
void main()
{
  Link l;                                          /*定义链表*/
  FILE* fp;                                        /*文件指针*/
  int select;                                      /*保存选择结果变量*/
  char ch;                                         /*保存(y,Y,n,N)*/
  int count=0;                                     /*保存文件中的记录条数(或结点个数)*/
  Node*p,*r;                                       /*定义记录指针变量*/
  l=(Node*)malloc(sizeof(Node));
  if(!l)
  {
  printf("\n allocate memory failure ");  /*如没有申请到,打印提示信息*/
      return;                                      /*返回主界面*/
  }
  l->next=NULL;r=l;fp= fopen("C:\\student","ab+");
  if(fp==NULL)
{
printf("\n=====>can not open file! \n");
exit(0);
}
while(! feof(fp))
{
    p=(Node*)malloc(sizeof(Node));
    if(!p)
    {
    printf("memory malloc failure! \n");
    exit(0);
    }
    if(fread(p,sizeof(Node),1,fp)==1)   /*一次从文件中读取一条学生成绩记录*/
    {
    p->next=NULL;
    r->next=p;
    r=p;
count++;
    }
}
```

```
    fclose(fp);                                         /*关闭文件*/
    printf("\n=====>open file sucess,the total records number is:%d.\n",count);
    menu();
    while(1)
    {
        system("cls");menu();p=r;
        printf("\n  Please Enter your choice(0~9):");  /*显示提示信息*/
        scanf("%d",&select);
        if(select==0)
        {
        if(saveflag==1)         /*若对链表的数据有修改且未进行存盘操作,则此标志为 1*/
          {
           getchar();
             printf("\n=====>Whether save the modified record to file? (y/n):");
             scanf("%c",&ch);
             if(ch=='y'||ch=='Y')  Save(l);
          }
        printf("=====>thank you for useness!");
        getchar();
        break;
        }
        switch(select)
        {
          case 1:Add(l);break;                         /*增加学生记录*/
          case 2:Del(l);break;                         /*删除学生记录*/
          case 3:Qur(l);break;                         /*查询学生记录*/
          case 4:Modify(l);break;                      /*修改学生记录*/
          case 5:Insert(l);break;                      /*插入学生记录*/
          case 6:Tongji(l);break;                      /*统计学生记录*/
          case 7:Sort(l);break;                        /*排序学生记录*/
          case 8:Save(l);break;                        /*保存学生记录*/
          case 9:system("cls");Disp(l);break;/*显示学生记录*/
          default:Wrong();getchar();break;     /*按键有误,必须为数值 0- 9*/
        }
      }
    }
```

3. 系统主菜单函数

系统主菜单函数 menu 的功能是显示系统的主菜单界面,提示用户进行选择,以完成相应的任务。具体代码如下。

```
void menu()
{
  system("cls");              /*调用 DOS 命令,清屏,与 clrscr()功能相同*/
  textcolor(10);              /*在文本模式中选择新的字符颜色*/
  gotoxy(10,5);               /*在文本窗口中设置光标*/
  cprintf("            The Students'Grade Management System\n");
  gotoxy(10,8);
  cprintf("*************************Menu*************************
*********\n");
  gotoxy(10,9);
  cprintf("  *  1 input   record        2 delete record           *\n");
  gotoxy(10,10);
  cprintf("   *   3 search  record        4 modify record           *\n");
  gotoxy(10,11);
  cprintf("   *   5 insert  record        6 count   record          *\n");
  gotoxy(10,12);
  cprintf("   *   7 sort    reord         8 save   record           *\n");
  gotoxy(10,13);
  cprintf("   *   9 display record        0 quit   system           *\n");
  gotoxy(10,14);
  cprintf("*******************************************************
*********\n");
}
```

4. 表格显示记录

由于记录显示操作经常进行,所以将这部分由独立的函数来实现,从而减少代码的重复。以表格形式显示单链表 l 中存储的学生记录,内容是 student 结构中定义的内容。具体代码如下。

```
void Disp(Link l)
{
  Node*p l->next;
  if(!p)
  {
  printf("\n=====>Not student record!\n");
  getchar();
  return;
  }
  printf("\n\n");
  printheader();                    /*输出表格头部*/
  while(p)                          /*逐条输出链表中存储的学生信息*/
    {
```

```
      printdata(p);
      p=p->next;
      printf(HEADER3);
    }
  getchar();
  }
  void printheader()                /*格式化输出表头*/
  {
    printf(HEADER1);
    printf(HEADER2);
    printf(HEADER3);
    }
    void printdata(Node*pp)         /*格式化输出表中数据*/
    {
    Node*p;
    p=pp;
    printf(FORMAT,DATA);
    }
    void Wrong()                    /*输出按键错误信息*/
    {
    printf("\n*****Error:input has wrong!press any key to continue*****\n");
      getchar();
    }
    void Nofind()                   /*输出未查找此学生的信息*/
    {
    printf("\n=====>Not find this student!\n");
  }
```

5. 记录查找定位

当用户进入系统后，对某个学生进行处理前需要在单链表 l 中按条件查找记录信息。此功能由函数 Node * Locate(Link l,char findmess[],char nameornum[])实现，具体代码如下。

```
  Node*Locate(Link l,char findmess[],char nameornum[])
  {
    Node*r;
    if(strcmp(nameornum,"num")==0)          /*按学号查询*/
    {
    r=l->next;
    while(r)
      {
      if(strcmp(r->data.num,findmess)==0)
      return r;                               /*找到 findmess 值的学号*/
        r=r->next;
```

```
        }
        }
        else if(strcmp(nameornum,"name")==0)   /*按姓名查询*/
        {
          r=l->next;
          while(r)
          {if(strcmp(r->data.name,findmess)==0)
          return r;                          /*找到 findmess 值的学生姓名*/
          r=r->next;
        }
        }
        return 0;                            /*若未找到,返回一个空指针*/
    }
```

6. 格式化输入数据

该系统要求用户只能输入字符型和数值型数据,所以下面定义了两个函数 stringinput 和 numberinput 来单独处理,并对输入的数据进行验证,具体代码如下。

```
    void stringinput(char*t,int lens,char*notice)
                                    /*输入字符串并进行长度验证(长度<lens)*/
    {
      char n[255];
      do
      {
      printf(notice);                /*显示提示信息*/
        scanf("%s",n);               /*输入字符串*/
        if(strlen(n)>lens)
          printf("\n exceed the required length! \n");
                                     /*进行长度校验,超过 lens 值重新输入*/
        }while(strlen(n)>lens);
        strcpy(t,n);                 /*将输入的字符串拷贝到字符串 t 中*/
    }
    int numberinput(char*notice) /*输入分数,0<=分数<=100)*/
    {
      int t=0;
      do
      {
        printf(notice);
        scanf("%d",&t);
        if(t>100 || t<0)
        printf("\n score must in[0,100]! \n");          /*进行分数校验*/
      }while(t> 100 || t< 0);
      return t;
    }
```

7. 增加学生记录

如果系统内的学生数据为空,则通过 Add 函数向系统内添加学生记录,具体代码如下。

```
void Add(Link l)
{
  Node*p,*r,*s;                          /*实现添加操作的临时的结构体指针变量*/
  char ch,flag=0,num[10];
  r=l;
  s=l->next;
  system("cls");
  Disp(l);                               /*先打印出已有的学生信息*/
  while(r->next! = NULL)
  r=r->next;                             /*将指针移至于链表最末尾,准备添加记录*/
  while(1)               /*一次可输入多条记录,直至输入学号为 0 的记录结点添加操作*/
  {
  while(1)            /*输入学号,保证该学号没被使用,若学号为 0,则退出添加记录操作*/
  {
  stringinput(num,10,"input number(press '0'return menu):");
                                                          /*格式化输入学号并检验*/
    flag= 0;
    if(strcmp(num,"0")==0)
  {
  return;
  }
    s=l->next;
    while(s)          /*查询该学号是否存在,若存在则要求重新输入一个未被占用的学号*/
    {
    if(strcmp(s->data.num,num)==0)
    {
      flag= 1;
      break;
      }
      s=s->next;
      }
  if(flag==1)                            /*提示用户是否重新输入*/
    {
      getchar();
      printf("===== > The number %s is not existing,try again? (y/n):",num);
      scanf("%c",&ch);
      if(ch=='y'||ch=='Y')
      continue;
        else   return;
```

```
        }
      else  break;
    }
    p= (Node*)malloc(sizeof(Node));/*申请内存空间*/
    if(!p)
    {
    printf("\n allocate memory failure ");
    return;
    }
    strcpy(p->data.num,num);        /*将字符串 num 拷贝到 p->data.num 中*/
    stringinput(p->data.name,15,"Name:");
    p->data.cgrade=numberinput("C language Score[0- 100]:");
    p->data.mgrade=numberinput("Math Score[0- 100]:");
    p->data.egrade=numberinput("English Score[0- 100]:");
    p->data.total=p->data.egrade+ p->data.cgrade+p->data.mgrade;
                                                                /*计算总分*/
    p->data.ave= (float)(p->data.total/3);                  /*计算平均分*/
    p->data.mingci=0;
    p->next=NULL;        /*表明这是链表的尾部结点*/
    r->next=p;           /*将新建的结点加入链表尾部中*/
    r=p;
    saveflag=1;
    }
    return;
  }
```

8. 查询学生记录

用户可以对系统内的学生信息按学号或姓名进行查询，若此学生记录存在，则打印输出此学生记录的信息，具体代码如下。

```
  void Qur(Link l)
  {
    int select;              /*1:按学号查,2:按姓名查,其他:返回主界面(菜单)*/
    char searchinput[20];    /*保存用户输入的查询内容*/
        Node*p;
    if(! l->next)            /*若链表为空*/
    {
    system("cls");
    printf("\n=====>No student record! \n");
      getchar();
      return;
    }
```

```
  system("cls");
  printf("\n     =====>1 Search by number   =====>2 Search by name\n");
    printf("      please choice[1,2]:");
    scanf("%d",&select);
    if(select==1)       /*按学号查询*/
  {
    stringinput(searchinput,10,"input the existing student number:");
      p=Locate(l,searchinput,"num");
      if(p)
      {
            printheader();
            printdata(p);
            printf(END);
            printf("press any key to return");
              getchar();
            }
      else
        Nofind();
        getchar();
  }
  else if(select==2)       /*按姓名查询*/
  {
  stringinput(searchinput,15,"input the existing student name:");
  p=Locate(l,searchinput,"name");
  if(p)
  {
  printheader();
  printdata(p);
        printf(END);
        printf("press any key to return");
        getchar();
        }
  else
    Nofind();
    getchar();
  }
  else
    Wrong();
    getchar();
  }
```

9. 删除学生记录

在进行删除操作时，系统会按用户要求先找到该学生记录的结点，然后从单链表中删除该结点，具体代码如下。

```
void Del(Link l)
{
int sel;
Node*p,*r;
char findmess[20];
  if(!l->next)
  {
    syste m("cls");
    printf("\n===== > No student record! \n");
    getchar();
    return;
  }
system("cls");
Disp(l);
printf("\n       =====>1 Delete by number   =====>2 Delete by name\n");
printf("      please choice[1,2]:");
scanf("%d",&sel);
if(sel==1)
{
  stringinput(findmess,10,"input the existing student number:");
  p=Locate(l,findmess,"num");
  if(p)           /*p! = NULL*/
  {
  r=l;
  while(r->next!=p)
  r=r->next;
  r->next=p->next;  /*将 p 所指结点从链表中去除*/
  free(p);          /*释放内存空间*/
  printf("\n===== > delete success! \n");
  getchar();
  saveflag= 1;
}
  else
  Nofind();
  getchar();
}
else if(sel==2)        /*先按姓名查询到该记录所在的结点*/
```

```
    {
      stringinput(findmess,15,"input the existing student name");
      p=Locate(l,findmess,"name");
      if(p)
      {
        r=l;
        while(r->next!=p)
        r=r->next;
        r->next= p->next;
    free(p);
        printf("\n=====>delete success! \n");
        getchar();
        saveflag=1;
      }
      else
      Nofind();
      getchar();
    }
    else
      Wrong();
      getchar();
    }
```

10. 修改学生记录

在进行修改学生记录操作中，系统会先按输入的学号查找到该记录，然后提示用户修改学号之外的值，但学号不能修改，具体代码如下。

```
    void Modify(Link l)
    {
      Node*p;
      char findmess[20];
      if(! l->next)
      {
        system("cls");
        printf("\n=====>No student record! \n");
        getchar();
        return;
      }
      system("cls");
      printf("modify student recorder");
      Disp(l);
      stringinput(findmess,10,"input the existing student number:");
      /*输入并检验该学号*/
```

```
p=Locate(l,findmess,"num");/*查询到该结点*/
if(p)/*若 p!=NULL,表明已经找到该结点*/
{
  printf("Number:%s,\n",p->data.num);
  printf("Name:%s,",p->data.name);
  stringinput(p->data.name,15,"input new name:");
  printf("C language score:%d,",p->data.cgrade);
  p->data.cgrade=numberinput("C language Score[0-100]:");
  printf("Math score:%d,",p->data.mgrade);
  p->data.mgrade=numberinput("Math Score[0-100]:");
  printf("English score:%d,",p->data.egrade);
  p->data.egrade=numberinput("English Score[0-100]:");
  p->data.total=p->data.egrade+ p->data.cgrade+ p->data.mgrade;
  p->data.ave=(float)(p->data.total/3);
  p->data.mingci=0;
  printf("\n=====>modify success! \n");
  Disp(l);
  saveflag=1;}
else
  Nofind();
  getchar();
}
```

11. 插入学生记录

在进行插入学生记录操作中,系统会先按学号查找到要插入的结点的位置,然后在该学号之后插入一个新的结点,具体代码如下。

```
void Insert(Link l)
{
  Link p,v,newinfo;      /*p指向插入位置,newinfo指新插入记录*/
  char ch,num[10],s[10]; /*s[]保存插入点位置之前的学号,num[]保存输入新记录的学号*/
  int flag=0;
  v=l->next;
  system("cls");
  Disp(l);
  while(1)
  {
    stringinput(s,10,"please input insert location  after the Number:");
    flag=0;
    v=l->next;
    while(v)                /*查询该学号是否存在,flag= 1表示该学号存在*/
```

```
        {
        if(strcmp(v->data.num,s)==0)
        {
        flag=1;
        break;
        }
            v=v->next;
        }
        if(flag==1)
        break;
        else
        {
            getchar();
            printf("\n=====>The number %s is not existing,try again? (y/n):",s);
            scanf("%c",&ch);
            if(ch=='y'||ch=='Y')
                    {
                      continue;
                    }
            else
              {
                return;
              }
        }
    }
    stringinput(num,10,"input new student Number:");
                                                /*新记录的输入操作与Add()相同*/
    v=l->next;
    while(v)
    {
    if(strcmp(v->data.num,num)==0)
      {printf("=====>Sorry,the new number:'%s' is existing!\n",num);
      printheader();
      printdata(v);
      printf("\n");
      getchar();
      return;
    }
    v=v->next;
    }
    newinfo=(Node*)malloc(sizeof(Node));
```

```
    if(!newinfo)
    {
    printf("\n allocate memory failure ");
    return;
    }
    strcpy(newinfo->data.num,num);
    stringinput(newinfo->data.name,15,"Name:");
    newinfo->data.cgrade=numberinput("C language Score[0-100]:");
    newinfo->data.mgrade=numberinput("Math Score[0-100]:");
    newinfo->data.egrade=numberinput("English Score[0-100]:");
    newinfo->data.total=newinfo->data.egrade+ newinfo->data.cgrade+ newin-
fo->data.mgrade;
    newinfo->data.ave= (float)(newinfo->data.total/3);
    newinfo->data.mingci=0;
    newinfo->next= NULL;
    saveflag=1;/*在main函数中有对该全局变量的判断,若为1,则进行存盘操作*/
    p=l->next;
    while(1)
    {
    if(strcmp(p->data.num,s)==0)/*在链表中插入一个结点*/
      {
          newinfo->next=p->next;
          p->next=newinfo;
          break;
          }
       p= p->next;
     }
    Disp(l);
    printf("\n\n");
    getchar();
}
```

12. 统计学生记录

在统计学生记录的操作中,系统会统计该班的总分第一名、单科第一名和各科不及格人数,并打印输出统计结果,具体代码如下。

```
void Tongji(Link l)
{
  Node*pm,*pe,*pc,*pt,*r=l->next;;/*用于指向分数最高的节点*/
  int countc=0,countm= 0,counte= 0;/*保存三门成绩中不及格的人数*/
  if(!r)
  {
```

```
    system("cls");
    printf("\n=====>Not student record!\n");
    getchar();
    return;
    }
    system("cls");
    Disp(l);
    pm=pe=pc=pt=r;
    while(r)
    {
    if(r->data.cgrade<60) countc++;
    if(r->data.mgrade<60) countm++;
    if(r->data.egrade<60) counte++;
    if(r->data.cgrade>=pc->data.cgrade)
    pc=r;
    if(r->data.mgrade>=pm->data.mgrade)
    pm=r;
    if(r->data.egrade>=pe->data.egrade)
    pe=r;
    if(r->data.total>=pt->data.total)
    pt=r;
    r=r->next;
  }
  printf("\n------------------------------the TongJi result--------
-----------------------\n");
  printf("C Language<60:%d (ren)\n",countc);
  printf("Math      <60:%d (ren)\n",countm);
  printf("English  <60:%d (ren)\n",counte);
  printf("-------------------------------------------------------
--------------------------\n");
  printf("The highest student by total scroe name:%s totoal score:%d\n",pt->
data.name,pt->data.total);
  printf("The highest student by English score name:%s totoal score:%d\n",pe->
  data.name,pe->data.egrade);
  printf("The highest student by Math score name:%s totoal score:%d\n",pm->da-
  ta.name,pm->data.mgrade);
  printf("The highest student by C score name:%s totoal score:%d\n",pc->data.
  name,pc->data.cgrade);
  printf("\n\npress any key to return");
  getchar();
  }
```

13. 排序学生记录

在排序学生记录的操作中,系统按插入排序算法实现单链表的按总分字段的降序排序,并打印排序前和排序后的结果,具体代码如下。

```
void Sort(Link l)
{
  Link ll;
  Node*p,*rr,*s;
  int i=0;
  if(l->next==NULL)
  {
    system("cls");
    printf("\n=====>Not student record!\n");
    getchar();
    return;
  }
  ll=(Node*)malloc(sizeof(Node));  /*用于创建新的结点*/
  if(!ll)
  {
  printf("\n allocate memory failure ");
  return;
  }
  ll->next=NULL;
  system("cls");
  Disp(l);                         /*显示排序前的所有学生记录*/
  p=l->next;
  while(p)                         /*p!=NULL*/
  {
    s=(Node* )malloc(sizeof(Node)); /*新建结点用于保存从原链表中取出的结点信息*/
    if(!s)
    {
    printf("\n allocate memory failure");
    return;
    }
    s->data= p->data;              /*填数据域*/
    s->next= NULL;                 /*指针域为空*/
    rr=ll;      /*rr链表于存储插入单个结点后保持排序的链表,ll是这个链表的头指针*/
    while(rr->next! = NULL&&rr->next->data.total> = p->data.total)
      {
      rr=rr->next;
      }    /*指针移至总分比p所指的结点的总分小的结点位置*/
```

```
        if(rr->next==NULL)
        rr->next=s;
        else
        {
        s->next=rr->next;
        rr->next=s;
        }
        p=p->next;/*原链表中的指针下移一个结点*/
    }
        l->next=ll->next;/*ll中存储的是已排序的链表的头指针*/
        p= l->next;/*已排好序的头指针赋给p,准备填写名次*/
        while(p!=NULL)/*当p不为空时,进行下列操作*/
        {
        i++ ;
        p->data.mingci=i;
        p=p->next;
        }
    Disp(l);
    saveflag=1;
    printf("\n    =====>sort complete!\n");
    }
```

14. 存储学生记录

在存储学生记录的操作中,系统会将单链表中的数据写入磁盘的数据文件中。如果用户对数据进行了修改,但没有进行存盘操作,那么在退出时系统会提示用户存盘,具体代码如下。

```
    void Save(Link l)
    {
      FILE*fp;
      Node*p;
      int count=0;
      fp=fopen("c:\\student","wb");  /*以只写方式打开二进制文件*/
      if(fp==NULL)                   /*打开文件失败*/
      {
        printf("\n=====>open file error!\n");
        getchar();
        return;
        }
      p=l->next;
      while(p)
      {
        if(fwrite(p,sizeof(Node),1,fp)==1)
```

```
    {
    p=p->next;
    count++;
    }
    else
    {
    break;
    }
  }
  if(count> 0)
    {
      getchar();
      printf("\n\n\n\n\n=====>save file complete,total saved's record number
is:%d\n",count);
      getchar();
      saveflag=0;
    }
  else
  {
    system("cls");
    printf("the current link is empty,no student record is saved! \n");
        getchar();
  }
fclose(fp);/*关闭此文件*/
}
```

至此,整个学生成绩管理系统介绍完毕。当用户刚进入该系统时,其主界面如图 10.2 所示。

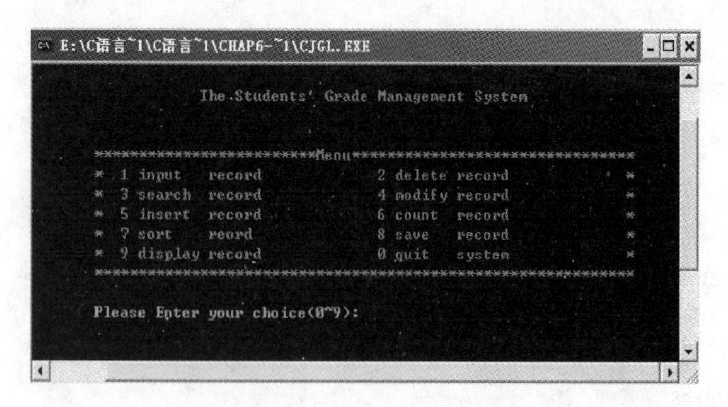

图 10.2　学生成绩管理系统主界面

按【1】键并按【Enter】键,即可进入如图 10.3 所示数据输入界面。

```
E:\C语言~1\C语言~1\CHAP6-~1\CJGL.EXE

=====>Not student record!

input number(press '0'return menu):01
Name:user1
C language Score[0-100]:88
Math Score[0-100]:76
English Score[0-100]:95
input number(press '0'return menu):02
Name:user2
C language Score[0-100]:90
Math Score[0-100]:85
English Score[0-100]:90
input number(press '0'return menu):_
```

图 10.3　输入学生记录信息界面

添加记录之后,按【9】键并按【Enter】键来查看学生记录信息,界面如图 10.4 所示。

```
E:\C语言~1\C语言~1\CHAP6-~1\CJGL.EXE

-----------------------------STUDENT------------------------------
|  number   |     name     |Comp|Math|Eng |  sum  |  ave  |mici |
|-----------|--------------|----|----|----|-------|-------|-----|
|  01       |user1         | 95 | 76 | 88 | 259   | 86.00 |  0  |
|-----------|--------------|----|----|----|-------|-------|-----|
|  02       |user2         | 90 | 85 | 90 | 265   | 88.00 |  0  |
|-----------|--------------|----|----|----|-------|-------|-----|
```

图 10.4　显示学生记录信息

按【2】键并按【Enter】键,即可进入如图 10.5 所示删除记录界面。

```
E:\C语言~1\C语言~1\CHAP6-~1\CJGL.EXE
-----------------------------STUDENT------------------------------
|  number   |     name     |Comp|Math|Eng |  sum  |  ave  |mici |
|-----------|--------------|----|----|----|-------|-------|-----|
|  02       |user2         | 90 | 85 | 90 | 265   | 88.00 |  1  |
|-----------|--------------|----|----|----|-------|-------|-----|
|  01       |user3         | 80 | 87 | 90 | 257   | 85.00 |  2  |
|-----------|--------------|----|----|----|-------|-------|-----|

    =====>1 Delete by number        =====>2 Delete by name
    please choice[1,2]:02
input the existing student nameuser2

=====>delete success!

_
```

图 10.5　删除学生记录信息

按【3】键并按【Enter】键,即可进入如图 10.6 所示查询记录界面。

```
E:\C语言~1\C语言~1\CHAP6-~1\CJGL.EXE
    =====>1 Search by number   =====>2 Search by name
    please choice[1,2]:1
nput the existing student number:02
-----------------------------STUDENT------------------------------
|  number   |     name     |Comp|Math|Eng |  sum  |  ave  |mici |
|-----------|--------------|----|----|----|-------|-------|-----|
|  02       |user2         | 90 | 85 | 90 | 265   | 88.00 |  0  |
------------------------------------------------------------------
ress any key to return
```

图 10.6　查询学生记录信息

按【4】键并按【Enter】键，即可进入如图 10.7 所示修改记录界面。

```
E:\C语言~1\C语言~1\CHAP6-~1\CJGL.EXE
-----------------------------------STUDENT-----------------------------------
|    number    |        name        |Comp|Math|Eng |   sum   |  ave   |mici |
|--------------|--------------------|----|----|----|---------|--------|-----|
|    01        |user1               |  95|  76|  88|  259    | 86.00  |   0 |
|--------------|--------------------|----|----|----|---------|--------|-----|
|    02        |user2               |  90|  85|  90|  265    | 88.00  |   0 |
|--------------|--------------------|----|----|----|---------|--------|-----|
input the existing student number:01
Number:01,
Name:user1,input new name:user3
C language score:88,C language Score[0-100]:90
Math score:76,Math Score[0-100]:87
English score:95,English Score[0-100]:80

=====>modify success!


-----------------------------------STUDENT-----------------------------------
|    number    |        name        |Comp|Math|Eng |   sum   |  ave   |mici |
|--------------|--------------------|----|----|----|---------|--------|-----|
|    01        |user3               |  80|  87|  90|  257    | 85.00  |   0 |
|--------------|--------------------|----|----|----|---------|--------|-----|
|    02        |user2               |  90|  85|  90|  265    | 88.00  |   0 |
|--------------|--------------------|----|----|----|---------|--------|-----|
```

图 10.7　修改学生记录信息

按【5】键并按【Enter】键，即可进入如图 10.8 所示插入记录界面。

```
E:\C语言~1\C语言~1\CHAP6-~1\cjgl.exe
|    number    |        name        |Comp|Math|Eng |   sum   |  ave   |mici |
|--------------|--------------------|----|----|----|---------|--------|-----|
|    01        |user1               |  95|  90|  90|  275    | 91.00  |   0 |
|--------------|--------------------|----|----|----|---------|--------|-----|
|    02        |user2               |  92|  90|  85|  267    | 89.00  |   0 |
|--------------|--------------------|----|----|----|---------|--------|-----|
please input insert location  after the Number:02
input new student Number:03
Name:user3
C language Score[0-100]:80
Math Score[0-100]:70
English Score[0-100]:90


-----------------------------------STUDENT-----------------------------------
|    number    |        name        |Comp|Math|Eng |   sum   |  ave   |mici |
|--------------|--------------------|----|----|----|---------|--------|-----|
|    01        |user1               |  95|  90|  90|  275    | 91.00  |   0 |
|--------------|--------------------|----|----|----|---------|--------|-----|
|    02        |user2               |  92|  90|  85|  267    | 89.00  |   0 |
|--------------|--------------------|----|----|----|---------|--------|-----|
|    03        |user3               |  90|  70|  80|  240    | 80.00  |   0 |
|--------------|--------------------|----|----|----|---------|--------|-----|
```

图 10.8　插入学生记录信息

按【6】键并按【Enter】键后，即可进入统计记录界面，其统计结果如图 10.9 所示。

```
E:\C语言~1\C语言~1\CHAP6-~1\CJGL.EXE
-----------------------------------STUDENT-----------------------------------
|    number    |        name        |Comp|Math|Eng |   sum   |  ave   |mici |
|--------------|--------------------|----|----|----|---------|--------|-----|
|    01        |user3               |  80|  87|  90|  257    | 85.00  |   0 |
|--------------|--------------------|----|----|----|---------|--------|-----|
|    02        |user2               |  90|  85|  90|  265    | 88.00  |   0 |
|--------------|--------------------|----|----|----|---------|--------|-----|

------------------------------the TongJi result-------------------------------
C Language<60:0 (ren)
Math      <60:0 (ren)
English   <60:0 (ren)
------------------------------------------------------------------------------
The highest student by total   scroe   name:user2 totoal score:265
The highest student by English score   name:user2 totoal score:90
The highest student by Math    score   name:user3 totoal score:87
The highest student by C       score   name:user2 totoal score:90


press any key to return
```

图 10.9　统计学生记录信息

按【7】键并按【Enter】键，即可进入排序记录界面，其排序结果如图 10.10 所示。

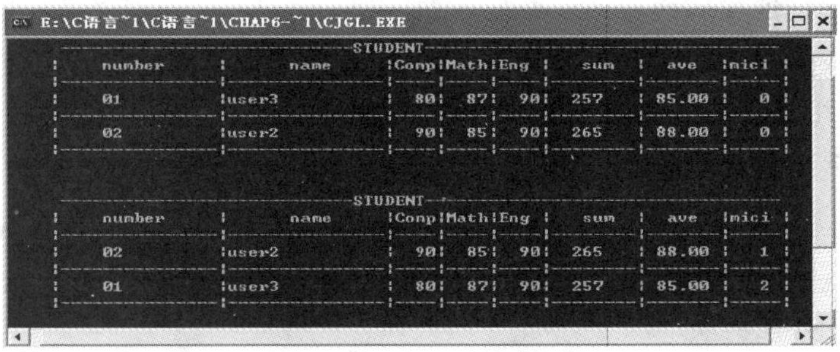

图 10.10　排序学生记录信息

按【8】键并按【Enter】键，即可进入保存记录界面，其保存结果如图 10.11 所示。

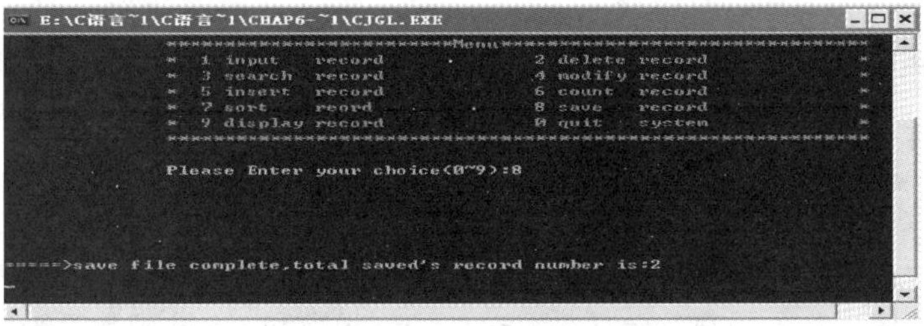

图 10.11　保存学生记录信息

10.2　实例 2——电子时钟

10.2.1　项目实训目的

本实例中涉及时间结构体、数组、绘图等方面的知识。通过本实例，训练学生的基本编程能力，使学生熟悉 C 语言图形模式下的编程，掌握利用 C 语言相关函数开发电子时钟的基本原理，为进一步开发出高质量的程序打下坚实的基础。

10.2.2　系统功能描述

电子时钟主要由 4 个功能模块组成。

1. 电子时钟界面显示模块

电子时钟界面显示模块主要调用了 C 语言图形系统函数和字符屏幕处理函数来画出时钟程序的主界面。该主界面包括电子时钟界面和帮助界面两个部分。电子时钟界面包括一个模拟时钟运转的钟表和一个显示时间的数字钟表；帮助界面主要包括一些按键的操作说明。

2. 电子时钟按键控制模块

电子时钟按键控制模块主要完成两大功能：①读取用户按键的键值；②通过对键盘按键值的判断来执行相应的操作，如光标移动、修改时间等。

3. 时钟动画处理模块

时钟动画处理模块通过对相关条件的判断和时钟指针坐标点的计算，完成时、分、秒指针的擦除和重绘，以达到模拟时钟运转的功能。

4. 数字时钟处理模块

数字时钟处理模块主要实现数字时钟的显示和数字时钟的修改。数字时钟的修改，用户可以先按【Tab】键定位需要修改内容的位置，然后通过按上移（↑）或下移（↓）键来修改当前时间。

10.2.3 系统总体设计

1. 功能模块设计

1）电子时钟执行主流程

电子时钟执行主流程如图10.12所示。首先，程序调用initgraph函数，使系统进入图形模式，然后通过使用line函数、arc函数、outtextxy函数和circle函数等来绘制主窗体界面及电子时钟界面，最后调用clockhandle函数来处理时钟的运转及数字时钟的显示。在clockhandle函数中，使用了bioskey函数来获得用户的按键值，当用户按【Esc】键时，程序从clockhandle函数中返回，从而退出程序。

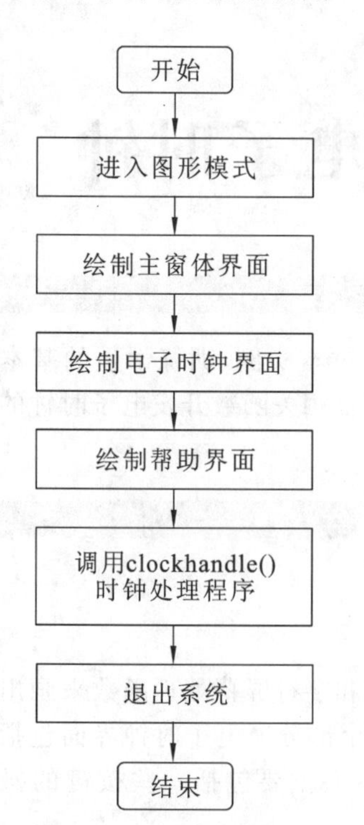

图10.12 电子时钟执行主流程

2）电子时钟界面显示模块

电子时钟界面中模拟时钟运转的动画时钟的时间刻度是用大小不同的圆来表示的，3根长度不同但有一端在相同坐标位置的直线分别表示时、分、秒。

3）电子时钟按键控制模块

该模块使用bioskey函数来读取用户按键的键值，然后调用keyhandle函数对键盘按键值进行判断，执行相应的操作。具体的按键判断如下。

（1）若用户按【Tab】键，程序会调用clearcursor函数来清除上一个位置的光标，然后调用drawcursor函数在新位置处绘制一个光标。

（2）若用户按下光标上移键，程序会调用timeupchange函数增加相应的时、分、秒值。

（3）若用户按下光标下移键，程序会调用timedownchange函数减少相应的时、分、秒值。

（4）若用户按【Esc】键，程序会结束时钟运行，退出系统。

4）时钟动画处理模块

该模块是本程序的核心部分，它实现了时钟运转的模拟。这部分的重点和难点在于时、分、秒在相应时间处的擦除和随后的重绘工作。擦除和重绘工作的难点在于每次绘制时针指针终点坐标值的计算。下面分别介绍指针运转时坐标点的计算和时钟动画的处理流程。

(1) 坐标点的计算。

在电子时钟中，时针、分针、秒针这3根指针有一个共同的端点，即圆形时钟的圆心。另外，这3根指针的长短不同且分布在不同的圆弧上，但每根指针每次转动的圆弧是相同的。时钟运转时，若秒针转动60次(即1圈)，分针转动1次(即1/60圈)；若分针转动60次(即1圈)，时针转动5次(即1/12圈)；若分针转动1次(即1/60圈)，时针转动1/(60 * 12)圈。这样，秒针每转动一次所经过的弧度为2π/60，并且指针转动时指针另一端的坐标值可以以圆心为参考点计算出来。

如图10.13所示，设圆心O的坐标为(x,y)，圆的半径为r，秒针从12点整的位置移动到了K点位置，其中α为2π/60弧度。那么，借助三角函数，可求得K点的坐标值为$(x+r\sin\alpha, y-r\cos\alpha)$。可使用相似的办法求得时针、分针、秒针3根指针在圆弧上任意位置的坐标值。

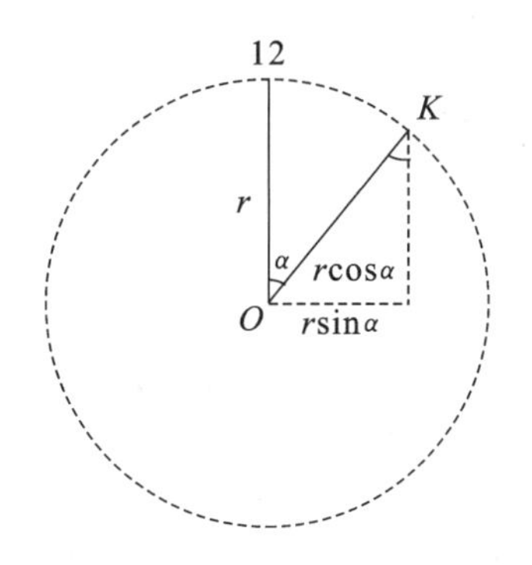

图10.13 时针指针坐标点计算示意图

假设时针、分针、秒针的长度分别为a、b、c，那么时针、分针、秒针3根指针另一端的任意的坐标值分别为$(x+a\sin\alpha, y-a\cos\alpha)$、$(x+b\sin\alpha, y-b\cos\alpha)$、$(x+c\sin\alpha, y-c\cos\alpha)$，$\alpha$的变化值范围为0～2π。在本程序中，$a$、$b$、$c$的取值分别为50,80,98，单位为像素。对于时针、分针、秒针，若小时、分钟、秒数分别为h、m、s，则a的取值分别为$(h\times 60+m)\times 2\pi/(60\times 12)$、$m\times 2\pi/60$、$s\times 2\pi/60$。需要说明的是，对于小时的$a$的取值，已经将小时数转换成了分钟数，因为分针每转动一次，时针是转动一圈的，所以小时的a取值为$(h\times 60+m)\times 2\pi/(60\times 12)$，严格来说，对于分钟的$a$取值也应类似于小时的$a$取值，只不过这里进行了简化。

(2) 时钟动画处理流程。

① 取得系统当前时间，将其保存在time结构类型的变量中，同时绘制初始的时针、分针、秒针并在时钟下方的数字时钟中显示当前的时间。

② 进入for循环，直至用户按【Esc】键退出循环。

③ 打开 PC 扬声器，发出滴答声，并利用一个 While 循环，产生一秒的延时。

④ 清除原来的秒针，绘制从圆心至新坐标点处的秒指针，并更新数字时钟的秒钟值。

⑤ 若分钟值有变化，执行与步骤④类似的动作。

⑥ 若时钟值有变化，也执行与步骤④类似的动作。

⑦ 调用 bioskey 函数获取用户按键值，若为【Esc】键，退出 for 循环，否则跳至步骤②。

⑧ 退出时钟程序。

5）数字时钟处理模块

在该模块中，每隔一秒调用 gettime 函数获取系统时间，然后调用 digetclock 函数在相应的位置显示时、分、秒值。数字时钟的修改，主要由当前光标位置和光标上移（↑）或光标下移（↓）按键两者共同来决定。例如，若当前光标在分钟显示位置，并且按下光标上移键，程序会将当前时间的分钟值增加 1，即增加一分钟；若加 1 后分钟值等于 60，则将当前分钟值设置为 0，最后调用 settime 函数来设置新的系统时间。

2. 数据结构设计

1）time 结构体

```
struct time /*time 结构体定义在 dos.h 文件中,可以用来保存系统的当前时间*/
{
    unsigned char ti_min;        /*分钟*/
    unsigned char ti_hour;       /*小时*/
    unsigned char ti_hund;       /*百分之一秒*/
    unsigned char ti_sec;        /*秒*/
};
```

2）全局变量

```
double  h,m,s           /*此 3 个全局变量分别用来保存小时、分钟、秒数*/
double  x,x1,x2,y,y1,y2/*保存数字时钟中小时、分钟、秒在屏幕中显示的坐标值*/
struct  time  t[1]      /*定义一个 time 结构类型的数组,此数组只有 t[0]一个元素*/
```

3. 功能函数描述

1）keyhandle 函数

函数原型：`int  keyhandle(int  key,  int  count)`

keyhandle 函数用于对用户的按键值 key 进行判断，然后调用 timeupchange(count)或 timedownchange(count)，又或者直接处理【Tab】按键。其中，count 的值为 1、2、3，1 表示小时，2 表示分钟，3 表示秒钟。按【Tab】键后，count 值加 1。

2）timeupchange 函数

函数原型：`int  timeupchange(int  count)`

timeupchange 函数用于增加时、分、秒数，然后将新的时间设置为系统当前时间。

3）timedownchange 函数

函数原型：`int  timedownchange(int  count)`

timedownchange 函数用于减少时、分、秒数，然后将新的时间设置为系统当前时间。

4）digitclock 函数

函数原型：viod digitclock(int x,int y,int clock)

digitclock 函数用于在(x,y)位置显示 clock 值，clock 值为时、分、秒。

5）drawcursor 函数

函数原型：viod drawcursor(int count)

drawcursor 函数用于对 count 进行判断后，在相应位置绘制一条直线作为光标。

6）clearcursor 函数

函数原型：viod clearcursor (int count)

clearcursor 函数用于对 count 进行判断后，在相应位置擦除原来的光标。

7）clockhandle 函数

函数原型：viod clockhandle()

clockhandle 函数用于时钟转动和数字时钟的显示。

10.2.4 程序实现

1. 程序预处理

程序预处理包括加载头文件，定义常量、变量、结构体数组，以及函数声明。

```
#include<graphics.h>
#include<stdio.h>
#include<math.h>
#include<dos.h>
#define PI 3.1415926                 /*定义常量*/
#define UP 0x4800                    /*上移↑键:修改时间*/
#define DOWN 0x5000                  /*下移↓键:修改时间*/
#define ESC 0x11b                    /*ESC键:退出系统*/
#define TAB 0xf09                    /*TAB键:移动光标*/
int keyhandle(int,int);              /*键盘按键判断,并调用相关函数处理*/
int timeupchange(int);               /*处理上移按键*/
int timedownchange(int);             /*处理下移按键*/
int digithour(double);               /*将double型的小时数转换成int型*/
int digitmin(double);                /*将double型的分钟数转换成int型*/
int digitsec(double);                /*将double型的秒钟数转换成int型*/
void digitclock(int,int,int);/*在指定位置显示时钟或分钟或秒钟数*/
void drawcursor(int);                /*绘制一个光标*/
void clearcursor(int);               /*消除前一个光标*/
void clockhandle();               /*时钟处理*/
double h,m,s;                     /*全局变量:小时,分,秒*/
double x,x1,x2,y,y1,y2;           /*全局变量:坐标值*/
struct time t[1];                 /*定义一个time结构类型的数组*/
```

2. 主函数 main

main 函数主要实现电子时钟的初始化操作，以及对 clockhandle 函数的调用。

```
main()
{
int driver,mode=0,i,j;
driver=DETECT;                    /*自动检测显示设备*/
initgraph(&driver,&mode,""); /*初始化图形系统*/
setlinestyle(0,0,3);              /*设置当前画线宽度和类型:设置三点宽实线*/
setbkcolor(0);                    /*用调色板设置当前背景颜色*/
setcolor(9);                      /*设置当前画线颜色*/
line(82,430,558,430);
line(70,62,70,418);
line(82,50,558,50);
line(570,62,570,418);
line(70,62,570,62);
line(76,56,297,56);
line(340,56,564,56);                  /*画主体框架的边直线*/
                     /*arc(int x,int y,int stangle,int endangle,int radius)*/
arc(82,62,90,180,12);
arc(558,62,0,90,12);
setlinestyle(0,0,3);
arc(82,418,180,279,12);
setlinestyle(0,0,3);
arc(558,418,270,360,12);          /*画主体框架的边角弧线*/
setcolor(15);
outtextxy(300,53,"CLOCK");        /*显示标题*/
setcolor(7);
rectangle(342,72,560,360);        /*画一个矩形,作为时钟的框架*/
setwritemode(0);     /*规定画线方式。mode= 0,则表示画线时将所画位置原信息覆盖*/
setcolor(15);
outtextxy(433,75,"CLOCK");        /*时钟的标题*/
setcolor(7);
line(392,310,510,310);
line(392,330,510,330);
```

```
    arc(392,320,90,270,10);
    arc(510,320,270,90,10);
    setcolor(5);
    for(i=431;i<=470;i+= 39)            /*绘制数字时钟的时、分、秒的分隔符*/
      for(j= 317;j<=324;j+ = 7)
      {
      setlinestyle(0,0,3);
      circle(i,j,1);
      }
    setcolor(15);
    line(424,315,424,325);              /*在运行电子时钟前先画一个光标*/
    for(i=0,m= 0,h= 0;i<=11;i++ ,h++)/*绘制表示小时的圆点*/
    {
      x=100*sin((h* 60+m)/360*PI)+451;
      y=200- 100*cos((h*60+m)/360*PI);
      setlinestyle(0,0,3);
      circle(x,y,1);
      }
    for(i=0,m=0;i<=59;m++,i++)          /*绘制表示分钟或秒钟的圆点*/
      {
        x=100*sin(m/30*PI)+451;
        y=200-100*cos(m/30*PI);
      setlinestyle(0,0,1);
      circle(x,y,1);
    }
    setcolor(4);
    outtextxy(184,125,"HELP");
    setcolor(15);
    outtextxy(182,125,"HELP");
    setcolor(5);
    outtextxy(140,185,"TAB:Cursor move");
    outtextxy(140,225,"UP:Time++");
    outtextxy(140,265,"DOWN:Time--");
    outtextxy(140,305,"ESC:Quit system!");
    outtextxy(140,345,"Version:2.0");
    setcolor(12);
    outtextxy(150,400,"Nothing is more important than time!");
    clockhandle();              /*开始调用时钟处理程序*/
    closegraph();               /*关闭图形系统*/
    return 0;                   /*表示程序正常结束,向操作系统返回一个0值*/
    }
```

3. 时钟动画处理模块

该模块由 clockhandle 函数来实现。程序中旧时钟的擦除用 setwritemode(mode)函数设置画线的方式来实现。如果 mode=1,则表示画线时用现在特性的线与所画之处原有的线进行异或(XOR)操作,实际上画出的线是原有线与现在规定的线进行异或后的结果。因此,当线的特性不变时,进行两次画线操作相当于没有画线,即在当前位置处清除了原来的画线。

```
void clockhandle()
{
  int k=0,count;
  setcolor(15);
  gettime(t);                     /*取得系统时间,保存在 time 结构类型的数组变量中*/
  h=t[0].ti_hour;
  m=t[0].ti_min;
  x=50*sin((h*60+m)/360*PI)+451;  /*时针的 x 坐标值*/
  y=200- 50*cos((h*60+ m)/360*PI); /*时针的 y 坐标值*/
  line(451,200,x,y);              /*在电子表中绘制时针*/
  x1-80*sin(m/30* PI)+ 451;       /*分针的 x 坐标值*/
  y1=200-80*cos(m/30*PI);         /*分针的 y 坐标值*/
  line(451,200,x1,y1);            /*在电子表中绘制分针*/
  digitclock(408,318,digithour(h));/*在数字时钟中,显示当前的小时值*/
  digitclock(446,318,digitmin(m)); /*在数字时钟中,显示当前的分钟值*/
  setwritemode(1);
  for(count=2;k! = ESC;){         /*开始循环,直至用户按下 ESC 键结束循环*/
     setcolor(12);                /*淡红色*/
     sound(500);                  /*以指定频率打开 PC 扬声器,这里频率为 500 Hz*/
     delay(700);                  /*发一个频率为 500 Hz 的音调,维持 700 毫秒*/
     sound(200);                 /*两种不同频率的音调,可仿真钟表转动时的滴答声*/
     delay(300);
     nosound();                   /*关闭 PC 扬声器*/
     s=t[0].ti_sec;
     m=t[0].ti_min;
     h=t[0].ti_hour;
     x2=98*sin(s/30* PI)+ 451;    /*秒针的 x 坐标值*/
     y2=200-98*cos(s/30*PI);      /*秒针的 y 坐标值*/
     line(451,200,x2,y2);
     while(t[0].ti_sec==s&&t[0].ti_min==m&&t[0].ti_hour==h)
     {
       gettime(t);                /*取得系统时间*/
       if(bioskey(1)!=0)
```

```
        {
          k=bioskey(0);
          count=keyhandle(k,count);
          if(count==5)
          count=1;
          }
        }
          setcolor(15);
          digitclock(485,318,digitsec(s)+1);      /*数字时钟增加1秒*/
          setcolor(12);
          x2=98*sin(s/30*PI)+451;
          y2=200-98* cos(s/30*PI);
          line(451,200,x2,y2);
          if(t[0].ti_min!=m)                    /*分钟处理,若分钟有变化,消除当前分针*/
          {
             setcolor(15);                      /*白色*/
             x1=80*sin(m/30*PI)+451;
             y1=200-80*cos(m/30*PI);
             line(451,200,x1,y1);
             m=t[0].ti_min;
             digitclock(446,318,digitmin(m));      /*在数字时钟中显示新的分钟值*/
             x1=80*sin(m/30*PI)+451;
             y1=200-80*cos(m/30*PI);
             line(451,200,x1,y1);               /*绘制新的分针*/
          }
          if((t[0].ti_hour*60+t[0].ti_min)!=(h*60+m))
                                                  /*小时处理,小时有变化,消除当前时针*/
          {
             setcolor(15);
             x=50*sin((h*60+m)/360*PI)+451;
             y=200-50*cos((h*60+m)/360*PI);
             line(451,200,x,y);
             h=t[0].ti_hour;
             digitclock(408,318,digithour(h));
             x=50*sin((h*60+m)/360*PI)+451;
             y=200-50*cos((h*60+m)/360*PI);
             line(451,200,x,y);
          }
        }
    }
```

4．时钟按键控制模块

该模块由函数 keyhandle 来实现，该函数接受用户按键，对按键值进行判断，并调用相应函数来执行相关操作，具体代码如下。

```
int keyhandle(int key,int count)                /*键盘控制*/
{
  switch(key)
  {
    case UP:timeupchange(count- 1);              /*count 的初始值为 2,此处减 1*/
      break;
    case DOWN:timedownchange(count- 1);          /*count 的初始值为 2,此处减 1*/
      break;
    case TAB:setcolor(15);
    clearcursor(count);                          /*清除原来的光标*/
    drawcursor(count);                           /*显示一个新的光标*/
    count+ + ;
    break;
  }
  return count;
}
int timeupchange(int count)                      /*处理光标上移的按键*/
{
  if(count==1) { t[0].ti_hour+ + ;if(t[0].ti_hour==24) t[0].ti_hour=0;set-
time(t);}
  if(count==2) { t[0].ti_min+ + ;if(t[0].ti_min==60) t[0].ti_min= 0;settime
(t);}
  if(count==3) { t[0].ti_sec+ + ;if(t[0].ti_sec==60) t[0].ti_sec=0;settime
(t);}
}
int timedownchange(int count)                    /*处理光标下移的按键*/
{
   if(count==1) { t[0].ti_hour- - ;if(t[0].ti_hour==0) t[0].ti_hour=23;set-
time(t);}
  if(count==2) { t[0].ti_min- - ;if(t[0].ti_min==0) t[0].ti_min= 59;settime
(t);}
if(count==3) {t[0].ti_sec- - ;if(t[0].ti_sec==0) t[0].ti_sec=59;settime
(t);}
}
int digithour(double h)             /*将 double 型的小时数转换成 int 型*/
  {
  int i;
```

```
for(i=0;i<=23;i++)
{ if(h==i)
return i;
}
}
int digitmin(double m)          /*将 double 型的分钟数转换成 int 型*/
{
  int i;
  for(i=0;i<=59;i++)
  {
  if(m==i)
  return i;
  }
}
int digitsec(double s)          /*将 double 型的秒钟数转换成 int 型*/
{
  int i;
  for(i=0;i<=59;i++)
  {
  if(s==i)
return i;
  }
}
```

5. 数字时钟处理模块

数字时钟处理模块的具体代码如下。

```
void digitclock(int x,int y,int clock)        /*在指定位置显示数字时钟:时\分\秒*/
{
  char buffer1[10];
  setfillstyle(0,2);
  bar(x,y,x+ 15,328);
  if(clock==60) clock= 0;
  sprintf(buffer1,"%d",clock);
  outtextxy(x,y,buffer1);
  }
  void drawcursor(int count)                  /*根据 count 的值,画一个光标*/
  {
  switch(count)
  {
    case 1:line(424,315,424,325);break;
    case 2:line(465,315,465,325);break;
```

```
        case 3:line(505,315,505,325);break;
      }
    }
    void clearcursor(int count)     /*根据 count 的值,清除前一个光标*/
    {
      switch(count)
      {
      case 2:line(424,315,424,325);break;
      case 3:line(465,315,465,325);break;
      case 1:line(505,315,505,325);break;
      }
    }
```

至此,整个电子时钟系统介绍完毕。当用户运行电子时钟时,其主界面如图 10.14 所示。此时,用户可以从键盘输入电子时钟主界面中左边帮助说明中的按键,即按【Tab】键移动光标,或者按光标上移键或下移键来增加或减少光标位置处的值,可以按【Esc】键退出电子时钟。

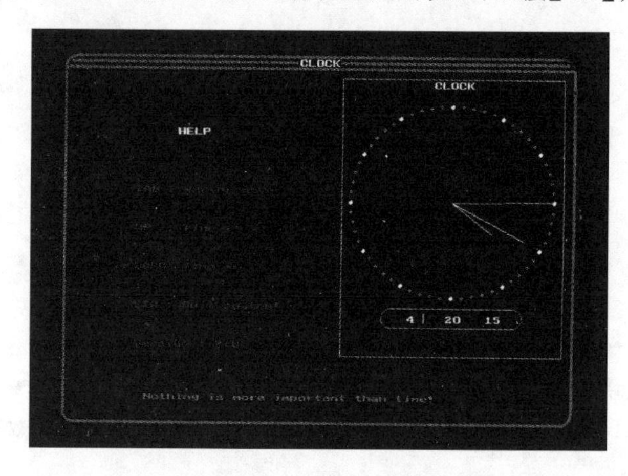

图 10.14　电子时钟主界面

10.3　实训项目 10:电话簿管理系统

实训目标

通过综合实训,培养学生的基本编程能力,培养学生学习新知识的能力,提高学生分析问题和解决问题的综合能力,培养学生的团队合作精神。本程序中涉及结构体、数组、文件等方面的知识,通过本程序设计,能使学生了解管理信息系统的开发流程,熟悉 C 语言的文件和结构体数组的各种基本操作,能掌握利用数组存取结构实现电话簿管理的原理,为进一步开发出高质量的信息管理系统打下坚实的基础。

自行设计电话簿管理系统，利用计算机对通讯录进行统一管理，包括输入、显示、删除、查询、修改、插入、排序和存储记录等功能，实现通讯录管理的系统化、规范化和自动化。

附录 A　常用字符与 ASCII 码表

ASCII 值 (Dec)	控制字符	解释	ASCII 值 (Dec)	控制字符	ASCII 值 (Dec)	控制字符	ASCII 值 (Dec)	控制字符
0	NUL	空字符	32	space	64	@	96	、
1	SOH	标题开始	33	!	65	A	97	a
2	STX	正文开始	34	”	66	B	98	b
3	ETX	正文结束	35	#	67	C	99	c
4	EOT	传输结束	36	$	68	D	100	d
5	ENQ	查询	37	%	69	E	101	e
6	ACK	确实	38	&	70	F	102	f
7	BEL	响铃	39	,	71	G	103	g
8	BS	退一格	40	(	72	H	104	h
9	HT	水平制表符	41	)	73	I	105	i
10	LF	换行/新行	42	*	74	J	106	j
11	VT	垂直制表符	43	+	75	K	107	k
12	FF	换页/新页	44	,	76	L	108	l
13	CR	回车	45	—	77	M	109	m
14	SO	移出	46	.	78	N	110	n
15	SI	移入	47	/	79	O	111	o
16	DLE	数据链路转义	48	0	80	P	112	p
17	DCI	设备控制 1	49	1	81	Q	113	q
18	DC2	设备控制 2	50	2	82	R	114	r
19	DC3	设备控制 3	51	3	83	S	115	s
20	DC4	设备控制 4	52	4	84	T	116	T
21	NAK	拒绝接收	53	5	85	U	117	u

续表

ASCII 值（Dec）	控制字符	解释	ASCII 值（Dec）	控制字符	ASCII 值（Dec）	控制字符	ASCII 值（Dec）	控制字符
22	SYN	同步空闲	54	6	86	V	118	v
23	ETB	传输块结束	55	7	87	W	119	w
24	CAN	取消	56	8	88	X	120	x
25	EM	介质中断	57	9	89	Y	121	y
26	SUB	替换	58	：	90	Z	122	z
27	ESC	溢出	59	；	91	[	123	{
28	FS	文字分隔符	60	<	92	\	124	|
29	GS	组分隔符	61	=	93	]	125	}
30	RS	记录分隔符	62	>	94	^	126	～
31	US	单元分隔符	63	?	95	—	127	DEL 删除

说明：0～31 及 127(共 33 个)是控制字符或通信专用字符(其余为可显示字符)。

附录B　常用 Turbo C 2.0 库函数

Turbo C 2.0 提供了 400 多个库函数,这里只列出一些常用的库函数,以满足学习的需要。

1. 输入/输出函数和文件函数(标题文件 stdio.h 和 conio.h)

函数声明	功　　能
int fclose(FILE * fp)	关闭文件
int feof(FILE * fp)	检查文件是否结束
int fgetc(FILE * fp)	从文件读取一个字符
char fgets(char * str,int num,FILE * fp)	从文件读取一个字符串
FILE * fopen(char * fname,char * mode)	打开文件
int fputc(int ch,FILE * fp)	将 ch 中的字符写入 fp 所指文件
int fputs(char * str,FILE * fp)	将字符 str 输出到 fp 所指文件中
int fseek(FILE * fp,long offset,int origin)	文件指针定位
long ftell(FILE * fp)	求出文件的读写位置
int fwrite(char * ptr,unsigned size,unsigned n,FILE * fp);	把数据写入文件
int getchar(void)	从标准输入设备读取一个字符
char * gets(char * str)	从标准输入设备读取一个字符串
int printf(char * format,arg)	向标准输出设备输出数据
int putchar(int ch)	将字符输出到标准输出设备
int puts(char * str)	将字符串输出到标准输出设备
int remove(char * fname)	删除文件
int rename(char * oldname,char newname)	将名为 oldname 的文件更名为 newname
int scanf(char * format,arg-list)	从标准输入设备按指定的格式读取数据

2. 数学函数(标题文件 math.h)

函数声明	功能	函数声明	功　　能
int abs(int i);	计算整数 i 的绝对值,即$\|x\|$	double log(double x);	计算 ln(x)的值
double acos(double x);	计算 arccos(x)的值	double log10(double x);	计算 $\log_{10} x$ 的值
double asin(double x);	计算 arcsin(x)的值	double pow(double x, double y);	计算 x^y 的值

续表

函数声明	功能	函数声明	功能
double atan(double x);	计算 arctan(x)的值	double sin(double x);	计算 sin(x)的值
double cos(double x);	计算 cos(x)的值	double sqrt(double x);	计算$\sqrt{x}$的值
double exp(double x);	计算 e^x的值	double tan(double x);	计算 tan(x)的值

3. 字符函数(标题文件 ctype. h)

函数声明	功能	函数声明	功能
int isalnum(int ch);	判断 ch 是字母或数字	int ispunct(int ch);	判断 ch 是否为标点字符
int isalpha(int ch);	判断 ch 是否为字母	int isspace(int ch);	判断 ch 是否为空格、跳格符或换行符
int iscntrl(int ch);	判断 ch 是否为控制字符	int isupper(int ch);	判断 ch 是否为大写字母
int isdigit(int ch);	判断 ch 是否为数字	int isxdigit(int ch);	判断 ch 是否为 16 进制数字
int isgraph(int ch);	判断 ch 是否为打印字符,不含空格	int tolower (int ch);	将 ch 转换为小写字母
int islower(int ch);	判断 ch 是否为小写字母	int toupper (int ch);	将 ch 转换为大写字母
int iaprint(int ch);	判断 ch 是否为可打印字符含空格		

4. 字符串函数(标题文件 string. h)

函数声明	功能
char * strcat(char * str1,char * str2);	把字符串 str2 连接到字符串 str1 后面,返回 str1 地址
char * strchr(char * str,char ch);	找出 str 指向的字符串中第一次出现字符 ch 的位置
int strcmp(char * str1,char * str2);	比较字符串 str1 和 str2
char * strcpy(char * str1,char * str2);	将字符串 str2 复制到 str1 中
unsigned int strlen(char * str);	求字符串 str 的长度
char * strstr(char * str1,char * str2);	在串中查找指定字符串的第一次出现

5. 动态分配函数（标题文件 stdlib. h）

函数声明	功　能
void * calloc(unsignedn,unsigned size);	为n个数据项分配连续内存空间,每个数据项的大小为 size
void * free(void * ptr)	释放 ptr 所指的内存
void * malloc(unsigned size);	分配 size 字节的内存
void * realloc(void * ptr,unsigned newsize);	将 ptr 所指的内存空间改为 newsize 字节

附录C 习题答案

习题 1

一、选择题

1. A　2. C　3. A　4. A　5. C

二、填空题

1. 主函数　2. .c,.obj,.exe　3. 机器语言,高级语言　4. 编译,连接

习题 2

一、选择题

1. D　2. C　3. D　4. A　5. C　6. B　7. A　8. D　9. B　10. D

二、填空题

1. 关键字,预定义标识符,用户标识符　2. 无符号整型　3. 0 或 1　4. x>=a　&&x<b

5. 1　6. 赋值,关系 7. 0　8. 50　9. 整型

10. x 的值保留 1 位小数,小数点后第 2 位四舍五入

习题 3

一、选择题

1. C　2. C　3. D　4. D　5. D　6. B　7. D　8. D　9. A　10. A

二、填空题

1. ①"%6x",②"%o",③"%3c",④"%10.3f",⑤"%8s"

2. *3.140000,3.142

3. a=3□b=7x=8.5□y=71.82c1=A□c2=a↙(□表示空格↙表示回车)

4. ①scanf("%d%f%f%c%c",&a,&b,&c1,&c2);

② 3□6.5□12.6aA↙

习题 4

一、选择题

1. B　2. A　3. C　4. B　5. B　6. B　7. A　8. A　9. A　10. D　11. A　12. A

二、阅读程序,写出运行结果

1. 10,4,3　2. −1　3. 6　4. m 是小写字母　5. sum=9　6. i=3,i=1,i=−1　7. k=8

三、填空题

1. y=x*x+1,x>=−1&&x<=1,else

2. sum=0,p=0,sum=sum+b[p]

3. ch=getchar(),ch>='A'&&ch<='Z'

习题 5

一、选择题

1. B 2. C 3. A 4. A 5. B 6. C 7. C 8. B 9. C 10. D 11. B 12. A 13. C 14. C

二、填空题

1. 5 2. x 3. /i 4. (1)n=1;(2) s 5. (1)c=0;(2)return c;(3)&x

习题 6

一、选择题

1. A 2. D 3. D 4. C 5. C 6. B 7. C 8. A 9. D 10. C 11. C 12. D 13. D 14. C

二、填空题

(1) s[i]=k (2) sum=0

习题 7

一、选择题

1. D 2. B 3. D 4. D 5. A 6. A 7. B 8. D 9. B 10. D 11. A 12. C 13. A

二、填空题

1. XYZA 2. 234

习题 8

一、选择题

1. C 2. A 3. B 4. B 5. D 6. A 7. A 8. C 9. C 10. D 11. D 12. D 13. A 14. D 15. B

二、填空题

1. 10,x 2. ①p<person+3;②old=q->age;③q->name,q->age 3. ①12;②6.0 4. 5,3 5. ①p! =NULL;② c++;③p->next

习题 9

一、选择题

1. A 2. B 3. D 4. D 5. C 6. C 7. B 8. D 9. C

二、填空题

(1)fin (2)k,fout (3)fopen(argv[1],"wb")

FOREWORD

参考文献

[1] 谭浩强. C程序设计题解与上机指导[M]. 北京:清华大学出版社,1992.

[2] 周察金. C语言程序设计[M]. 北京:高等教育出版社,2000.

[3] 李志球,刘昊. C语言程序设计教程[M]. 2版. 北京:电子工业出版社,2007.

[4] Deitel H M. C大学教程(影印版)[M]. 4版. 北京:清华大学出版社,2007.

[5] (美)霍顿. C语言入门经典[M]. 杨浩,译. 4版. 北京:清华大学出版社,2008.

[6] 孙锋. C语言程序设计[M]. 北京:化学工业出版社,2008.

[7] 陈广红. C语言程序设计[M]. 武汉:武汉大学出版社,2009.

[8] 文东,刘三满,林常清. C语言程序设计基础与项目实训[M]. 北京:中国人民大学出版社,2009.

[9] 谭浩强. C程序设计[M]. 4版. 北京:清华大学出版社,2010.

[10] 孙承爱,赵卫东,尹成波. C语言程序设计与应用[M]. 北京:科学出版社,2010.

[11] 王娣,李伟明. 视频学C语言[M]. 北京:人民邮电出版社,2010.

[12] 陈慧,马杰良. 案例式C语言教程[M]. 北京:中国铁道出版社,2011.

[13] 易晓梅,赵芸. C语言程序设计[M]. 北京:中国铁道出版社,2011.

[14] 胡超,梁伟,闫玉宝. C语言从入门到精通[M]. 北京:机械工业出版社,2011.

[15] (印)巴拉古路萨米. 标准C程序设计[M]. 金名,李丹程,刘莹,等译. 5版. 北京:清华大学出版社,2011.

[16] 李泽中,孙红艳. C语言程序设计[M]. 北京:清华大学出版社,2008.

[17] 廖雷. C语言程序设计[M]. 2版. 北京:高等教育出版社,2003.